WebRTC音视频开发
React+Flutter+Go实战

亢少军 编著

机械工业出版社
China Machine Press

图书在版编目（CIP）数据

WebRTC 音视频开发：React+ Flutter+ Go 实战 / 亢少军编著 . —北京：机械工业出版社，
2020.9（2021.6 重印）
（实战）

ISBN 978-7-111-66446-8

I. W⋯ II. 亢⋯ III. 移动终端 - 应用程序 - 程序设计 IV. TN929.53

中国版本图书馆 CIP 数据核字（2020）第 165101 号

WebRTC 音视频开发：React+ Flutter+ Go 实战

出版发行：机械工业出版社（北京市西城区百万庄大街 22 号 邮政编码：100037）
责任编辑：赵亮宇   责任校对：李秋荣
印　　刷：北京捷迅佳彩印刷有限公司   版　　次：2021 年 6 月第 1 版第 2 次印刷
开　　本：186mm×240mm 1/16   印　　张：20.5
书　　号：ISBN 978-7-111-66446-8   定　　价：99.00 元

客服电话：（010）88361066 88379833 68326294   投稿热线：（010）88379604
华章网站：www.hzbook.com   读者信箱：hzit@hzbook.com

WebRTC 是一个支持在网页浏览器中进行实时语音对话或视频对话的解决方案。它于 2011 年 6 月 1 日开源并在 Google、Mozilla、Opera 的支持下被纳入万维网联盟的 W3C 推荐标准。

笔者近 10 年来一直从事远程教育系统的开发工作，擅长电子白板、文字聊天、用户列表、一对一 / 一对多 / 多对多视频通话、共享桌面、音视频会控、文档共享、文档转换、同步播放点播视频、流媒体转发、媒体录制、流媒体集群等相关技术。最初实现此产品前端使用 Flash，流媒体使用 FMS（Flash Media Server）方案，这些技术在 Web 端可以满足需求，但到了移动端就表现得不理想了，主要是性能不佳。另外，Flash 使用的协议是 RTMP，在互动方面，延迟及回声问题很难解决。Flash 支持的另外一个协议 RTMFP 由于使用不广泛，最终没有采用。不过总体来说，Flash 在 PC-Web 端的表现还是不错的。

在 WebRTC 出现之前，Flash RTMP 是在网页端进行 RTC 的主要选择。但是老旧平台的使用情况已经出现了衰退，并且安全问题也愈发严重。随着 HTML5 的发展，Flash Player 已经系统地从浏览器中慢慢移出了，Chrome 和 Firefox 已经要求用户提供额外的使用 Flash 的确认信息，目前 Chrome 会在后台中阻止 Flash 的加载。

笔者目前开发远程教育、视频会议、视频会诊等项目时使用的是 WebRTC 技术。笔者还参与了 WebRTC 音视频的开源 PION/ION 项目，以及 Flutter+React+Go+WebRTC 的视频会议项目。作为项目的主要维护者，希望对 WebRTC 技术的发展起到推动作用。另外，笔者参与的 Flutter-WebRTC 客户端插件项目，也为 WebRTC 技术在客户端提供了一个跨全平台的解决方案，这里感谢好友段维伟工程师对此领域做出的突出贡献。

写作本书的目的是想分享 WebRTC 知识（因为 WebRTC 确实优秀），想在为 WebRTC 社区做点贡献的同时也为我们的产品打下坚实的技术基础。在写作本书的过程中，笔者查阅了大量的资料，使得知识体系扩大了不少，收获良多。

本书主要内容

本书采用由浅入深的方式介绍 WebRTC 音视频开发技术，分为三篇，共 15 章，主要内容如下。

- ❏ 第一篇，基本概念（第 1 ~ 2 章），包括 WebRTC 技术发展历史，分析 WebRTC 整体架构及其核心 API，分析 WebRTC 通话原理，介绍媒体协商、网络协商等基本概念，介绍 NAT、SDP、ICE、STUN 以及 TURN 协议。
- ❏ 第二篇，基础应用（第 3 ~ 11 章），包括访问设备、音视频设置、媒体流与轨道、媒体录制、连接建立过程以及数据通道等应用方法。通过学习本篇内容，读者可以熟练掌握 WebRTC 的常用接口。
- ❏ 第三篇，综合案例（第 12 ~ 15 章），主要通过一个一对一的视频通话案例将前面所学知识串起来。客户端实现了画面渲染、声音控制、视频控制、大小视频展示等功能，服务器端实现了信令处理服务器以及中转数据服务器。

阅读建议

本书是一本基础入门加实战的书籍，既有基础知识，又有丰富的示例，包括详细的操作步骤，实操性强。由于 WebRTC 涉及的概念众多且不易理解，所以本书采用理论介绍加小案例实战的方式，这样会增强读者信心，在轻松掌握基础理论的同时掌握其用法。

本书提供了前后端整体解决方案。PC-Web 端使用的是 React 技术，后端使用的是 Golang 技术，移动端使用的是 Flutter 技术。建议读者补充一下这方面的基础知识。

对于 WebRTC 基础部分，建议首先把书中涉及的小例子一个一个运行起来，在熟悉了 API 后再查看官方文档加深印象。对于一对一视频通话案例，建议首先理解其总体架构，然后运行案例查看效果，然后再分别看各个端的实现过程。

关于随书代码和视频课程

本书所列代码力求完整，但由于篇幅所限，代码没有全放在书里。完整代码可参见以下网址：

- ❏ http://www.kangshaojun.com
- ❏ https://github.com/kangshaojun

配套视频课程网址如下：

https://flutter.ke.qq.com/

致谢

  首先感谢机械工业出版社华章公司吴怡编辑的耐心指点，她推动了本书的出版。

  感谢朋友段维伟工程师，网名"鱼老大"，国内骨灰级 WebRTC 开发者，PION/ION 项目联合发起人。在这里感谢鱼老大的技术分享及帮助。

  感谢朋友王朋闯工程师，他是 PION/ION 项目的发起人，在这里感谢他提供关于流媒体技术以及 Golang 相关技术的帮助。

  最后还要感谢我的家人。感谢我的母亲和妻子，她们在我写作过程中承担了全部家务并照顾孩子，使我可以全身心地投入写作。

亢少军

2020 年 8 月 1 日

目　录 *Contents*

第一篇　*Part 1*

基本概念

WebRTC 概述

本章将带领大家认识一下 WebRTC 是什么以及它的发展历史，并介绍 WebRTC 在实时通信领域的优点，同时介绍其主要应用场景。此外，本章还从整体上介绍了 WebRTC 的架构以及每一层的作用。

1.1 WebRTC 是什么

WebRTC（Web Real-Time Communication，网页即时通信）于 2011 年 6 月 1 日开源，并在 Google、Mozilla、Opera 的支持下被纳入万维网联盟的 W3C 推荐标准，它通过简单的 API 为浏览器和移动应用程序提供实时通信（RTC）的功能。

很明显，实时音视频通信比文本通信更加生动有效，是现今人们通过网络进行互动交流的新方式。

但实时音视频技术发展很不顺利，经历了很长一段开发历程。历史上，曾需要昂贵的音视频技术授权或者花费巨大代价去开发，RTC 技术与现有的内容、数据和服务整合一直都很困难和耗时，在网络上尤其如此。

Gmail 视频聊天在 2008 年开始流行，2011 年，Google 推出视频群聊，它使用 GoogleTalk 服务，就像 Gmail 一样。GIPS 是一个为 RTC 开发出许多组件的一个公司（后被 Google 收购），例如编解码和回声消除技术，其中回声技术是一个核心技术，只被少数科技公司掌握。

WebRTC 是一个由 Google 发起的实时通信解决方案，其中包含视频 / 音频采集、编解码、数据传输、音视频展示等功能。当 WebRTC 开源后，这项技术并不那么神秘了。Google 开源了 GIPS 开发的技术，并与 W3C 制定了行业标准。在 2011 年 5 月，爱立信实现了第一个 WebRTC 应用。

　　其实，以前许多网络服务公司已经使用了 RTC 技术，包括 Skype、Facebook、Google Hangouts 等产品，但是需要使用者下载本地应用或者插件。下载安装并升级插件是复杂的、可能出错、令人厌烦的事情；插件可能很难部署、调试、排除故障等，还可能需要技术授权，集成复杂且昂贵，说服人们去安装插件是很难的。

　　WebRTC 项目的原则是 API 开源、免费、标准化、浏览器内置，比现有的技术更高效。WebRTC 虽然冠以 "Web" 之名，但并不受限于传统互联网应用或浏览器的终端运行环境。实际上，无论终端运行环境是浏览器、桌面应用、移动设备（Android 或 iOS）还是 IoT 设备，只要 IP 连接可到达且符合 WebRTC 规范就可以互通。这一点释放了大量智能终端（或运行在智能终端上的 App）的实时通信能力，打开了许多对于实时交互性要求较高的应用场景的想象空间，如在线教育、视频会议、视频社交、远程协助、远程操控等，都是其合适的应用领域。

　　WebRTC 主要应用在实时通信方面，其优点总结为如下几点。

- ❑ 跨平台：可以在 Web、Android、iOS、Windows、MacOS、Linux 环境下运行 WebRTC 应用。
- ❑ 实时传输：传输速度快，延迟低，适合实时性要求较高的应用场景。
- ❑ 音视频引擎：强大的音视频处理能力。
- ❑ 免插件：不需要安装任何插件，打开浏览器即可使用。
- ❑ 免费：虽然 WebRTC 技术已经较为成熟，集成了最佳的音视频引擎和十分先进的 Codec，但仍是免费的。
- ❑ 强大的打洞能力：WebRTC 技术包含了使用 STUN、ICE、TURN、RTP-over-TCP 的关键 NAT 和防火墙穿透技术，并支持代理。
- ❑ 主流浏览器支持：包括 Chrome、Safari、Firefox、Edge 等。

　　WebRTC 的应用场景十分广泛，尤其是在网络越来越发达的情况下。音视频会议、在线教育、即时通信工具、游戏、人脸识别等，是当下和未来的重要发展方向，5G 时代的到来必然会引起对 WebRTC 井喷式的应用。WebRTC 目前主要的应用领域如下。

- ❑ 音视频会议
- ❑ 在线教育
- ❑ 照相机
- ❑ 音乐播放器
- ❑ 共享远程桌面
- ❑ 录制
- ❑ 即时通信工具
- ❑ P2P 网络加速
- ❑ 文件传输工具

❑ 游戏

❑ 实时人脸识别

1.2 WebRTC 整体架构

WebRTC 目前已经形成了一个 HTML5 的规范。由 W3C 组织来制定并维护这个标准，其总体架构如图 1-1 所示。

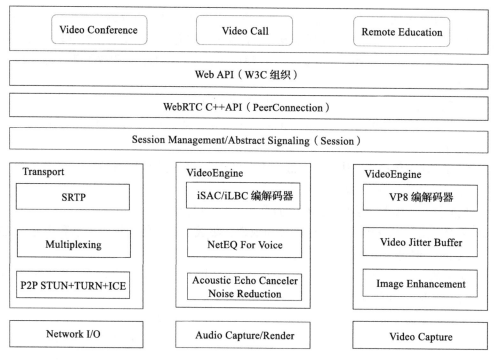

图 1-1 WebRTC 整体架构图

对于这个框架，不同的开发人员关注的内容不同，例如：

❑ Video Conference、Video Call、Remote Education 为应用层，指具体的音视频应用，是应用开发人员最关注的。

❑ Web API 部分是 Web 应用开发者 API 层，为上层应用层提供 API 服务，是应用开发者调用的接口。

❑ C++ API 部分是面向浏览器厂商的 API 层。

❑ Session Management 为信令管理层，可由开发者自行定义实现。

❑ VoiceEngine、VideoEngine 以及 Transport 为 WebRTC 的核心内容，可由 WebRTC 的应用 SDK 厂商进行优化处理。

❑ Audio Capture、Video Capture 可供浏览器厂商自定义实现。

WebRTC 架构图中涉及的内容及概念较多，接下来将详细说明。

1. Web 应用

Web 开发者可以基于 Web API 开发基于视频、音频的实时通信应用，如视频会议、远程教育、视频通话、视频直播、游戏直播、远程协作、互动游戏、实时人脸识别、远程机械手操作等。

2. Web API

Web API 是面向第三方开发者的 WebRTC 标准 API（JavaScript），使开发者能够容易地开发出类似于网络视频聊天的 Web 应用，最新的技术进展可以参考 W3C 的 WebRTC 文档 https://www.w3.org/TR/webrtc/，常用的 API 如下所示。

❑ MediaStream：媒体数据流，如音频流、视频流等。

❑ RTCPeerConnection：该类很重要，提供了应用层的调用接口。

❑ RTCDataChannel：传输非音视频数据，如文字、图片等。

WebRTC 的 API 接口非常丰富，更多详细的 API 可以参考网址 https://developer.mozilla.org/zh-CN/docs/Web/API/WebRTC_API，该文档提供了中文说明。

3. C++ API

底层 API 使用 C++ 语言编写，使浏览器厂商容易实现 WebRTC 标准的 Web API，抽象地对数字信号过程进行处理。如 RTCPeerConnection API 是每个浏览器之间点对点连接的核心，RTCPeerConnection 是 WebRTC 组件，用于处理点对点间流数据的稳定和有效通信。

4. Session Management

Session Management 是一个抽象的会话层，提供会话建立和管理功能。该层协议留给应用开发者自定义实现。对于 Web 应用，建议使用 WebSocket 技术来管理信令 Session。信令主要用来转发会话双方的媒体信息和网络信息。

5. Transport

Transport 为 WebRTC 的传输层，涉及音视频的数据发送、接收、网络打洞等内容，可以通过 STUN 和 ICE 组件来建立不同类型的网络间的呼叫连接。

6. VoiceEngine

VoiceEngine（音频引擎）是包含一系列音频多媒体处理的框架，包括从音频采集到网络传输端等整个解决方案。VoiceEngine 是 WebRTC 极具价值的技术之一，是 Google 收购 GIPS 公司后开源的，目前在 VoIP 技术上处于业界领先地位。下面介绍主要的模块。

❑ iSAC（Internet Speech Audio Codec）是针对 VoIP 和音频流的宽带和超宽带音频编解码器，是 WebRTC 音频引擎的默认编解码器，参数如下所示。

- 采样频率：16kHz，24kHz，32kHz（默认为 16kHz）。
- 自适应速率为：10kbps ~ 52kbps。
- 自适应包大小：30ms~60ms。
- 算法延时：frame + 3ms。

❑ iLBC（Internet Low Bitrate Codec）是 VoIP 音频流的窄带语音编解码器，参数如下所示。

- 采样频率：8kHz。
- 20ms 帧比特率为 15.2kbps。
- 30ms 帧比特率为 13.33kbps。

❑ NetEQ For Voice 是针对音频软件实现的语音信号处理元件。NetEQ 算法是自适应抖动控制算法以及语音包丢失隐藏算法，该算法能够快速且高解析度地适应不断变化的网络环境，确保音质优美且缓冲延迟最小，是 GIPS 公司独特的技术，能够有效地处理网络抖动和语音包丢失时对语音质量产生的影响。NetEQ 也是 WebRTC 中一个极具价值的技术，对于提高 VoIP 质量有明显效果，与 AEC、NR、AGC 等模块集成使用效果更好。

❑ Acoustic Echo Canceler（AEC，回声消除器）是一个基于软件的信号处理元件，能实时地去除 Mic 采集到的回声。

❑ Noise Reduction（NR，噪声抑制）也是一个基于软件的信号处理元件，用于消除与相关 VoIP 的某些类型的背景噪声（如嘶嘶声、风扇噪音等）。

7. VideoEngine

VideoEngine 是 WebRTC 视频处理引擎，包含一系列视频处理的整体框架，从摄像头采集视频到视频信息网络传输再到视频显示，是一个完整过程的解决方案。下面介绍主要的模块。

❑ VP8 是视频图像编解码器，也是 WebRTC 视频引擎默认的编解码器。VP8 适合实时通信应用场景，因为它主要是针对低延时而设计的编解码器。VPx 编解码器是 Google 收购 ON2 公司后开源的，现在是 WebM 项目的一部分，而 WebM 项目是 Google 致力于推动的 HTML5 标准之一。

❑ Video Jitter Buffer（视频抖动缓冲器）模块可以降低由于视频抖动和视频信息包丢失带来的不良影响。

❑ Image Enhancements(图像质量增强）模块对网络摄像头采集到的视频图像进行处理，包括明暗度检测、颜色增强、降噪处理等功能，用来提升视频质量。

第 2 章 *Chapter 2*

WebRTC 通话原理

当了解了 WebRTC 的整体架构后,首先考虑的应该是两个不同网络环境(具备摄像头/麦克风多媒体设备的)的浏览器,如何实现点对点的实时音视频对话。本章将详细阐述实时对话背后的通话原理,以及 WebRTC 通话的基本步骤。

2.1 概述

WebRTC 通话最典型的应用场景就是一对一音视频通话,如微信或 QQ 音视频聊天。通话的过程是比较复杂的,这里我们简化这个流程,把最主要的步骤提取出来,如图 2-1 所示。

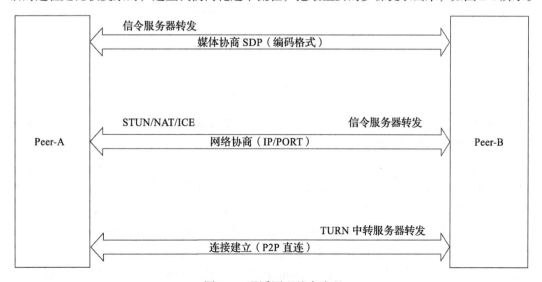

图 2-1 通话原理基本流程

假定通话的双方为 Peer-A 和 Peer-B。双方要建立起通话，主要步骤如下所示。

步骤 1 媒体协商。Peer-A 与 Peer-B 通过信令服务器进行媒体协商，如双方使用的音视频编码格式。双方交换的媒体数据由 SDP（Session Description Protocol，会话描述协议）描述。

步骤 2 网络协商。Peer-A 与 Peer-B 通过 STUN 服务器获取到各自的网络信息，如 IP 和端口。然后通过信令服务器转发，互相交换各种网络信息。这样双方就知道对方的 IP 和端口了，即 P2P 打洞成功建立直连。这个过程涉及 NAT 及 ICE 协议。

步骤 3 建立连接。Peer-A 与 Peer-B 如果没有建立起直连，则通过 TURN 中转服务器转发音视频数据，最终完成音视频通话。

关于通话过程所涉及的协议、技术以及相关概念，请查看下面的描述。

2.2 媒体协商

首先两个客户端（Peer-A 和 Peer-B）想要创建连接，一般来说需要有一个双方都能访问的服务器来帮助它们交换连接所需要的信息。有了交换数据的中间人之后，两个客户端首先要交换的数据是 SDP，这里面描述了连接双方想要建立怎样的连接。

两个客户端要了解对方支持的媒体格式。比如，Peer-A 端可支持 VP8、H264 多种编码格式，而 Peer-B 端支持 VP9、H264，要保证两端都能正确地编解码，最简单的办法就是取它们的交集 H264，如图 2-2 所示。

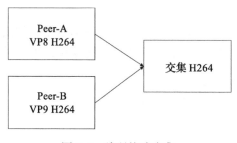

图 2-2 编码格式交集

在 WebRTC 中，参与视频通信的双方必须先交换 SDP 信息，这样双方才能 "知根知底"，这一过程也称为 "媒体协商"。

SDP 从哪来？一般来说，在建立连接之前，连接双方需要先通过 API 来指定自己要传输什么数据（如 Audio、Video、DataChannel），以及自己希望接受什么数据，然后 Peer-A 调用 CreateOffer() 方法，获取 offer 类型的 SessionDescription，通过公共服务器传递给 Peer-B，同样，Peer-B 通过调用 CreateAnswer()，获取 answer 类型的 SessionDescription，通过公共服务器传递给 Peer-A。在这个过程中，由哪一方创建 Offer（Answer）都可以，但是要保证连接双方创建的 SessionDescription 类型是相互对应的。Peer-A=Answer Peer-

B=Offer | Peer-A=Offer Peer-B=Answer。SDP 交换过程如图 2-3 所示。

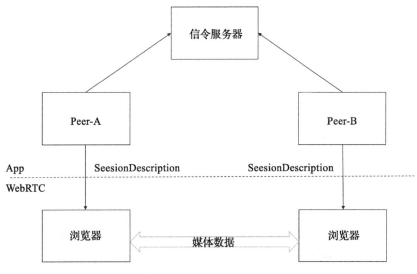

图 2-3　SDP 交换过程

图 2-3 中，信令服务器可以用来交换双方的 SDP 信息，一般是通过创建 Socket 连接进行交互处理。你可以使用 Node.js、Golang 或其他技术，只要能交换双方的 SDP 数据即可。

SDP 是一个描述多媒体连接内容的协议，例如分辨率、格式、编码、加密算法等，便于在数据传输时两端都能够理解彼此的数据。本质上，这些描述内容的元数据并不是媒体流本身。

从技术上讲，SDP 并不是一个真正的协议，而是一种数据格式，用于描述在设备之间共享媒体的连接。SDP 包含的内容非常多，如下所示即为一个 SDP 信息。

```
//版本
v=0
//<username> <sess-id> <sess-version> <nettype> <addrtype> <unicast-address>
o=- 3089712662142082488 2 IN IP4 127.0.0.1
//会话名
s=-
//会话的起始时间和结束时间，0代表没有限制
t=0 0
//表示音频传输和data channel传输共用一个传输通道，通过id区分不同的流
a=group:BUNDLE audio data
//WebRTC Media Stream
a=msid-semantic: WMS
//m=audio说明本会话包含音频，9代表音频使用端口9来传输，但是在WebRTC中现在一般不使用，如果设置
  为0，代表不传输音频
//使用UDP来传输RTP包，并使用TLS加密。SAVPF代表使用srtcp的反馈机制来控制通信过程
//111 103 104 9 0 8 106 105 13 110 112 113 126表示支持的编码，和后面的a=rtpmap对应
```

```
m=audio 9 UDP/TLS/RTP/SAVPF 111 103 104 9 0 8 106 105 13 110 112 113 126
//表示你要用来接收或者发送音频时使用的IP地址，WebRTC使用ICE传输，不使用这个地址
c=IN IP4 0.0.0.0
//用来传输rtcp的地址和端口，WebRTC中不使用
a=rtcp:9 IN IP4 0.0.0.0
//ICE协商过程中的安全验证信息
a=ice-ufrag:ubhd
a=ice-pwd:182NnsGm5i7pucQRchNdjA6B
//支持trickle，即SDP里面只描述媒体信息，ICE候选项的信息另行通知
a=ice-options:trickle
//DTLS协商过程中需要的认证信息
a=fingerprint:sha-256 CA:83:D0:0F:3B:27:4C:8F:F4:DB:34:58:AC:A6:5D:36:01:07:9F:
2B:1D:95:29:AD:0C:F8:08:68:34:D8:62:A7
a=setup:active
//前面BUNDLE行中用到的媒体标识
a=mid:audio
//指出要在rtp头部中加入音量信息
a=extmap:1 urn:ietf:params:rtp-hdrext:ssrc-audio-level
//当前客户端只接收数据，不发送数据，如recvonly、sendonly、inactive、sendrecv
a=recvonly
//rtp、rtcp包使用同一个端口来传输
a=rtcp-mux
//下面都是对m=audio这一行媒体编码的补充说明，指出了编码采用的编号、采样率、声道等
a=rtpmap:111 opus/48000/2
a=rtcp-fb:111 transport-cc
//对opus编码可选的补充说明，minptime代表最小打包时长是10ms，useinbandfec=1代表使用opus编
码内置fec特性
a=fmtp:111 minptime=10;useinbandfec=1
a=rtpmap:103 ISAC/16000
a=rtpmap:104 ISAC/32000
a=rtpmap:9 G722/8000
a=rtpmap:0 PCMU/8000
a=rtpmap:8 PCMA/8000
a=rtpmap:106 CN/32000
a=rtpmap:105 CN/16000
a=rtpmap:13 CN/8000
a=rtpmap:110 telephone-event/48000
a=rtpmap:112 telephone-event/32000
a=rtpmap:113 telephone-event/16000
a=rtpmap:126 telephone-event/8000
//下面是对Data Channel的描述，基本和上面的audio描述类似，使用DTLS加密，使用SCTP传输
m=application 9 DTLS/SCTP 5000
c=IN IP4 0.0.0.0
//可以是CT或AS，CT方式是设置整个会议的带宽，AS是设置单个会话的带宽。默认带宽是kbps级别
b=AS:30
a=ice-ufrag:ubhd
a=ice-pwd:182NnsGm5i7pucQRchNdjA6B
a=ice-options:trickle
a=fingerprint:sha-256 CA:83:D0:0F:3B:27:4C:8F:F4:DB:34:58:AC:A6:5D:36:01:07:9F:
2B:1D:95:29:AD:0C:F8:08:68:34:D8:62:A7
a=setup:active
//前面BUNDLE行中用到的媒体标识
```

```
a=mid:data
//使用端口5000，一个消息的大小是1024b
a=sctpmap:5000 webrtc-datachannel 1024
```

以上 SDP 的例子中，虽然没有 video 的描述，但是 video 和 audio 的描述是十分类似的。SDP 中有对于 IP 和端口的描述，但是 WebRTC 技术并没有使用这些内容，那么双方是怎么建立"直接"连接的呢？建立起连接最关键的 IP 和端口是从哪里来的呢？下面继续介绍这些内容。

> **注意** SDP 由一行或多行 UTF-8 文本组成，每行以一个字符的类型开头，后跟等号（"="），然后是包含值或描述的结构化文本，其格式取决于类型。以给定字母开头的文本行通常称为"字母行"。例如，提供媒体描述的行的类型为"m"，因此这些行称为"m 行"。

2.3　网络协商

通信双方彼此要了解对方的网络情况，这样才有可能找到一条通信链路。需要做以下两个处理。

❑ 获取外网 IP 地址映射。

❑ 通过信令服务器（signal server）交换"网络信息"。

理想的网络情况是每个浏览器所在的计算机 IP 都是公网 IP，可以直接进行点对点连接，如图 2-4 所示。

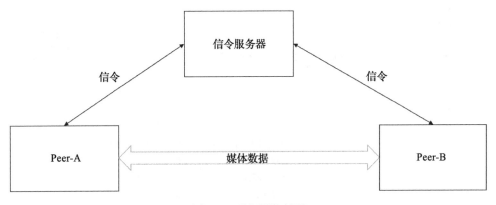

图 2-4　理想网络情况

实际情况是我们的计算机都是在某个局域网中并且有防火墙，需要进行网络地址转换（Network Address Translation，NAT），如图 2-5 所示。

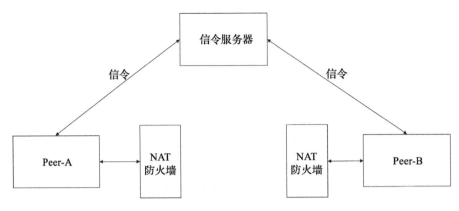

图 2-5 NAT 防火墙图

在解决 WebRTC 使用过程中的上述问题时，我们需要用到 NAT、STUN 和 TURN 等概念，下面分别介绍。

1. NAT

简单来说，NAT 是为了解决 IPv4 下的 IP 地址匮乏而出现的一种技术。

例如，通常我们处在一个路由器之下，而路由器分配给我们的地址通常为 192.168.1.1、192.168.1.2，如果有 n 个设备，可能分配到 192.168.1.n，而这个 IP 地址显然只是一个内网的 IP 地址，这样一个路由器的公网地址对应了 n 个内网的地址，这种使用少量的公有 IP 地址代表较多的私有 IP 地址的方式，将有助于减缓 IP 地址空间的枯竭，如图 2-6 所示。

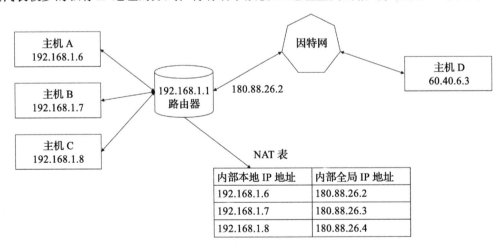

图 2-6 NAT 示意图

NAT 技术会保护内网地址的安全性，所以这就会引发一个问题，就是当我们采用 P2P 中的连接方式时，NAT 会阻止外网地址的访问，这时我们就得采用 NAT 穿透技术了。

于是我们有了如下的思路：借助一个公网 IP 服务器，Peer-A 与 Peer-B 都往公网 IP/

PORT 发包，公网服务器就可以获知 Peer-A 与 Peer-B 的 IP/PORT，又由于 Peer-A 与 Peer-B 主动给公网 IP 服务器发包，所以公网服务器可以穿透 NAT-A 与 NAT-B 并发送包给 Peer-A 与 Peer-B。所以只要公网 IP 将 Peer-B 的 IP/PORT 发给 Peer-A，将 Peer-A 的 IP/PORT 发给 Peer-B，这样下次 Peer-A 与 Peer-B 互相发送消息时，就不会被 NAT 阻拦了。

　　WebRTC 的防火墙穿透技术就是基于上述思路来实现的。在 WebRTC 中采用 ICE 框架来保证 RTCPeerConnection 能实现 NAT 穿透。

2. ICE

　　ICE（Interactive Connectivity Establishment，互动式连接建立）是一种框架，使各种 NAT 穿透技术（如 STUN、TURN 等）可以实现统一，该技术可以让客户端成功地穿透远程用户与网络之间可能存在的各类防火墙。

3. STUN

　　STUN 是指简单 UDP 穿透 NAT（Simple Traversal of UDP Through NAT），这项技术允许位于 NAT（或多重 NAT）后的客户端找出自己的公网 IP 地址，以及查出自己位于哪种类型的 NAT 及 NAT 所绑定的 Internet 端口。这些信息可用于将两个同时处于 NAT 路由器之后的主机之间建立 UDP 通信，如图 2-7 所示，STUN 服务器能够知道 Peer-A 以及 Peer-B 的公网 IP 地址及端口。

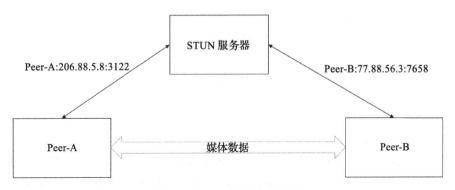

图 2-7　STUN 服务器示意图

　　即使通过 STUN 服务器取得了公网 IP 位址，也不一定能建立连接。因为不同的 NAT 类型处理传入的 UDP 分组的方式是不同的，四种主要类型中有三种可以使用 STUN 穿透：完全圆锥型 NAT、受限圆锥型 NAT 和端口受限圆锥型 NAT。但大型公司网络中经常采用的对称型 NAT（又称为双向 NAT）则不能使用，这类路由器会透过 NAT 部署所谓的"Symmetric NAT 限制"，也就是说，路由器只会接受你之前连线过的节点所建立的连线，这类网络就需要用到 TURN 技术。

4. TURN

　　TURN 是指使用中继穿透 NAT（Traversal Using Relays around NAT），是 STUN 的一个

扩展（在 RFC5389 中定义），主要添加了中继功能。如果终端在进行 NAT 之后，在特定的情景下有可能使得终端无法和其他终端进行直接的通信，这时就需要将公网的服务器作为一个中继，对来往的数据进行转发。这个转发采用的协议就是 TURN。

在 STUN 服务器的基础上，再架设几台 TURN 服务器。在 STUN 分配公网 IP 失败后，可以通过 TURN 服务器请求公网 IP 地址作为中继地址，将媒体数据由 TURN 服务器中转，如图 2-8 所示。

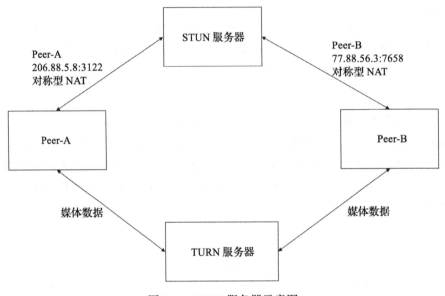

图 2-8　TURN 服务器示意图

当媒体数据进入 TURN 服务器中转，这种方式的带宽由服务器端承担。所以在架设中转服务器时要考虑硬件及带宽。

以上是 WebRTC 中经常用到的协议，STUN 服务器和 TURN 服务器我们使用 coturn 开源项目来搭建，地址为 https://github.com/coturn/coturn。也可以使用以 Golang 技术开发的服务器来搭建，地址为 https://github.com/pion/turn。

5. 信令服务器

从前面的介绍中我们知道了两个客户端的协商媒体信息和网络信息，那么怎么去交换？是不是需要一个中间商去做交换？所以我们需要一个信令服务器（signal server）转发彼此的媒体信息和网络信息。

我们在基于 WebRTC API 开发应用（App）时，可以将彼此的 App 连接到信令服务器，一般搭建在公网或者两端都可以访问到的局域网，借助信令服务器，就可以实现 SDP（媒体信息）及 Candidate（网络信息）交换。

信令服务器不只是交换 SDP 和 Candidate，还有其他功能，比如房间管理、用户列表、用户进入、用户退出等 IM 功能。如图 2-9 所示为信令服务器工作原理示意图。

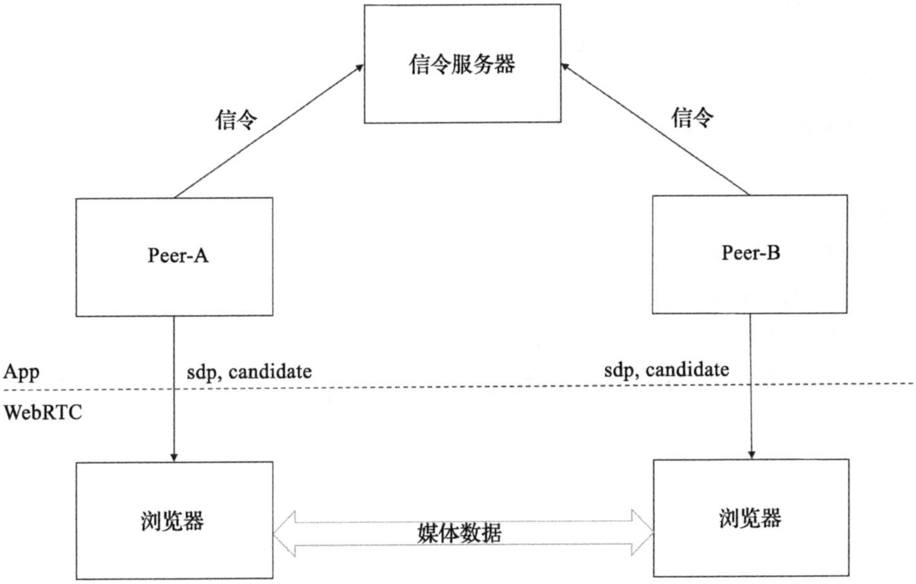

图 2-9　信令服务器工作原理

2.4　连接建立的流程

介绍完 ICE 框架中各个部分的含义之后，让我们来看一看 WebRTC 连接建立的流程，大致步骤如下所示。

1）连接双方（Peer）通过第三方服务器来交换（signaling）各自的 SDP 数据。

2）连接双方通过 STUN 协议从 STUN 服务器那里获取到自己的 NAT 结构、子网 IP 和公网 IP、端口，即 Candidate 信息。

3）连接双方通过第三方服务器来交换各自的 Candidate，如果连接双方在同一个 NAT 下，那它们仅通过内网 Candidate 就能建立起连接；如果它们处于不同 NAT 下，就需要通过 STUN 服务器识别出的公网 Candidate 进行通信。

4）如果仅通过 STUN 服务器发现的公网 Candidate 仍然无法建立连接，这就需要寻求 TURN 服务器提供的转发服务，然后将转发形式的 Candidate 共享给对方。

5）连接双方向目标 IP 端口发送报文，通过 SDP 数据中涉及的密钥以及期望传输的内容建立起加密长连接。

下面用一个例子描述连接双方的具体步骤。A（local）和 B（remote）代表两个人，初始化并分别创建 PeerConnection，并向 PeerConnection 添加本地媒体流，连接流程如下所示。

1）A 创建 Offer

2）A 保存 Offer（设置本地描述）

3）A 发送 Offer 给 B

4）B 保存 Offer（设置远端描述）

5）B 创建 Answer

6）B 保存 Answer（设置本地描述）

7）B 发送 Answer 给 A

8）A 保存 Answer（设置远端描述）

9）A 发送 ICE Candidate 给 B

10）B 发送 ICE Candidate 给 A

11）A、B 收到对方的媒体流并播放

这里我们不介绍具体 API 的使用及代码编写，只需要理解连接建立的流程即可。

第二篇 *Part 2*

基础应用

HTML5 示例工程准备

WebRTC 技术目前已经是 HTML5 的标准之一，我们先从 Web 方面入手可能更容易一些。本章将详细介绍 Web 开发环境搭建以及工具使用，并新建一个 HTML5 示例工程，以便在后续章节的案例中应用。

3.1 开发环境搭建

本章介绍的 HTML5 示例使用的是 React 及 Node 技术，以及 VSCode（Visual Studio Code）这款开发工具。下面分别介绍开发环境的搭建。

3.1.1 Node 安装

HTML5 示例项目中需要使用 Node.js（以下简称 Node 环境），所以首先要安装 Node。简单地说，Node 就是运行在服务器端的 JavaScript，它是一个基于 Chrome V8 引擎的 JavaScript 运行环境。Node 使用了一个事件驱动、非阻塞式 I/O 的模型，轻量又高效。Node 的包管理器 npm（node package manager）是全球最大的开源库生态系统，当我们安装好 Node 后会自带 npm。

打开官网下载链接 https://nodejs.org/en/download/，根据计算机的操作系统下载对应的 Binary 文件，如图 3-1 所示，然后根据提示一步步安装即可。

当安装完 Node 后，打开控制台。输入 node -v 命令可查看 Node 版本以及确定 Node 是否安装成功，输出内容如下所示。

```
xuanweizideMacBook-Pro:~ ksj$ node -v
v13.2.0
```

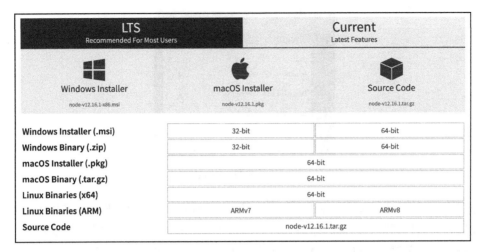

图 3-1　Node 安装包

确定 Node 安装成功后，再输入 npm -v 命令可查看 npm 版本，输出内容如下所示。

```
xuanweizideMacBook-Pro:~ ksj$ npm -v
6.13.1
```

如果你安装的 npm 是旧版本，可以很容易通过 npm 命令来升级，命令如下。

```
npm install npm -g
```

 提示　这里的 -g 参数一定要添加，表示全局，这样你就可以在你的计算机中任意目录里使用 npm 命令。

基于网络原因，建议你使用淘宝镜像的命令，如下所示。这样做的目的是使得你安装依赖包时更快，防止网络问题导致程序运行不起来。

```
npm install -g cnpm --registry=https://registry.npm.taobao.org
```

执行上述命令后，就可以使用类似 cnpm install 的命令来替代 npm install 命令了。

3.1.2　VSCode 安装

VSCode 是一个轻量且强大的跨平台开源代码编辑器，支持 Windows、MacOS 和 Linux。内置 JavaScript、TypeScript 和 Node.js 支持插件，而且拥有丰富的插件生态系统，可通过安装插件来支持 C++、C#、Python、PHP 等语言。这里我们使用此工具来开发 React 及 Node.js 程序。

打开 VSCode 官网 https://code.visualstudio.com/ 下载 VSCode，可以选择不同的系统，如图 3-2 所示。下载之后，直接按提示安装即可，不需要额外操作。

图 3-2　下载 VSCode

这里我们主要是用 VSCode 来写 React 及 Node 程序。这两种技术均采用 JavaScript，所以安装相关插件即可。以代码检查工具 ESLint 为例，点击应用扩展图标，如图 3-3 所示。在搜索框内输入关键字 ESLint，搜索结果列表中会显示和 ESLint 关键字相关的插件，点击第一个插件后，在右侧面板中点击 Install 按钮安装即可。

图 3-3　VSCode 插件安装

> 💡提示　VSCode 开发工具非常强大，可以根据技术或语言的需要安装不同类型的插件，例如，如果想开发 Golang 应用，添加 Golang 插件即可。

3.2　新建示例工程

当我们准备好了开发工具及开发环境后，接下来需要建立一个 HTML5 示例工程来详细阐述 WebRTC 技术在 Web 上的应用。示例采用 React 作为 UI 展示，所以你需要了解以下基础知识。

❑ React：掌握 React 的状态控制、属性传递以及组件创建等。

❑ AntDesign：AntDesign 为 React 的一个 UI 框架，这里主要用来进行界面布局及组件
展示。

❑ Node：Node 主要作为程序的运行环境，需要了解 npm 及 package.json 配置等。

❑ Webpack：React 工程配置打包工具。

❑ JavaScript：React 使用的编程语言，需要了解 ES6 语法及规范，如箭头函数的使用
方法。

❑ CSS：界面布局及细节展示使用。

❑ HTML：HTML 标签使用，尤其是 Video、Audio 的使用。

首先，新建一个工程目录，命名为 h5-samples，按照如下所示创建文件及目录。

```
├──── README.md(项目说明)
├──── configs(配置文件目录)
│    ├────server.crt(证书文件)
│    └────server.key (证书Key)
├──── dist(build后生成文件目录)
├──── package.json(项目描述及库引用文件)
├──── .bablelrc(bable配置)
├──── src(示例源码)
│    ├──── App.jsx(主组件)
│    ├──── Camera.jsx(摄像头示例)
│    ├──── Microphone.jsx(麦克风示例)
│    └──── index.jsx(首页)
├──── styles(样式目录)
│    └──── css(css目录)
│          ├──── canvas.scss(画板样式)
│          ├──── record.scss(录制样式)
│          └──── styles.scss(全局样式)
└──── webpack.config.js(打包配置文件)
```

其中，src 及 styles/css 目录为示例源码及样式目录，这里暂时不需要添加文件，随着示
例的创建会逐步添加。

configs 目录下的两个文件为证书相关文件，可以使用源码中提供的文件，正式发布项
目需要申请商业证书。使用证书的原因是 WebRTC 技术需要使用 HTTPS 安全协议才能正常
使用。

dist 目录为存放打包后生成文件的目录，你可以使用 npm build 命令打包示例工程，然
后把 dist 目录下的文件部署至 Nginx 下即可发布。开发测试阶段只需要使用 npm start 命令
启动一个本地 HTTPS 服务即可。

3.2.1　package.json 配置

首先，在工程目录下新建 package.json 文件，此文件的作用有以下几点：

❑ 工程描述：包括工程名称、作者、版本、项目描述以及关键字等。

❑ 项目脚本：如 npm start 表示启动项目。

❑ 开发依赖库：项目开发中使用到的依赖库。

❑ 生产依赖库：项目开发完成后发布使用到的依赖库。

完整的配置信息如下所示。

```
{
    //项目名称
    "name": "h5-samples",
    //版本号
    "version": "0.0.1",
    //项目描述
    "description": "h5 webrtc samples",
    "main": "src/index.jsx",//入口程序
    "scripts": {
        //可使用npm build命令构建打包程序
        "build": "webpack --mode=production --config webpack.config.js",
        //可使用npm start命令启动程序
        "start": "webpack-dev-server --config ./webpack.config.js --mode development
            --open --https --cert ./configs/server.crt --key  ./configs/server.key"
    },
    //作者
    "author": "kangshaojun",
    //授权
    "license": "MIT",
    //开发库
    "devDependencies": {
        //语法转换库，如ES6转ES5
        "@babel/core": "^7.4.3",
        "@babel/plugin-proposal-class-properties": "^7.4.4",
        "@babel/plugin-transform-runtime": "^7.4.4",
        "@babel/preset-env": "^7.4.3",
        "@babel/preset-react": "^7.0.0",
        "@babel/runtime": "^7.4.4",
        "babel-loader": "^8.0.5",
        "babel-plugin-import": "^1.13.0",
        //CSS加载器
        "css-loader": "^3.2.0",
        //webpack文本插件
        "extract-text-webpack-plugin": "^4.0.0-beta.0",
        //node使用sass库
        "node-sass": "^4.9.2",
        //sass加载库
        "sass-loader": "^7.0.3",
        //样式加载器
        "style-loader": "^0.23.1",
        //打包工具
        "webpack": "^4.30.0",
        "webpack-cli": "^3.3.1",
        "webpack-dev-server": "^3.3.1",
        //文件拷贝插件
        "copy-webpack-plugin": "^5.0.5"
```

```
    },
    //引用库
    "dependencies": {
        //ant desgin组件
        "antd": "^4.1.1",
        //文件拷贝插件
        "copy-webpack-plugin": "^5.0.5",
        //react使用的mdi图标库
        "mdi-react": "^6.4.0",
        //react相关库
        "react": "^16.8.6",
        "react-dom": "^16.8.6",
        "react-mdi": "^0.5.7",
        "react-router-dom": "^5.1.2",
        "reactjs-localstorage": "0.0.8"
    },
    //关键字
    "keywords": [
        "h5",
        "webrtc",
        "js"
    ]
}
```

你可以查询此项目中用到的开发库的作用是什么，尽量做到精简，如果依赖的库过多，会增加项目的复杂度。

注意　package.json 文件的本质就是一个 json 文件，不是代码文件，所以不能在上面添加"//"注释，这里添加注释的目的是解释每一个配置项的作用，实际使用时需要去掉这些注释。

如果想增加一个库，以 react 为例，可以使用如下命令进行安装。其中 @16.8.6 为 react 的版本，如果不指定，则安装的是最新版本。--save 表示要保存至 package.json 中。

```
npm install react@16.8.6 --save
```

如果想卸载一个库，以 react 为例，可以使用如下命令进行卸载。--save 表示将 react 库的引用从 package.json 中去除。

```
npm uninstall react@16.8.6 --save
```

当准备好 package.json 文件后，使用 npm install 命令安装所有依赖库，安装完成后会在项目根目录下生成一个 node_modules 文件夹，如图 3-4 所示。

图 3-4　node_modules 文件夹

提示　一定不要在 node_modules 里手动添加或删除库文件，而是要使用 npm 命令来维护项目依赖。如果手动添加库文件，当使用 npm install 命令后会把手动添加的库文件移除。

scripts 配置下有两个配置项作用，如下所示。

❑ build：使用 npm build 命令可以打包构建应用程序，打包后可以进行程序发布。

❑ start：使用 npm start 命令可以启动一个 HTTPS 服务，方便程序调试开发。

其中，npm build 命令调用了 webpack，关于 webpack 的配置及使用后面会有详细介绍。npm start 命令调用了 webpack-dev-server，可以指定参数启动一个 HTTPS 的服务，复制如下两个文件至 configs 文件夹中。

```
./configs/cert.pem
./configs/key.pem
```

3.2.2 babel 支持

babel 是一种 JavaScript 语法编译器，在前端开发过程中，由于浏览器的版本和兼容性问题，很多 JavaScript 的新方法和特性都受到了使用限制。使用 babel 可以将代码中 JavaScript 代码编译成兼容大多数主流浏览器的代码。

进入项目根目录添加 .babelrc 文件，添加如下代码即可。注意文件名前需要添加一个点。

```
{
    //预制套件
    "presets": [
        //处理转译需求
        "@babel/preset-env",
        //处理react
        "@babel/preset-react"
    ],
    //插件
    "plugins": [
        "@babel/plugin-transform-runtime",
        "@babel/plugin-proposal-class-properties",
        ["import", {
            "libraryName": "antd",
            "libraryDirectory": "es",
            "style": "css"
        }]
    ]
}
```

3.2.3 webpack 配置

webpack 本质上是一个现代 JavaScript 应用程序的静态模块打包器（bundler）。webpack 处理应用程序时，会递归地构建一个依赖关系图，其中包含应用程序需要的每个模块，然后将这些模块打包成一个或多个 bundler。webpack 的核心概念及配置项请参考 https://www.webpackjs.com/concepts/ 文档。

进入项目根目录后，添加 **webpack.config.js** 文件，添加如下完整配置。

```
//引用webpack
const webpack = require('webpack');
//模块导出
module.exports = {
    //入口文件
    entry: './src/index.jsx',
    //开发调试时可以看到源码
    devtool: 'source-map',
    //模块
    module: {
        //规则
        rules: [
            //加载js|jsx源码文件
            {
                test: /\.(js|jsx)$/,
                exclude: /node_modules/,
                use: ['babel-loader']
            },
            //加载scss|less|css等样式文件
            {
                test: /\.(scss|less|css)$/,
                use: ['style-loader', 'css-loader', 'sass-loader']
            },
        ]
    },
    //配置如何寻找模块所对应的文件
    resolve: {
        //寻找所有js、jsx文件
        extensions: ['*', '.js', '.jsx']
    },
    //输出文件配置
    output: {
        //输出路径 __dirname表示当前目录
        path: __dirname + '/dist',
        //公共路径为项目根目录
        publicPath: '/',
        //打包后输出文件名
        filename: 'samples.js'
    },
    //webpack插件
    plugins: [
        //热加载插件
        new webpack.HotModuleReplacementPlugin(),
    ],
    //开发服务器配置
    devServer: {
        //加载内容目录
        contentBase: './dist',
        //是否热加载
        hot: true,
        //加载IP地址
```

```
        host: '0.0.0.0',
    }
};
```

其中，entry: './src/index.jsx' 为项目的入口文件，一定要命名为 index.jsx。dist 目录为项目打包生成的文件存放的目录。打包后输出的文件名为 samples.js，这个文件和 dist/index.html 里引用的 js 文件是一一对应的。另外，注意 devtool: 'source-map'，加上此配置的目的是当我们需要在浏览器里调试 React 程序时可以看到其源码，从而可以进行断点调试。如图 3-5 所示，在 Chrome 浏览器的程序调试窗口里，代码的第 26 行被打上了断点。

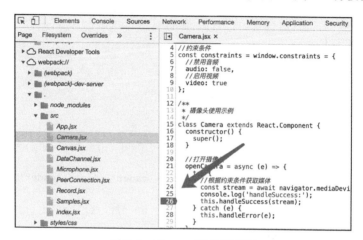

图 3-5　Chrome 断点示意图

3.2.4　首页模板文件

配置好 webpack 后就可以打包应用了，打包后的文件为一个 js 文件。需要添加一个首页把它引入才能生效。打开项目根目录下的 dist 目录添加 index.html 文件。添加如下代码。

```html
<!DOCTYPE html>
<html lang="en">
<head>
    <meta charset="UTF-8">
    <title>H5 WebRTC Samples</title>
</head>

<body>
    <!-- 此处一定要指定id，react组件渲染在App这个div里 -->
    <div id="app" style="height:100%"></div>
    <!-- 引入打包后的js文件 -->
    <script src="samples.js"></script>
</body>

</html>
```

这里的 id 为 App 的 div，一定要添加，react 的根组件是渲染在这个 div 里，如果没有它，react 的内容显示不出来。另外，samples.js 是 webpack 打包后生成的 js 文件，需要引入，这个文件名和 webpack.config.js 里输出的文件名一一对应。这时还不能使用 npm build 命令来生成 samples.js 文件，因为 react 的入口文件还没有添加，执行命令会报错，导致打包不成功。

3.2.5　全局样式

全局样式中提供了一些默认样式，如视频的默认大小、背景色等。打开根目录下的 styles/css/styles.scss 文件，添加如下代码。

```scss
//html样式
html {
    //垂直方向滚动
    overflow-y: scroll;
}
//body样式
body {
    //字体加粗
    font-weight: 300;
    //文字自动换行
    word-break: break-word;
}
//标题1
h1 {
    border-bottom: 1px solid #ccc;
    font-family: 'Roboto', sans-serif;
    font-weight: 500;
    font-size: 22px;
}
//标题2
h2 {
    color: #444;
    font-weight: 500;
}
//标题3
h3 {
    border-top: 1px solid #eee;
    color: #666;
    font-weight: 500;
    margin: 10px 0 10px 0;
    white-space: nowrap;
}
//主容器
.container {
    //左右居中
    margin: 0 auto 0 auto;
    //最大宽度
    max-width: 600px;
    padding: 10px 0px 10px 0px;
}
//视频默认样式
.video {
```

```
    //背景色
    background: #222;
    margin: 0 0 20px 0;
    //宽高值，宽高比为4:3
    width: 640px;
    height: 480px;
}
//画布默认样式
.canvas {
    background-color: #ccc;
    //宽高值，宽高比为4:3
    width: 640px;
    height: 480px;
}
//错误警告样式
.warning {
    color: red;
    fontv-weight: 400;
}
```

视频界面和画布默认大小是 640×480，这是一个 4：3 的宽高比，还可以采用 16：9 的宽屏比例，如 640×360。

 提示 样式采用 scss 的原因是当我们在开发调试时，每次修改文件后保存会立即刷新样式，而不需要每次都从首页点进来测试，从而提高开发效率。

3.2.6　入口文件

入口文件为 React 程序的第一个 jsx 文件，主要作用是引入全局样式、主组件以及将主组件渲染至首页里。打开项目根目录下的 src 目录添加 index.jsx 文件。添加如下代码。

```
import React from "react";
import ReactDOM from "react-dom";
//导入主组件
import App from "./App";
//导入antd样式
import "antd/dist/antd.css";
//导入全局样式
import "../styles/css/styles.scss";

//将根组件App渲染至首页div里
ReactDOM.render( <App />, document.getElementById("app"));
```

这里引入的是全局的样式，当某个组件里如果引入了局部样式，则会覆盖全局样式。

3.2.7　主组件及路由

打开 src 目录，添加 App.jsx 及 Samples.jsx 文件。首先来看 App.jsx 的作用，它就是用程序的根组件，里面主要用来配置全局路由，如摄像头示例的路由、麦克风示例的路由等。

添加代码，如下所示。

```
import React from "react";
import { HashRouter as Router,Route,} from 'react-router-dom';
//导入示例
import Samples from './Samples';

//主组件
class App extends React.Component {

    render() {
        //路由配置
        return <Router>
            <div>
                {/* 首页 */}
                <Route exact path="/" component={Samples} />
            </div>
        </Router>
    }
}
//导出主组件
export default App;
```

其中，根路径是直接路由向 Samples 页面跳转的，Samples 页面里放了 WebRTC 的所有示例。所以此页面需要添加一个列表来展示所有示例，代码如下所示。

```
import React from "react";
import {List} from "antd";
import {Link} from 'react-router-dom';
//标题和路径
const data = [
  {title:'首页',path:'/'},
];
//示例组件
class Samples extends React.Component {

    render() {

        return <div>
            {/* 示例列表 */}
            <List
                header={<div>WebRTC示例</div>}
                footer={<div>Footer</div>}
                bordered
                //数据源
                dataSource={data}
                //列表项
                renderItem={item => (
                    <List.Item>
                        {/* 链接 */}
                        <Link to={item['path']}>{item['title']}</Link>
                    </List.Item>
```

```
            )}
        />
      </div>
    }
}
//导出示例组件
export default Samples;
```

完成上述步骤后，就可以启动应用程序了。进入项目根目录，输入 npm start 命令。控制台输出内容如图 3-6 所示。

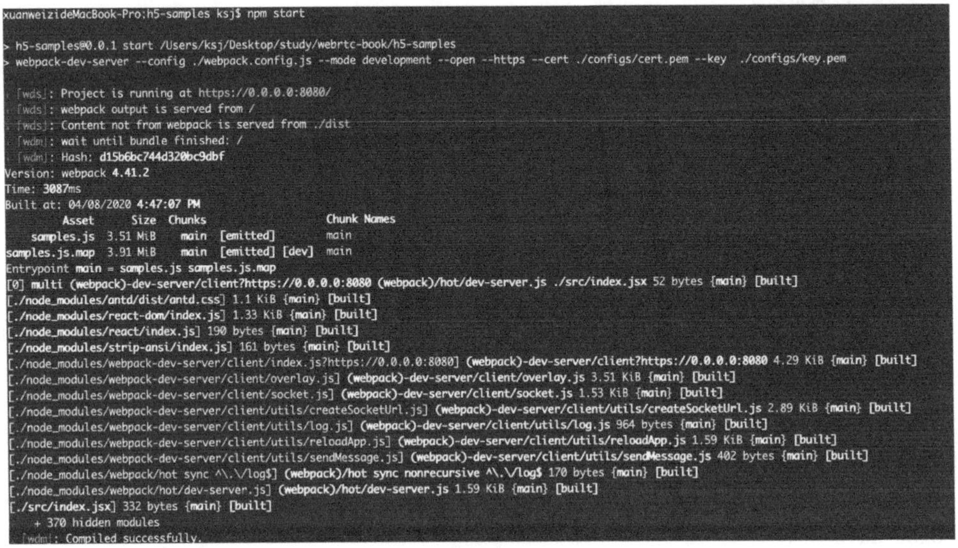

图 3-6　启动示例程序

当出现 Compiled successfully 提示时表示编译并启动成功。这时在浏览器地址栏中输入 https://0.0.0.0:8080/#/ 即可访问页面，如图 3-7 所示。

图 3-7　首次运行效果图

值得注意的是，地址栏里提示是不安全的链接，这是因为使用的是自定义签名，正式发布应用程序后使用正式证书即可。

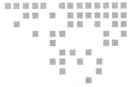

第 4 章 *Chapter 4*

访 问 设 备

WebRTC 可以访问的设备有很多，比如相机、视频采集设备和屏幕共享服务设备等。本章将介绍访问设备的方法，并通过案例讲解如何与设备交互，如打开摄像头、打开麦克风、截取视频、共享屏幕等。

4.1 概述

这里的设备可以是物理设备，如摄像头、麦克风，也可以是虚拟设备，如电脑桌面、网页 Canvas 画布。浏览器 navigator.mediaDevices 对象提供了两个主要的 API 用来访问这些设备，如表 4-1 所示。

表 4-1 访问设备相关 API

方法名	参数	说明
getUserMedia	定义约束对象，如是否调用音频，是否启用视频	采集摄像头或麦克风等设备
getDisplayMedia	定义约束对象，设置视频采集宽高，是否启用视频	捕获计算机屏幕的方法
MediaStreamConstaints	video（视频），audio（音频）	调用 getUserMedia 及 getDisplayMedia 方法使用的约束条件。video 为 true 是表示采集视频，为 false 时表示不采集视频。audio 为 true 时表示采集音频，为 false 时表示不采集音频

4.2 获取用户媒体数据

获取用户媒体数据用的是 mediaDevices.getUserMedia() 方法，这个方法会提醒用户需要使用音频 / 视频输入设备，比如摄像头、屏幕共享或者麦克风。如果用户给予许可，就可以成功返回数据流，MediaStream 对象作为回调函数的参数。如果用户拒绝许可或者没有媒体可用，错误异常就会被捕获。类似地，PermissionDeniedError 或者 NotFoundError 对象作为它的参数。注意，有可能以上两种情况都不会出现，因为不要求用户一定作出选择（允许或者拒绝）。语法如下所示。

```
navigator.mediaDevices.getUserMedia(constraints)
.then(function(stream) {
    /* 使用这个stream */
})
.catch(function(err) {
    /* 处理error */
});
```

参数 constraints 即为 MediaStreamConstaints 对象，指定了请求使用媒体的类型，还有每个类型所需要的参数。

当调用成功后，then 中指定的函数就被调用，包含了媒体流的 MediaStream 对象作为它的参数，你可以把媒体流对象赋值给合适的元素，然后使用它，就像下面的代码所示，video 为一个视频对象，将其数据源指定为返回的 stream。

```
video.srcObject = stream;
```

当调用 catch 失败时，catch 中指定的函数就会被调用，MediaStreamError 对象作为它唯一的参数，此对象基于 DOMException 对象构建。错误码描述如下：

❑ PermissionDeniedError：使用媒体设备请求被用户或者系统拒绝。

❑ NotFoundError：找不到 constraints 中指定的媒体类型。

以前的 API 是直接使用 navigator.getUserMedia() 来采集数据的，包括了适用于多种浏览器前缀的代码。由于支持 WebRTC 标准的主流浏览器（如 Chrome，FireFox，Safari，Edge 等）的实现有一定差异，所以这里我们通常需要做一些适配工作，适配的代码如下所示。为了方便测试，需要统一采用 navigator.getUserMedia() 来获取音视频数据。

```
navigator.getUserMedia = navigator.getUserMedia ||
                         navigator.webkitGetUserMedia ||
                         navigator.mozGetUserMedia;
```

> 🔄 **注意** 这种使用方式已经被废除，现在使用 MediaDevices.getUserMedia() 来获取媒体数据。为了兼容老的应用程序，可以使用这种方式。

4.3　打开摄像头

这里我们通过一个打开摄像头的示例来熟悉一下如何获取摄像头数据，并且渲染至视频对象上。具体步骤如下所示。

步骤 1　打开 h5-samples 工程下的 src 目录，添加 Camera.jsx 文件。定义约束条件，这里启用视频、禁用音频，代码如下所示。

```
//约束条件
const constraints = window.constraints = {
    //禁用音频
    audio: false,
    //启用视频
    video: true
};
```

步骤 2　根据约束条件获取媒体，调用 getUserMedia() 方法，即可请求摄像头。代码如下所示。

```
//根据约束条件获取媒体
const stream = await navigator.mediaDevices.getUserMedia(constraints);
```

> 提示　这里使用 async/await 关键字来处理异步操作。获取设备是一个 I/O 操作，需要消耗一定的时间，所以可以看到在方法前加了一个 await，这样就不用写回调函数了。

步骤 3　当成功获取视频流后，将其传递给 video 对象的 srcObject 即可，这样视频流就会源源不断地向 video 对象输出并渲染出来。大致处理如下所示。

```
//成功返回视频流
handleSuccess = (stream) => {
    //获取video对象
    ...
    //将video对象的视频源指定为stream
    video.srcObject = stream;
}
```

步骤 4　在页面渲染部分添加 video 标签，video 是 HTML5 标准的一个重要组成部分，可以用来播放视频。代码如下所示。

```
//autoPlay 视频自动播放
//playsInline不希望用户拖动
<video autoPlay playsInline></video>
```

这里我们添加了两个属性，作用如下所示。

❑ autoPlay：视频自动播放，用户不需要点击播放按钮。

❑ playsInline：防止用户拖动滚动条，由于不是点播视频，所以不要求快速。

步骤 5　在 src 目录下的 App.jsx 及 Samples.jsx 里加上链接及路由绑定，这可以参考第

3 章。完整的代码如下所示。

```javascript
import React from "react";
import { Button, message } from "antd";

//约束条件
const constraints = window.constraints = {
    //禁用音频
    audio: false,
    //启用视频
    video: true
};

/**
 * 摄像头使用示例
 */
class Camera extends React.Component {
    constructor() {
        super();
    }

    //打开摄像头
    openCamera = async (e) => {
        try {
            //根据约束条件获取媒体
            const stream = await navigator.mediaDevices.getUserMedia(constraints);
            console.log('handleSuccess:');
            this.handleSuccess(stream);
        } catch (e) {
            this.handleError(e);
        }
    }

    handleSuccess = (stream) => {
        const video = this.refs['myVideo'];
        const videoTracks = stream.getVideoTracks();
        console.log('通过设置限制条件获取到流:', constraints);
        console.log(`使用的视频设备: ${videoTracks[0].label}`);
        //使得浏览器能访问到stream
        window.stream = stream;
        video.srcObject = stream;
    }

    handleError(error) {
        if (error.name === 'ConstraintNotSatisfiedError') {
            const v = constraints.video;
            //宽高尺寸错误
            message.error(`宽:${v.width.exact} 高:${v.height.exact} 设备不支持`);
        } else if (error.name === 'PermissionDeniedError') {
            message.error('没有摄像头和麦克风使用权限，请点击允许按钮');
        }
        message.error(`getUserMedia错误: ${error.name}`, error);
    }
```

```
    render() {
        return (
            <div className="container">
                <h1>
                    <span>摄像头示例</span>
                </h1>
                <video className="video" ref="myVideo" autoPlay playsInline></video>
                <Button onClick={this.openCamera}>打开摄像头</Button>
            </div>
        );
    }
}
//导出组件
export default Camera;
```

可以看到，当获取到媒体数据流后，可以通过 stream.getVideoTracks() 得到视频轨道，然后再通过 videoTracks[0].label 获取到摄像头的名称。输出内容如下所示。

`使用的视频设备：FaceTime HD Camera`

运行程序后，打开摄像头示例，点击"打开摄像头"按钮，运行效果如图 4-1 所示。

图 4-1　摄像头示例

4.4　打开麦克风

打开麦克风同样也是使用 getUserMedia() 方法，只不过约束条件不同。这里我们通过一个例子来阐述如何将麦克风音频数据捕获并输出到音频播放器上。具体步骤如下所示。

步骤 1 打开 h5-samples 工程下的 src 目录，添加 Microphone.jsx 文件。定义约束条件，这里启用音频，禁用视频，代码如下所示。

```
const constraints = window.constraints = {
    //启用音频
    audio: true,
    //禁用视频
    video: false
};
```

步骤 2 根据约束条件获取媒体，调用 getUserMedia() 方法，即可请求麦克风。代码如下所示。

```
//根据约束条件获取媒体
navigator.mediaDevices.getUserMedia(constraints)
```

步骤 3 当成功获取到音频流后，将其传递给 audio 对象的 srcObject 即可，这样音频流就会输出至音频播放器并输出声音。大致处理如下所示。

```
//获取媒体成功
handleSuccess = (stream) => {
    //获取audio对象
    ...
    //不活动状态监听
    stream.oninactive = () => {
       ...
    };
    //将audio播放源指定为stream
    audio.srcObject = stream;
}
```

其中，stream.oninactive 可以用来监听当前音频是不是处于活动状态。

步骤 4 在页面渲染部分添加 audio 标签，audio 是 HTML5 用来播放音频的一个标签。代码如下所示。

```
<audio controls autoPlay></audio>
```

这里我们添加了两个属性，作用如下所示。

❑ autoPlay：音频自动播放，用户不需要点击播放按钮。

❑ controls：添加此属性可以使得播放器显示出控制按钮，这样可以控制其暂停和播放。

步骤 5 在 src 目录下的 App.jsx 及 Samples.jsx 里加上链接及路由绑定，参考第 3 章即可。完整的代码如下所示。

```
import React from "react";
/**
 * 麦克风示例
 */
class Microphone extends React.Component {
```

```
componentDidMount(){
    const constraints = window.constraints = {
        //启用音频
        audio: true,
        //禁用视频
        video: false
    };
    //根据约束条件获取媒体

    navigator.mediaDevices.getUserMedia(constraints).then(this.handleSuccess).
catch(this.handleError);
}

//获取媒体成功
handleSuccess = (stream) => {
    //获取audio对象
    let audio = this.refs['audio'];
    //获取音频轨道
    const audioTracks = stream.getAudioTracks();
    //获取音频设备名称
    console.log('获取的音频设备为: ' + audioTracks[0].label);
    //不活动状态
    stream.oninactive = () => {
        console.log('Stream停止');
    };
    window.stream = stream;
    //将audio播放源指定为stream
    audio.srcObject = stream;
}

//错误处理
handleError(error) {
    console.log('navigator.MediaDevices.getUserMedia error: ', error.message,
error.name);
}

render() {

    return (

        <div className="container">
            <h1>
                <span>麦克风示例</span>
            </h1>
            {/* 音频对象,可播放声音 */}
            <audio ref="audio" controls autoPlay></audio>
            <p className="warning">警告: 如果没有使用头戴式耳机,声音会反馈到扬声器。</p>
        </div>

    );
  }
}
//导出组件
```

```
export default Microphone;
```

当获取到媒体数据流后，可以通过 stream. getAudioTracks () 得到音频轨道，然后再通过 audioTracks [0].label 获取到麦克风的名称。输出的内容如下所示。

获取的音频设备为：默认 - Internal Microphone (Built-in)

运行程序后即可直接打开麦克风，运行效果如图 4-2 所示。可以测试一下，当你对着麦克风说话，声音会回传到扬声器并播放出来。

图 4-2　麦克风示例

4.5　截取视频

HTML5 的 <canvas> 标签用于绘制图像（通过脚本，通常是 JavaScript）。不过 canvas 元素本身并没有绘制能力（它仅仅是图形的容器）。你必须使用脚本来完成实际的绘图任务。getContext() 方法可以返回一个对象，该对象提供了用于在画布上绘图的方法和属性。

可以把视频数据渲染至 canvas 上达到截屏的目的。具体步骤如下所示。

步骤 1　打开 h5-samples 工程下的 src 目录，添加 Canvas.jsx 文件。定义约束条件，这里启用视频，禁用音频。首先需要打开摄像头，获取到视频数据。代码如下所示。

```
//约束条件
const constraints = window.constraints = {
    //禁用音频
    audio: false,
    //启用视频
    video: true
};
```

步骤 2　根据约束条件获取媒体，调用 getUserMedia() 方法，即可请求摄像头。代码如下所示。

```
//根据约束条件获取媒体
const stream = await navigator.mediaDevices.getUserMedia(constraints);
```

步骤 3　当成功获取到视频流后，将其传递给 video 对象的 srcObject 即可，这样视频流就会源源不断地向 video 对象输出并渲染出来。大致处理如下所示。

```
//成功返回视频流
handleSuccess = (stream) => {
    //获取video对象
    ...
    //将video对象的视频源指定为stream
    video.srcObject = stream;
}
```

步骤 4　在页面渲染部分添加 video 标签，video 是 HTML5 标准的一个重要组成部分，可以用来播放视频。代码如下所示。

```
<video className="small-video" playsInline autoPlay></video>
```

这里同样添加了 autoPlay（视频自动播放）及 playsInline（防止用户拖动滚动条）两个属性。值得注意的是，className 指定成了 small-video 样式，即采用了小视频样式。

步骤 5 在页面渲染部分再添加一个 canvas 标签，指定为 small-canvas 样式。代码如下所示。

```
<canvas className="small-canvas"></canvas>
```

步骤 6 打开项目根目录下的 styles/css/ 目录，添加 canvas.scss 文件用于添加此示例的特有样式。样式代码如下所示，主要是将宽高设置为 320×240，宽高比为 4:3。

```
//小视频样式
.small-video {
    background: #222;
    margin: 0 0 20px 0;
    width: 320px;
    height: 240px;
}
//小画布样式
.small-canvas {
    background-color: #ccc;
    width: 320px;
    height: 240px;
}
```

步骤 7 当获取到摄像头的视频数据后，video 对象就可以播放视频。video 对象可以作为 canvas 绘图的一个数据源，调用 canvas 的 drawImage() 方法即可绘制一张二维（2d）的位图。大致处理如下所示。

```
takeSnap = async (e) => {
    //获取画布对象
    ...
    //设置画面宽高
    ...
    //根据视频对象、xy坐标、画布宽、画布高绘图
    canvas.getContext('2d').drawImage(video, x, y, width, height);
}
```

步骤 8 在 src 目录下的 App.jsx 及 Samples.jsx 文件里加上链接及路由绑定，参考第 3 章即可。完整的代码如下所示。

```
import React from "react";
import {Button} from "antd";
import '../styles/css/canvas.scss';

//视频
let video;
```

```
/**
 * 画布示例
 */
class Canvas extends React.Component {
    constructor() {
        super();
    }

    componentDidMount(){
        //获取video对象
        video = this.refs['video'];

        //约束条件
        const constraints = {
            //禁用音频
            audio: false,
            //启用视频
            video: true
        };
        //根据约束获取视频流

        navigator.mediaDevices.getUserMedia(constraints).then(this.handleSuccess).
catch(this.handleError);
    }

    //获取视频成功
    handleSuccess = (stream) => {
        window.stream = stream;
        //将视频源指定为视频流
        video.srcObject = stream;
    }

    //截屏处理
    takeSnap = async (e) => {
        //获取画布对象
        let canvas = this.refs['canvas'];
        //设置画面宽度
        canvas.width = video.videoWidth;
        //设置画面高度
        canvas.height = video.videoHeight;
        //根据视频对象、xy坐标、画布宽、画布高绘图
        canvas.getContext('2d').drawImage(video, 0, 0, canvas.width, canvas.height);
    }

    //错误处理
    handleError(error) {
        console.log('navigator.MediaDevices.getUserMedia error: ', error.message,
error.name);
    }

    render() {

        return (
```

```
    <div className="container">
        <h1>
            <span>截取视频示例</span>
        </h1>
        <div>
            <video className="small-video" ref='video' playsInline
autoPlay></video>
            {/* 画布Canvas */}
            <canvas className="small-canvas" ref='canvas'></canvas>
        </div>
        <Button className="button" onClick={this.takeSnap}>截屏</Button>
    </div>
    );
  }
}
//导出组件
export default Canvas;
```

上面的示例代码主要是将从摄像头获取到的视频数据转换成一张一张位图的过程。运行程序后，打开画布示例，点击"截屏"按钮，运行效果如图 4-3 所示。

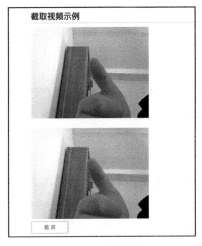

图 4-3　截取视频至 canvas 示例

提示　图 4-3 中上下两幅图片不一样是正常的，上图为一个摄像头的动态的图像，下面的图片为某一时刻的截图，所以是不同的图片。

4.6　共享屏幕

在视频会议系统里共享屏幕是一项重要的功能，即把你的计算机桌面或者某一个应用窗口分享给其他人观看。这里主要阐述的是如何将应用窗口采集到屏幕画面，可以使用

WebRTC 的 navigator.mediaDevices.getDisplayMedia() 方法获取屏幕数据。

接下来通过一个例子来展示如何共享屏幕，具体步骤如下所示。

步骤 1 打开 h5-samples 工程下的 src 目录，添加 ScreenShare.jsx 文件。编写捕获屏幕方法，添加约束条件，只需要设置 {video:true} 即可。代码如下所示。

```
const stream = await navigator.mediaDevices.getDisplayMedia({video: true});
```

约束条件只需要设置 {video:true} 的目的是将其转化成视频流，这里不需要设置宽高约束，这样可以使得共享出来的屏幕达到清晰的效果。

提示 getDisplayMedia() 是一个特殊方法，需要与 getUserMedia() 区分开来。旧的 Chrome 浏览器需要安装扩展插件才可以使用，新版的 Chrome 则不需要。

步骤 2 当成功获取到屏幕视频流后，将其传递给 video 对象的 srcObject 即可，这样视频流就会源源不断地向 video 对象输出并渲染出来。大致处理如下所示。

```
//成功返回视频流
handleSuccess = (stream) => {
    //获取video对象
    ...
    //将video对象的视频源指定为stream
    video.srcObject = stream;
}
```

步骤 3 在页面渲染部分添加 video 标签，由于现在已经将捕获到的屏幕数据转化成视频流了，所以可以在 video 对象里进行渲染。代码如下所示。

```
{/* 捕获屏幕数据渲染 */}
<video autoPlay playsInline></video>
```

步骤 4 在 src 目录下的 App.jsx 及 Samples.jsx 里加上链接及路由绑定，参考第 3 章即可。完整的代码如下所示。

```
import React from "react";
import { Button, message } from "antd";

/**
 * 共享屏幕示例
 */
class ScreenSharing extends React.Component {

    //开始捕获桌面
    startScreenShare = async (e) => {
        try {
            //调用getDisplayMedia()方法，约束设置成{video:true}即可
            const stream = await navigator.mediaDevices.getDisplayMedia({video: true});
            console.log('handleSuccess:');
            this.handleSuccess(stream);
        } catch (e) {
```

```
            this.handleError(e);
        }
    }

    //成功捕获，返回视频流
    handleSuccess = (stream) => {
        const video = this.refs['myVideo'];
        //获取视频轨道
        const videoTracks = stream.getVideoTracks();
        //读取视频资源名称
        console.log(`视频资源名称: ${videoTracks[0].label}`);
        window.stream = stream;
        //将视频对象的源指定为stream
        video.srcObject = stream;
    }

    //错误处理
    handleError(error) {
        if (error.name === 'ConstraintNotSatisfiedError') {
            const v = constraints.video;
            //宽高尺寸错误
            message.error(`宽:${v.width.exact} 高:${v.height.exact} 设备不支持`);
        } else if (error.name === 'PermissionDeniedError') {
            message.error('没有摄像头和麦克风使用权限，请点击允许按钮');
        }
        message.error(`getUserMedia错误: ${error.name}`, error);
    }

    render() {
        return (
            <div className="container">
                <h1>
                    <span>共享屏幕示例</span>
                </h1>
                {/* 捕获屏幕数据渲染 */}
                <video className="video" ref="myVideo" autoPlay playsInline></video>
                <Button onClick={this.startScreenShare}>开始共享</Button>
            </div>
        );
    }
}
//导出组件
export default ScreenSharing;
```

当获取到媒体数据流后，可以通过 stream.getVideoTracks() 得到视频轨道，然后通过
videoTracks[0].label 获取到摄像头的名称。输出内容如下所示。

视频资源名称：screen:1127248311:0

运行程序后，打开共享屏幕示例，点击"开始共享"按钮，会弹出一个对话框让你选
择要捕获的屏幕或应用窗口，如图 4-4 所示。

当选择了某个整个屏幕或应用窗口后，画面就会呈现在视频对象上，此时屏幕上有任
何操作，都可以同步、实时地在视频里播放，如图 4-5 所示。

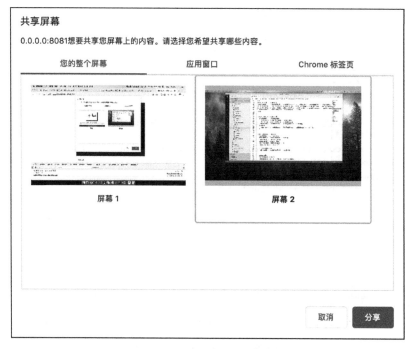

图 4-4　共享屏幕选择窗口

图 4-5　共享屏幕显示效果图

与此同时，Chrome 浏览器会弹出一个小的对话框，可以点击"停止共享"按钮随时停止捕获屏幕，如图 4-6 所示。

图 4-6　停止共享对话框

4.7　视频滤镜

视频滤镜主要是给视频加上特殊效果，如模糊、灰度、反转等。WebRTC 的视频滤镜是通过设置 video 标签的 fiter 属性来达到不同的滤镜效果的。常用属性如下所示。

- ❑ none：没有滤镜。
- ❑ blur：模糊。
- ❑ grayscale：灰度。
- ❑ invert：反转。
- ❑ sepia：深褐色。

接下来通过一个示例来展示滤镜的使用效果。具体步骤如下所示。

步骤 1　打开 h5-samples 工程下的 styles/css 目录，添加 video-filter.scss 样式文件，添加上述几种滤镜属性。

```
//没有滤镜
.none {
    -webkit-filter: none;
    filter: none;
}
//模糊
.blur {
    -webkit-filter: blur(3px);
    filter: blur(3px);
}
//灰度
.grayscale {
    -webkit-filter: grayscale(1);
    filter: grayscale(1);
}
//反转
.invert {
    -webkit-filter: invert(1);
    filter: invert(1);
}
//深褐色
.sepia {
```

```
    -webkit-filter: sepia(1);
    filter: sepia(1);
}
```

步骤 2 打开 src 目录并添加 VideoFilter.jsx 文件。添加约束条件，启用视频并禁用音频，然后根据约束获取视频。获取视频后将视频渲染至视频对象上。大致处理代码如下所示。

```
const constraints = {
    //禁用音频
    audio: false,
    //启用视频
    video: true
};

//根据约束获取视频流
navigator.mediaDevices.getUserMedia(constraints)

...

//获取视频成功
handleSuccess = (stream) => {
    ...
    //将视频源指定为视频流
    video.srcObject = stream;
}
```

步骤 3 添加下拉列表框，根据选中的值来设置 video 的样式，从而达到设置 video 的滤镜的目的。处理代码如下所示。

```
handleChange = (value) => {
    //设置滤镜
    video.className = value;
}
```

步骤 4 将 video-filter.scss 文件引入 VideoFilter.jsx 里，然后在 src 目录下的 App.jsx 及 Samples.jsx 里加上链接及路由绑定，这可参考第 3 章。完整的代码如下所示。

```
import React from "react";
import { Select } from "antd";
import '../styles/css/video-filter.scss';

const { Option } = Select;

//视频
let video;

/**
 * 视频滤镜示例
 */
class VideoFilter extends React.Component {
```

```
    componentDidMount() {
        //获取video对象
        video = this.refs['video'];
        //约束条件
        const constraints = {
            //禁用音频
            audio: false,
            //启用视频
            video: true
        };
        //根据约束获取视频流

        navigator.mediaDevices.getUserMedia(constraints).then(this.handleSuccess).
catch(this.handleError);
    }

    //获取视频成功
    handleSuccess = (stream) => {
        window.stream = stream;
        //将视频源指定为视频流
        video.srcObject = stream;
    }

    //错误处理
    handleError(error) {
        console.log('navigator.MediaDevices.getUserMedia error: ', error.message,
error.name);
    }

    //下拉列表框中的选项改变
    handleChange = (value) => {
        console.log(`selected ${value}`);
        //设置滤镜
        video.className = value;
    }

    render() {

        return (
            <div className="container">
                <h1>
                    <span>视频滤镜示例</span>
                </h1>
                {/* 视频渲染 */}
                <video ref='video' playsInline autoPlay></video>
                {/* 滤镜属性选择 */}
                <Select defaultValue="none" style={{ width: '100px' }} onChange=
{this.handleChange}>
                    <Option value="none">没有滤镜</Option>
                    <Option value="blur">模糊</Option>
                    <Option value="grayscale">灰度</Option>
                    <Option value="invert">反转</Option>
                    <Option value="sepia">深褐色</Option>
```

```
                    </Select>
                </div>
        );
    }
}
//导出组件
export default VideoFilter;
```

　　运行示例工程，打开"视频滤镜"示例，选择不同的滤镜属性，例如模糊效果，如
图 4-7 所示。

图 4-7　视频滤镜效果（模糊）

音视频设置

在视频会议、视频会诊以及远程教育项目中，进行音视频设置是进入互动房间前必要的准备工作。音视频设置的常规功能有：选择麦克风、选择摄像头、设置分辨率、检测音量、测试摄像头是否能正常工作等。本章先介绍音视频方面的基本概念，如分辨率等，然后通过案例介绍音视频设置的具体方法，包括音量检测、设备枚举等。

5.1　概述

访问设备后，可以采集到音频或视频数据。对于视频，我们希望能控制视频的分辨率，对于音频，我们希望能检测音量大小。另外，浏览器 navigator.mediaDevices 对象还提供了用于设备媒体的方法。这些处理都属于音视频设置的内容，其相关 API 如表 5-1 所示。

表 5-1　音视频设置相关 API

方法名	参数	说明
MediaStreamConstraints	video 表示视频，width 表示宽，height 表示高	采集视频时通过设置约束条件，可以获取不同分辨率的视频数据。如 720P 的分辨率的 width 设置为 1280，height 设置为 720 即可
navigator.mediaDevices.enumerate-Devices	不传参数	此方法返回用户计算机上的设备列表，包括设备 Id，设备类型以及设备名称
window.AudioContext	不传参数	通过 window.AudioContext 方法来创建一个音频对象，然后连接上数据，可进行音频分析和音量控制
window.soundMeter	window.AudioContext	将 window.AudioContext 传给它可用于声音音量测算，它可以返回一个系数，这个系数越大，表示音频越大，反之越小

5.2 分辨率概述

随着人们对视频清晰度的要求的提升，视频的分辨率也越来越高。我们常听到关于分辨率的数据，比如，8K、4K、2K、1080P、720P，这些数据代表什么？它们之间有什么区别？下面我们就一起来了解一下。

视频分辨率是指视频所成图像内包含的像素数量。当我们把一个视频放大数倍时，就会发现许多小方点，这些点就是构成影像的单位——像素。视频的分辨率用像素来度量，比如一个视频的分辨率为 1280×720，就代表这个视频的水平方向有 1280 像素，垂直方向有 720 像素。分辨率决定了视频图像细节的精细程度，是影响视频质量的重要因素之一。通常视频在同样大小的屏幕下，分辨率越高，所包含的像素就越多，视频画面就越细腻、越清晰。

下面介绍几个与分辨率相关的常见术语。

1. QVGA/ VGA

QVGA 和 VGA 都是指屏幕分辨率，也就是指屏幕在横向和纵向上能够显示的像素的数量。VGA 的标准是 640×480，即横向有 640 像素，纵向有 480 像素。QVGA 是 VGA 的 1/4，即横向和纵向各小一半，即分辨率为 320×240。

QVGA 这种分辨率在带键盘的手机上比较常见，以前"山寨机"流行时，其分辨率基本都是这个标准。VGA 这种分辨率在小屏智能手机上较常见，相对 QVGA 来说，VGA 能够显示足够多的细节，可以显示文字或者播放视频。

2. 高清 720P

720P 指的是视频分辨率为 1280×720，又称为"高清"，表示视频的水平方向有 1280 像素，垂直方向有 720 像素，在视频网站上用得比较多的就是这种分辨率。720P 是高清的最低标准，因此也称为标准高清。视频分辨率只有达到了 720P，才能叫高清视频。

3. 超清 1080P

1080P 指的是视频分辨率为 1920×1080，又称为"超清"，表示视频的水平方向有 1920 像素，垂直方向有 1080 像素。对于大多数的视频显示设备来说，1080P 能提供更多的像素，让视频在设备上看起来更清晰。

现在大多数的高清电视都以 1080P 的分辨率为标准，具有 1080P 的原始分辨率。比如高清液晶电视、等离子高清电视以及 D-LLA、SXRD 和 DLP 等前投影技术。

另外，可能读者还听过"蓝光"这一概念，蓝光是接替 DVD 的高画质存储光盘媒体，指的并非清晰度，而是存储技术。从分辨率来看，蓝光光盘可以放入分辨率较大的内容，而 1080P 内容则是将蓝光光盘内容进行了一定压缩，因此蓝光光盘内容的分辨率要优于 1080P。

4. 2K 分辨率

2K 分辨率指的是水平方向的像素达到 2000 以上的分辨率，主流的 2K 分辨率有

2560×1440 以及 2048×1080，很多数字影院放映机主要采用的就是 2K 分辨率，像其他的 2048×1536、2560×1600 等分辨率也被视为 2K 分辨率的一种。

5. 4K 分辨率

4K 分辨率是指水平方向每行像素达到或接近 4096 个，多数情况下特指 4096×2160 分辨率。根据使用范围的不同，4K 分辨率也衍生出不同的分辨率，比如 Full Aperture 4K 的 4096×3112 分辨率、Academy 4K 的 3656×2664 分辨率，以及 UHDTV 标准的 3840×2160 分辨率，这些都属于 4K 分辨率。

4K 级别的分辨率属于超高清分辨率，提供了 800 万以上的像素，可以看清视频中的每一个细节。当然，4K 分辨率对设备也有一定的要求，4K 视频每一帧的数据量都达到了 50MB，因此无论是解码播放还是编辑，都需要高配置的设备。由于 4K 视频文件比较大，因此下载时间也较长。

另外，这些分辨率需要在较大显示屏上才能体现出明显区别，如果显示屏比较小，就不容易看出区别。

6. 8K 分辨率

8K 分辨率是一种实验中的数字视频标准，由日本放送协会（NHK）、英国广播公司（BBC）及意大利广播电视公司（RAI）等机构所倡议推动。2012 年 8 月 23 日，联合国旗下的国际电讯联盟通过以日本 NHK 电视台所建议的 7680×4320 解像度作为国际上的 8K 超高画质电视（SHV）标准。

5.3　分辨率设置

在 WebRTC 中，分辨率的设置是通过获取视频时传递约束条件来控制的，如下面的代码所示，表示要设置成一个高清 720P 的分辨率。这样当调用 getUserMedia() 时会采用 1280×720 的尺寸采集。

```
//高清约束条件
const hdConstraints = {
    //视频
    video: {
    //宽
    width: { exact: 1280 },
    //高
    height: { exact: 720 }
    }
};
```

接下来通过一个示例来详细阐述如何设置不同的分辨率。具体步骤如下。

步骤 1　打开 h5-samples 工程下的 src 目录，添加 Resolution.jsx 文件。添加 QVGA、VGA、720P、1080P、2K、4K 以及 8K 的约束条件。以 QVGA 为例，代码如下所示。

```
//QVGA 320*240
const qvgaConstraints = {
    video: { width: { exact: 320 }, height: { exact: 240 } }
};
```

步骤 2 编写根据不同约束条件获取视频流的方法，这里的约束代表了不同的分辨率。在重新获取视频之前，需要把当前 stream 里的所有流都停掉。大致处理如下所示。

```
//根据约束获取视频
getMedia = (constraints) => {
    ...
    //迭代并停止所有轨道
    stream.getTracks().forEach(track => {
        track.stop();
    });

    //重新获取视频
    navigator.mediaDevices.getUserMedia(constraints)
    ...
}
```

流中通常是有多个轨道的，可以使用 forEach 将其所有轨道迭代出来，然后调用 stop 方法停止。

步骤 3 当获取到流后，将流传递给 video 对象渲染出来即可。代码如下所示。

```
gotStream = (mediaStream) => {
    stream = window.stream = mediaStream;
    //将video视频源指定为mediaStream
    video.srcObject = mediaStream;
}
```

步骤 4 编写下拉列表框回调方法，根据选中的项传递不同的约束，代码大致如下所示。

```
//传递QVGA约束
getMedia(qvgaConstraints);
//传递VGA约束
getMedia(vgaConstraints);
...
//传递高清约束
getMedia(hdConstraints);
```

步骤 5 上述方法每次改变分辨率时都需要重新调用 getUserMedia() 方法，这样需要重新请求访问摄像头。还有另一种方法可以动态改变分辨率。关键代码如下所示。

```
dynamicChange = (e) => {
    //获取当前的视频流中的视频轨道
    const track = window.stream.getVideoTracks()[0];
    ...
    //改变轨道的约束条件
    track.applyConstraints(constraints)
```

```
    ...
}
```

这里使用了 MediaStreamTrack 的 applyConstraints() 方法，此方法可以动态改变约束条件。打开 https://developer.mozilla.org/zh-CN/docs/Web/API/MediaStreamTrack 网址可以查看详细使用说明。

步骤 6　在页面渲染部分添加 video 标签、分辨率下拉列表框等界面元素，然后在 src 目录下的 App.jsx 及 Samples.jsx 里加上链接及路由绑定，这可参考第 3 章。完整的代码如下所示。

```jsx
import React from "react";
import { Button, Select } from "antd";

const { Option } = Select;

//QVGA 320*240
const qvgaConstraints = {
    video: { width: { exact: 320 }, height: { exact: 240 } }
};

//VGA 640*480
const vgaConstraints = {
    video: { width: { exact: 640 }, height: { exact: 480 } }
};

//高清 1280*720
const hdConstraints = {
    video: { width: { exact: 1280 }, height: { exact: 720 } }
};

//超清 1920*1080
const fullHdConstraints = {
    video: { width: { exact: 1920 }, height: { exact: 1080 } }
};

//2K 2560*1440
const twoKConstraints = {
    video: { width: { exact: 2560 }, height: { exact: 1440 } }
};

//4K 4096*2160
const fourKConstraints = {
    video: { width: { exact: 4096 }, height: { exact: 2160 } }
};

//8K 7680*4320
const eightKConstraints = {
    video: { width: { exact: 7680 }, height: { exact: 4320 } }
};
```

```
//视频流
let stream;
//视频对象
let video;

/**
 * 分辨率示例
 */
class Resolution extends React.Component {

    componentDidMount() {
        //获取video对象引用
        video = this.refs['video'];
    }

    //根据约束获取视频
    getMedia = (constraints) => {
        //判断流对象是否为空
        if (stream) {
            //迭代并停止所有轨道
            stream.getTracks().forEach(track => {
                track.stop();
            });
        }
        //重新获取视频
        navigator.mediaDevices.getUserMedia(constraints)
            //成功获取
            .then(this.gotStream)
            //错误
            .catch(e => {
                this.handleError(e);
            });
    }

    //得到视频流处理
    gotStream = (mediaStream) => {
        stream = window.stream = mediaStream;
        //将video视频源指定为mediaStream
        video.srcObject = mediaStream;
        const track = mediaStream.getVideoTracks()[0];
        const constraints = track.getConstraints();
        console.log('约束条件为:' + JSON.stringify(constraints));
    }

    //错误处理
    handleError(error) {
        console.log(`getUserMedia错误: ${error.name}`, error);
    }

    //下拉列表框中的选项改变
    handleChange = (value) => {
        console.log(`selected ${value}`);
        //根据下拉列表框的值获取不同分辨率的视频
```

```
    switch (value) {
        case 'qvga':
            this.getMedia(qvgaConstraints);
            break;
        case 'vga':
            this.getMedia(vgaConstraints);
            break;
        case 'hd':
            this.getMedia(hdConstraints);
            break;
        case 'fullhd':
            this.getMedia(fullHdConstraints);
            break;
        case '2k':
            this.getMedia(twoKConstraints);
            break;
        case '4k':
            this.getMedia(fourKConstraints);
            break;
        case '8k':
            this.getMedia(eightKConstraints);
            break;
        default:
            this.getMedia(vgaConstraints);
            break;
    }
}

//动态改变分辨率
dynamicChange = (e) => {
    //获取当前视频流中的视频轨道
    const track = window.stream.getVideoTracks()[0];
    //使用超清约束作为测试条件
    console.log('应用高清效果:' + JSON.stringify(hdConstraints));
    track.applyConstraints(constraints)
        .then(() => {
          console.log('动态改变分辨率成功...');
        })
        .catch(err => {
          console.log('动态改变分辨率错误:', err.name);
        });
  }

render() {
    return (
        <div className="container">
            <h1>
                <span>视频分辨率示例</span>
            </h1>
            {/* 视频渲染 */}
            <video ref='video' playsInline autoPlay></video>
            {/* 清晰度选择 */}
            <Select defaultValue="vga" style={{ width: '100px',marginLeft:'20px'
```

```
}} onChange={this.handleChange}>
                        <Option value="qvga">QVGA</Option>
                        <Option value="vga">VGA</Option>
                        <Option value="hd">高清</Option>
                        <Option value="fullhd">超清</Option>
                        <Option value="2k">2K</Option>
                        <Option value="4k">4K</Option>
                        <Option value="8k">8K</Option>
                    </Select>
                      <Button onClick={this.dynamicChange} style={{ marginLeft:'20px'
}}>动态设置</Button>
                </div>
        );
    }
}
//导出组件
export default Resolution;
```

运行程序后，打开视频分辨率示例，点击下拉列表框可以选择不同的分辨率，运行效果如图 5-1 所示。

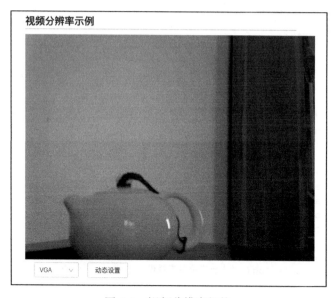

图 5-1　视频分辨率切换

如果你的显示器或摄像头不支持某分辨率，则会报错。以笔者的笔记本为例，2K、4K以及 8K 是不支持的，这样就会报 OverconstrainedError 错误，控制台输出的内容如下所示。

```
getUserMedia错误: OverconstrainedError OverconstrainedError {name:
"OverconstrainedError", message: null, constraint: "width"}
```

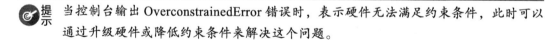

提示　当控制台输出 OverconstrainedError 错误时，表示硬件无法满足约束条件，此时可以通过升级硬件或降低约束条件来解决这个问题。

当点击"动态设置"按钮时，也会切换用户分辨率，输出内容如下。

```
应用高清效果:{"video":{"width":{"exact":1280},"height":{"exact":720}}}
Resolution.jsx:130 动态改变分辨率成功...
```

5.4　音量检测

用户的麦克风等硬件设备有时可能无法使用，这时就需要一些检测手段来检测其设备使用状况。音量检测是一个有效的办法，通过观察音量值是否大于 0，可以判断此麦克风是否正常。接下来了解一下 HTML5 有关音频处理的重要接口 AudioContext。

AudioContext 是一个专门用于音频处理的接口，工作原理是将 AudioContext 创建出来的各种节点（AudioNode）相互连接，音频数据流经这些节点并作出相应处理。AudioContext 可以控制它所包含节点的音频处理、解码操作的执行。做任何事情之前都要先创建 AudioContext 对象，因为一切都发生在这个环境之中。

接下来通过一个示例来详细阐述如何检测并展示麦克风音量。具体步骤如下。

步骤 1　打开 h5-samples 工程下的 src 目录，添加 volume 文件夹，同时添加 AudioVolume.jsx 及 soundmeter.js 文件。其中 soundmeter.js 为一个音频处理的第三方库，用于测算音量值。

步骤 2　创建 AudioContext 对象，由于浏览器兼容性问题，我们需要为不同浏览器配置 AudioContext，在这里可以用下面这个表达式来统一对 AudioContext 的访问。

```
//AudioContext用于管理和播放所有声音
window.AudioContext = window.AudioContext || window.webkitAudioContext;
//实例化AudioContext
window.audioContext = new AudioContext();
```

步骤 3　实例化 SoundMeter 对象，将 window.audioContext 传给 SoundMeter，用于进行声音音量测算。代码如下所示。

```
soundMeter = window.soundMeter = new SoundMeter(window.audioContext);
```

步骤 4　根据约束条件调用 getUserMedia() 方法，把返回的音频流与 SoundMeter 对象连接起来。处理代码大致如下所示。

```
handleSuccess = (stream) => {
    ...
    //将声音测量对象与流连接起来
    soundMeter.connectToSource(stream);
    //开始实时读取音量值
    ...
}
```

步骤 5　每隔 100 毫秒读取一次 SoundMeter 里测量的音量值，再乘以一个系数，可以得到音量条的宽度，然后界面部分根据这个宽度值动态改变 div 宽度。处理过程大致如下所示。

```
//音频音量处理
soundMeterProcess = () => {
    //读取音量值，再乘以一个系数，可以得到音量条的宽度
    ...
    //设置音量值状态
    ...
    //每隔100毫秒调用一次soundMeterProcess函数，模拟实时检测音频音量
    ...
}
```

这里设置成 100 毫秒的作用就是让音量检测达到每秒 10 次，这样你可以通过肉眼观察到音量条动态变化的过程，即一闪一闪的效果。

步骤 6　在页面渲染部分添加一个特殊的 div 标签用于展示音量的变化情况，然后在 src 目录下的 App.jsx 及 Samples.jsx 里加上链接及路由绑定，这可参考第 3 章。完整的代码如下所示。

```
import React from "react";
import SoundMeter from './soundmeter';

//定义音量测算对象
let soundMeter;
/**
 * 音频音量检测示例
 */
class AudioVolume extends React.Component {

    constructor(props) {
        super(props)
        this.state = {
            //音量值
            audioLevel: 0,
        }
    }

    componentDidMount() {

        try {
            //AudioContext用于管理和播放所有的声音
            window.AudioContext = window.AudioContext || window.webkitAudioContext;
            //实例化AudioContext
            window.audioContext = new AudioContext();
        } catch (e) {
            console.log('网页音频API不支持。');
        }

        //SoundMeter声音测量，用于进行声音音量测算
        soundMeter = window.soundMeter = new SoundMeter(window.audioContext);

        const constraints = window.constraints = {
```

```
            //启用音频
            audio: true,
            //禁用视频
            video: false
        };
        //根据约束条件获取媒体
        navigator.mediaDevices.getUserMedia(constraints).then(this.handleSuccess).
catch(this.handleError);
    }

    //获取媒体成功
    handleSuccess = (stream) => {
        window.stream = stream;
        //将声音测量对象与流连接起来
        soundMeter.connectToSource(stream);
        //开始实时读取音量值
        setTimeout(this.soundMeterProcess, 100);
    }

    //音频音量处理
    soundMeterProcess = () => {
        //读取音量值，再乘以一个系数，可以得到音量条的宽度
        var val = (window.soundMeter.instant.toFixed(2) * 348) + 1;
        //设置音量值状态
        this.setState({ audioLevel: val });
        //每隔100毫秒调用一次soundMeterProcess函数，模拟实时检测音频音量
        setTimeout(this.soundMeterProcess, 100);
    }

    //错误处理
    handleError(error) {
        console.log('navigator.MediaDevices.getUserMedia error: ', error.message,
error.name);
    }

    render() {
        return (
            <div className="container">
                <h1>
                    <span>音量检测示例</span>
                </h1>
                {/* 这是使用了一个div来作为音量条的展示，高度固定，宽度根据音量值来动态变化 */}
                <div style={{
                    width: this.state.audioLevel + 'px',
                    height: '10px',
                    backgroundColor: '#8dc63f',
                    marginTop: '20px',
                }}>
                </div>
            </div>
        );
    }
}
```

```
//导出组件
export default AudioVolume;
```

运行程序后，对着麦克风说话可以看到音量条一闪一闪的，表示你的麦克风可以使用，运行效果如图 5-2 所示。

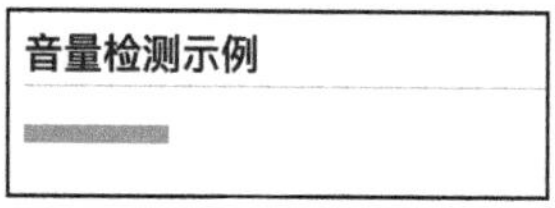

> 音量检测示例
> ▬▬▬▬▬

图 5-2 音量检测效果图

5.5 设备枚举

用户的音视频输入 / 输出设备可能有多个，使用时需要确定选择哪个设备，所以需要设备选择功能供用户挑选合适的设备。这里的输入设备指麦克风、摄像头、视频采集卡等硬件，输出设备指内置扬声器、外围扬声器、头戴式耳机等硬件。

MediaDevices 的方法 enumerateDevices() 可请求一个输入和输出设备的列表，例如麦克风、摄像机、耳机设备等。语法如下面的代码所示。

```
var enumeratorPromise = navigator.mediaDevices.enumerateDevices();
```

上面的代码会返回一个 Promise。当完成时，Promise 接收一个 MediaDeviceInfo 对象的数组，每个对象描述一个可用的媒体输入 / 输出设备。如果枚举失败，Promise 也会被拒绝（rejected）。MediaDeviceInfo 包含了设备的几个重要信息，如下所示。

❑ deviceId：设备 Id，用一个唯一的字符串来区分不同的硬件设备。

❑ kind：设备类型，分别为视频输入设备（videoinput）、音频输入设备（audioinput）、音频输出设备（audiooutput）。

❑ label：设备名称，如 FaceTimeHD。

设置类型、设备名称、设备 Id 的示例如下所示，可以看到，此计算机上为一个苹果的摄像头及一个内置的麦克风。

```
设备类型
videoinput
设备名称
FaceTime HD Camera (Built-in)
设备Id
csO9c0YpAf274OuCPUA53CNE0YHlIr2yXCi+SqfBZZ8=

设备类型
audioinput
设备名称
default (Built-in Microphone)
设备Id
RKxXByjnabbADGQNNZqLVLdmXlS0YkETYCIbg+XxnvM=
```

> 💡 提示 由于用户的设备不是每个都能使用，当测试好某个设备功能后最好添加一个本地保存功能，这样下次再使用时就会记住此设备。HTML5 里可以使用 localStorage 来进行存取。

　　当获取到用户的输入设备 Id 后，需要把值设置到 getUserMedia() 的约束条件里，如下面的代码所示。

```
let constraints = {
    //设置音频设备Id
    audio: { deviceId: audioSource ? { exact: audioSource } : undefined },
    //设置视频设备Id
    video: { deviceId: videoSource ? { exact: videoSource } : undefined }
};
```

　　上面代码的 deviceId 即为使用设备枚举方法返回的设备 Id，如果不设置这个 Id 值则会调用默认设备作为输入源。

　　知道如何选择音视频的输入设备了，那么音视频的输出设备如何选择呢？这里首先要了解一下 HTMLMediaElement 这个接口。它是 HTML5 里 video 和 audio 的基类，即媒体对象，可以通过它的 setSinkId 方法来改变输出源，要传的参数即为音频输出设备的 Id。语法如下所示。

```
HTMLMediaElement.setSinkId(sinkId).then(function() { ... })
```

　　接下来，通过一个视频滤镜的示例来展示滤镜的效果。具体步骤如下所示。

　　步骤 1　打开 h5-samples 工程下的 src 目录，添加 DeviceSelect.jsx 文件。定义以下几个状态变量，用于存储当前不同类型的设备列表以及记录当前选择的设备 Id。

　　❑ 当前选择的音频输入设备。

　　❑ 当前选择的音频输出设备。

　　❑ 当前选择的视频输入设备。

　　❑ 视频输入设备列表。

　　❑ 音频输入设备列表。

　　❑ 音频输出设备列表。

　　步骤 2　编写更新设备列表的方法，使用 navigator.mediaDevices.enumerateDevices 接口获取所有设备，然后根据设备类型分别放入三个设备列表，之后返回数据。大致处理如下所示。

```
//更新设备列表
updateDevices = () => {
    return new Promise((pResolve, pReject) => {
        //设备列表
        ...
        //枚举所有设备
        navigator.mediaDevices.enumerateDevices()
            //返回设备列表
            .then((devices) => {
                //使用循环迭代设备列表
                for (let device of devices) {
                    //将不同的设备存储至设备列表里
```

```
                ...
            }
        }).then(() => {
            //处理好后将三种设备数据返回
            ...
        });
    });
}
```

步骤 3   根据获取到的音视频输入设备 Id 设置约束条件，然后调用 getUserMedia() 方法获取媒体流。大致处理如下所示。

```
startTest = () => {
    //设备Id
    ...
    //定义约束条件
    let constraints = {
        //设置音频设备Id
        audio: { deviceId: audioSource ? { exact: audioSource } : undefined },
        //设置视频设备Id
        video: { deviceId: videoSource ? { exact: videoSource } : undefined }
    };
    //根据约束条件获取数据流
    navigator.mediaDevices.getUserMedia(constraints)
        .then((stream) => {
            //成功返回音视频流
            ...
        })
        ...
}
```

步骤 4   编写音频输入、视频输入以及音频输出设备改变回调方法。其中，音频输出需要调用 setSinkId() 方法来改变输出源，处理的关键代码如下所示。

```
handleAudioOutputDeviceChange = (e) => {
    ...
    //调用HTMLMediaElement的setSinkId()方法改变输出源
    videoElement.setSinkId(e)
    ...
}
```

步骤 5   在页面渲染部分添加设备下拉列表框。使用数组的 map() 方法迭代出所有设备信息。以音频输入设备列表为例，处理代码如下所示。

```
this.state.audioDevices.map((device, index) => {
    return (
        <Option value={device.deviceId}
        key={device.deviceId}>{device.label}
        </Option>
    );
})
```

上面的代码使用了 device.label 作为列表项的显示值，即设备名称。

然后在 src 目录下的 App.jsx 及 Samples.jsx 里加上链接及路由绑定，这可参考第 3 章。完整的代码如下所示。

```jsx
import React from "react";
import { Button, Select } from "antd";
const { Option } = Select;

//视频对象
let videoElement;
/**
 * 输入输出设备选择示例
 */
class DeviceSelect extends React.Component {
    constructor() {
        super();
        this.state = {
            //当前选择的音频输入设备
            selectedAudioDevice: "",
            //当前选择的音频输出设备
            selectedAudioOutputDevice: "",
            //当前选择的视频输入设备
            selectedVideoDevice: "",
            //视频输入设备列表
            videoDevices: [],
            //音频输入设备列表
            audioDevices: [],
            //音频输出设备列表
            audioOutputDevices: [],
        }
    }

    componentDidMount() {
        //获取视频对象
        videoElement = this.refs['previewVideo'];
        //更新设备列表
        this.updateDevices().then((data) => {
            //判断当前选择的音频输入设备是否为空并且是否有设备
            if (this.state.selectedAudioDevice === "" && data.audioDevices.length > 0) {
                this.setState({
                    //默认选中第一个设备
                    selectedAudioDevice: data.audioDevices[0].deviceId,
                });
            }
            //判断当前选择的音频输出设备是否为空并且是否有设备
            if (this.state.selectedAudioOutputDevice === "" && data.audioOutputDevices.
                length > 0) {
                this.setState({
                    //默认选中第一个设备
                    selectedAudioOutputDevice: data.audioOutputDevices[0].deviceId,
                });
            }
```

```
        //判断当前选择的视频输入设备是否为空并且是否有设备
        if (this.state.selectedVideoDevice === "" && data.videoDevices.length > 0) {
            this.setState({
                //默认选中第一个设备
                selectedVideoDevice: data.videoDevices[0].deviceId,
            });
        }
        //设置当前设备Id
        this.setState({
            videoDevices: data.videoDevices,
            audioDevices: data.audioDevices,
            audioOutputDevices: data.audioOutputDevices,
        });
    });

}

//更新设备列表
updateDevices = () => {
    return new Promise((pResolve, pReject) => {
        //视频输入设备列表
        let videoDevices = [];
        //音频输入设备列表
        let audioDevices = [];
        //音频输出设备列表
        let audioOutputDevices = [];
        //枚举所有设备
        navigator.mediaDevices.enumerateDevices()
            //返回设备列表
            .then((devices) => {
                //使用循环迭代设备列表
                for (let device of devices) {
                    //过滤出视频输入设备
                    if (device.kind === 'videoinput') {
                        videoDevices.push(device);
                    //过滤出音频输入设备
                    } else if (device.kind === 'audioinput') {
                        audioDevices.push(device);
                    //过滤出音频输出设备
                    } else if (device.kind === 'audiooutput') {
                        audioOutputDevices.push(device);
                    }
                }
            }).then(() => {
                //处理好后将三种设备数据返回
                let data = { videoDevices, audioDevices, audioOutputDevices };
                pResolve(data);
            });
    });
}

//开始测试
startTest = () => {
```

```
        //获取音频输入设备Id
        let audioSource = this.state.selectedAudioDevice;
        //获取视频输入设备Id
        let videoSource = this.state.selectedVideoDevice;
        //定义约束条件
        let constraints = {
            //设置音频设备Id
            audio: { deviceId: audioSource ? { exact: audioSource } : undefined },
            //设置视频设备Id
            video: { deviceId: videoSource ? { exact: videoSource } : undefined }
        };
        //根据约束条件获取数据流
        navigator.mediaDevices.getUserMedia(constraints)
            .then((stream) => {
                //成功返回音视频流
                window.stream = stream;
                videoElement.srcObject = stream;
            }).catch((err) => {
                console.log(err);
            });
    }

//音频输入设备改变
handleAudioDeviceChange = (e) => {
    console.log('选择的音频输入设备为: ' + JSON.stringify(e));
    this.setState({ selectedAudioDevice: e });
    setTimeout(this.startTest, 100);
}
//视频输入设备改变
handleVideoDeviceChange = (e) => {
    console.log('选择的视频输入设备为: ' + JSON.stringify(e));
    this.setState({ selectedVideoDevice: e });
    setTimeout(this.startTest, 100);
}
//音频输出设备改变
handleAudioOutputDeviceChange = (e) => {
    console.log('选择的音频输出设备为: ' + JSON.stringify(e));
    this.setState({ selectedAudioOutputDevice: e });

    if (typeof videoElement.sinkId !== 'undefined') {
        //调用HTMLMediaElement的setSinkId()方法改变输出源
        videoElement.setSinkId(e)
            .then(() => {
                console.log(`音频输出设备设置成功: ${sinkId}`);
            })
            .catch(error => {
                if (error.name === 'SecurityError') {
                    console.log(`你需要使用HTTPS来选择输出设备: ${error}`);
                }
            });
    } else {
        console.warn('你的浏览器不支持输出设备选择。');
    }
```

```
    }


    render() {
        return (
            <div className="container">
                <h1>
                    <span>输入输出设备选择示例</span>
                </h1>
                {/* 音频输入设备列表 */}
                <Select value={this.state.selectedAudioDevice} style={{ width:
                    150,marginRight:'10px' }} onChange={this.handleAudioDeviceChange}>
                    {
                        this.state.audioDevices.map((device, index) => {
                            return (<Option value={device.deviceId} key={device.
                                deviceId}>{device.label}</Option>);
                        })
                    }
                </Select>
                {/* 音频输出设备列表 */}
                <Select value={this.state.selectedAudioOutputDevice} style={{
width: 150,marginRight:'10px' }}onChange={this.handleAudioOutputDeviceChange}>
                    {
                        this.state.audioOutputDevices.map((device, index) => {
                            return (<Option value={device.deviceId}
                                key={device.deviceId}>{device.label}</Option>);
                        })
                    }
                </Select>
                {/* 视频输入设备列表 */}
                <Select value={this.state.selectedVideoDevice} style={{ width:
                    150 }} onChange={this.handleVideoDeviceChange}>
                    {
                        this.state.videoDevices.map((device, index) => {
                            return (<Option value={device.deviceId}
                                key={device.deviceId}>{device.label}</Option>);
                        })
                    }
                </Select>
                {/* 视频预览展示 */}
                <video className="video" ref='previewVideo' autoPlay playsInline
                    style={{ objectFit: 'contain',marginTop:'10px' }}></video>

                <Button onClick={this.startTest}>测试</Button>

            </div>
        );
    }
}
//导出组件
export default DeviceSelect;
```

　　运行示例程序后，可以选择不同的麦克风、摄像头以及扬声器，然后点击"测试"按钮，运行效果如图 5-3 所示。图中第一个下拉列表框中为麦克风设备列表，第二个下拉列表框中为扬声器设备列表，第三个下拉列表框中为摄像头列表。

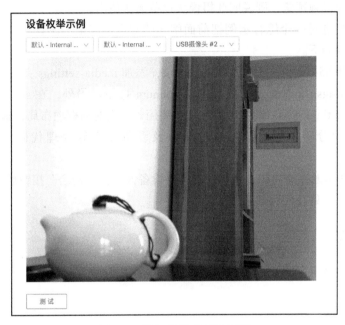

图 5-3　设备枚举示例效果图

> 💡 **提示**　有的计算机上显示有多个设备，但实际设备可能只有一个麦克风和一个扬声器。出现这种情况的主要原因是曾经安装了驱动而没有卸载，当选择了这种设备后，通常无法正常使用。

5.6　设置综合示例

　　在视频会议、视频会诊以及远程教育系统里，需要加一个媒体设置功能，通常需要包含以下几块内容。

- ❑ 选择麦克风
- ❑ 麦克风音量展示
- ❑ 选择摄像头
- ❑ 摄像头视频预览
- ❑ 选择清晰度（分辨率）
- ❑ 选择码率（带宽）

对于这些设置，用户可以在进入房间（如会议房间）前设置好，也可以在房间里动态设置。其中，分辨率越高，画质越清晰。码率决定了视频传输的速度，码率越高，所需要的带宽越大。所选择的麦克风如果不显示音量条，则说明此麦克风设备无法使用。所选择的摄像头如果不呈现视频预览，则说明此摄像头设备无法使用。

接下来，我们通过一个综合示例把前面阐述的知识串起来，注意此示例里不包含带宽的设置。具体步骤如下。

步骤 1 打开 h5-samples 工程下的 src 目录，添加 media-settings 文件夹。添加媒体设置文件 MediaSettings.jsx 以及音量处理文件 soundmeter.js。另外，在 style/css 目录下添加样式文件 media-settings.scss。其中项目文件主要用于弹出对话框项布局，这里不过多描述。

步骤 2 添加分辨率设置、音量检测以及设备枚举等处理代码，这些处理参照 5.2 ~ 5.4 节即可。

步骤 3 添加本地存储功能，当用户选择好设备并点击"确定"按钮后，需要将当前设置的信息保存起来。处理代码如下所示。

```
let deviceInfo = {
    //音频设备Id
    ...
    //视频设备Id
    ...
    //分辨率
    ...
};
//使用JSON转成字符串后存储在本地
localStorage["deviceInfo"] = JSON.stringify(deviceInfo);
```

存储信息时需要将 Map 转成 String 类型，可以使用 JSON.stringify 方法。当用户下次再打开设备时，需要将之前保存的信息再提取出来，代码如下所示。

```
let info = JSON.parse(deviceInfo);
```

提取信息时需要将 String 转成 Map 类型，可以使用 JSON. parse 方法实现。

步骤 4 示例中需要添加关闭本地媒体流方法，需要同时关闭音频流及视频流。大致处理代码如下所示。

```
closeMediaStream = (stream) => {
    ...
    //判断是否有getTracks方法
    if (stream.getTracks) {
        //获取所有Track
        ...
        //迭代所有Track
        for (...) {
            //停止每个Track
            ...
        }
    } else {
```

```
        //获取所有音频Track
        tracks = stream.getAudioTracks();
        //迭代所有音频Track
        for (...) {
            //停止每个Track
            ...
        }
        //获取所有视频Track
        tracks = stream.getVideoTracks();
        for (...) {
            //停止每个Track
          }
      }
  }
```

上述代码首先获取 stream 里的轨道，然后使用循环语句逐个
停掉。这里采用两个判断，是针对浏览器 API 差异做的不同处理。

当不使用某个设备后，停止流是有必要的，目的是防止出现
设备占用的情况。图 5-4 中的提示表示有设备正在使用 Chrome 浏
览器。

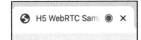

图 5-4　设备占用示意图

> 💡提示　在测试音视频项目时，如果遇到设备打不开、音视频不能正常播放的情况，可以首
> 先查看一下设备是否被某个软件占用。设备启用时笔记本电脑上会有一个绿色的小
> 灯亮起，同时 Chrome 浏览器中会显示红色圆圈。

步骤 5　在页面渲染部分添加设备下拉列表框、分辨率下拉列表框、音量展示、视频预
览等标签。使用数组的 map 方法迭代出所有的设备信息。这些处理参照 5.2 ~ 5.4 节。完整
代码如下所示。

```
import React from 'react';
import { Modal, Button, Select } from 'antd';
import SoundMeter from './soundmeter';
import '../../styles/css/media-settings.scss';

const Option = Select.Option;
/**
 * 音频、视频、分辨率、综合设置
 */
export default class MediaSettings extends React.Component {

    constructor(props) {
        super(props)
        this.state = {
            //是否弹出对话框
            visible: false,
            //视频输入设备列表
            videoDevices: [],
            //音频输入设备列表
```

```
            audioDevices: [],
            //音频输出设备列表
            audioOutputDevices: [],
            //分辨率
            resolution: 'vga',
            //当前选择的音频输入设备
            selectedAudioDevice: "",
            //当前选择的视频输入设备
            selectedVideoDevice: "",
            //音频音量
            audioLevel: 0,
        }

        try {
            //AudioContext是用于管理和播放所有的声音
            window.AudioContext = window.AudioContext || window.webkitAudioContext;
            //实例化AudioContext
            window.audioContext = new AudioContext();
        } catch (e) {
            console.log('网页音频API不支持。');
        }
    }

    componentDidMount() {
        if (window.localStorage) {
            //读取本地存储的信息
            let deviceInfo = localStorage["deviceInfo"];
            if (deviceInfo) {
                //将JSON数据转成对象
                let info = JSON.parse(deviceInfo);
                //设置本地状态值
                this.setState({
                    selectedAudioDevice: info.audioDevice,
                    selectedVideoDevice: info.videoDevice,
                    resolution: info.resolution,
                });
            }
        }
        //更新设备
        this.updateDevices().then((data) => {
            //判断当前选择的音频输入设备是否为空并且是否有设备
            if (this.state.selectedAudioDevice === "" && data.audioDevices.length > 0) {
                //默认选中第一个设备
                this.state.selectedAudioDevice = data.audioDevices[0].deviceId;
            }
            //判断当前选择的视频输入设备是否为空并且是否有设备
            if (this.state.selectedVideoDevice === "" && data.videoDevices.length > 0) {
                //默认选中第一个设备
                this.state.selectedVideoDevice = data.videoDevices[0].deviceId;
            }
            //设置设备列表状态值
            this.state.videoDevices = data.videoDevices;
            this.state.audioDevices = data.audioDevices;
```

```
            this.state.audioOutputDevices = data.audioOutputDevices;
        });
    }

    //更新设备
    updateDevices = () => {
        return new Promise((pResolve, pReject) => {
            //视频输入设备列表
            let videoDevices = [];
            //音频输入设备列表
            let audioDevices = [];
            //音频输出设备列表
            let audioOutputDevices = [];
            //枚举所有设备
            navigator.mediaDevices.enumerateDevices()
                //返回设备列表
                .then((devices) => {
                    //使用循环迭代设备列表
                    for (let device of devices) {
                        //过滤出视频输入设备
                        if (device.kind === 'videoinput') {
                            videoDevices.push(device);
                            //过滤出音频输入设备
                        } else if (device.kind === 'audioinput') {
                            audioDevices.push(device);
                            //过滤出音频输出设备
                        } else if (device.kind === 'audiooutput') {
                            audioOutputDevices.push(device);
                        }
                    }
                }).then(() => {
                    //处理好后将三种设备数据返回
                    let data = { videoDevices, audioDevices, audioOutputDevices };
                    pResolve(data);
                });
        });
    }

    //音频音量处理
    soundMeterProcess = () => {
        //读取音量值，再乘以一个系数，可以得到音量条的宽度
        var val = (window.soundMeter.instant.toFixed(2) * 348) + 1;
        //设置音量值状态
        this.setState({ audioLevel: val });
        if (this.state.visible) {
            //每隔100毫秒调用一次soundMeterProcess函数，模拟实时检测音频音量
            setTimeout(this.soundMeterProcess, 100);
        }
    }

    //开始预览
    startPreview = () => {
```

```
//判断window对象里是否有stream
if (window.stream) {
    //关闭音视频流
    this.closeMediaStream(window.stream);
}
//SoundMeter声音测量，用于做声音音量测算
this.soundMeter = window.soundMeter = new SoundMeter(window.audioContext);
let soundMeterProcess = this.soundMeterProcess;

//视频预览对象
let videoElement = this.refs['previewVideo'];
//音频源
let audioSource = this.state.selectedAudioDevice;
//视频源
let videoSource = this.state.selectedVideoDevice;
//定义约束条件
let constraints = {
    //设置音频设备Id
    audio: { deviceId: audioSource ? { exact: audioSource } : undefined },
    //设置视频设备Id
    video: { deviceId: videoSource ? { exact: videoSource } : undefined }
};
//根据约束条件获取数据流
navigator.mediaDevices.getUserMedia(constraints)
    .then(function (stream) {
        //成功返回音视频流
        window.stream = stream;
        videoElement.srcObject = stream;
        //将声音测量对象与流连接起来
        soundMeter.connectToSource(stream);
        //每隔100毫秒调用一次soundMeterProcess函数，模拟实时检测音频音量
        setTimeout(soundMeterProcess, 100);
        //返回枚举设备
        return navigator.mediaDevices.enumerateDevices();
    })
    .then((devces) => { })
    .catch((erro) => { });
}

//停止预览
stopPreview = () => {
    //关闭音视频流
    if (window.stream) {
        this.closeMediaStream(window.stream);
    }
}

//关闭音视频流
closeMediaStream = (stream) => {
    //判断stream是否为空
    if (!stream) {
        return;
    }
```

```
        }
        var tracks, i, len;
        //判断是否有getTracks方法
        if (stream.getTracks) {
            //获取所有Track
            tracks = stream.getTracks();
            //迭代所有Track
            for (i = 0, len = tracks.length; i < len; i += 1) {
                //停止每个Track
                tracks[i].stop();
            }
        } else {
            //获取所有音频Track
            tracks = stream.getAudioTracks();
            //迭代所有音频Track
            for (i = 0, len = tracks.length; i < len; i += 1) {
                //停止每个Track
                tracks[i].stop();
            }
            //获取所有视频Track
            tracks = stream.getVideoTracks();
            //迭代所有视频Track
            for (i = 0, len = tracks.length; i < len; i += 1) {
                //停止每个Track
                tracks[i].stop();
            }
        }
    }


//弹出对话框
showModal = () => {
    this.setState({
        visible: true,
    });
    //延迟100毫秒后开始预览
    setTimeout(this.startPreview, 100);
}


//点击“确定”按钮进行处理
handleOk = (e) => {
    //关闭对话框
    this.setState({
        visible: false,
    });
    //判断是否能存储
    if (window.localStorage) {
        //设置信息
        let deviceInfo = {
            //音频设备Id
            audioDevice: this.state.selectedAudioDevice,
            //视频设备Id
            videoDevice: this.state.selectedVideoDevice,
            //分辨率
```

```
                resolution: this.state.resolution,
            };
            //使用JSON转成字符串后存储在本地
            localStorage["deviceInfo"] = JSON.stringify(deviceInfo);
        }
        //停止预览
        this.stopPreview();
    }

    //取消设置
    handleCancel = (e) => {
        //关闭对话框
        this.setState({
            visible: false,
        });
        //停止预览
        this.stopPreview();
    }

    //音频输入设备改变
    handleAudioDeviceChange = (e) => {
        console.log('选择的音频输入设备为: ' + JSON.stringify(e));
        this.setState({ selectedAudioDevice: e });
        setTimeout(this.startPreview, 100);
    }
    //视频输入设备改变
    handleVideoDeviceChange = (e) => {
        console.log('选择的视频输入设备为: ' + JSON.stringify(e));
        this.setState({ selectedVideoDevice: e });
        setTimeout(this.startPreview, 100);
    }
    //分辨率选择改变
    handleResolutionChange = (e) => {
        console.log('选择的分辨率为: ' + JSON.stringify(e));
        this.setState({ resolution:e});
    }

    render() {
        return (
            <div className="container">
                <h1>
                    <span>设置综合示例</span>
                </h1>
                <Button onClick={this.showModal}>修改设备</Button>
                <Modal
                    title="修改设备"
                    visible={this.state.visible}
                    onOk={this.handleOk}
                    onCancel={this.handleCancel}
                    okText="确定"
                    cancelText="取消">
                    <div className="item">
                        <span className="item-left">麦克风</span>
```

```
                    <div className="item-right">
                        <Select value={this.state.selectedAudioDevice} style=
{{ width: 350 }} onChange={this.handleAudioDeviceChange}>
                            {
                                this.state.audioDevices.map((device, index) => {
                                    return (<Option value={device.deviceId}
key={device.deviceId}>{device.label}</Option>);
                                })
                            }
                        </Select>
                        <div ref="progressbar" style={{
                            width: this.state.audioLevel + 'px',
                            height: '10px',
                            backgroundColor: '#8dc63f',
                            marginTop: '20px',
                        }}>
                        </div>
                    </div>
                </div>
                <div className="item">
                    <span className="item-left">摄像头</span>
                    <div className="item-right">
                        <Select value={this.state.selectedVideoDevice} style=
{{ width: 350 }} onChange={this.handleVideoDeviceChange}>
                            {
                                this.state.videoDevices.map((device, index) => {
                                    return (<Option value={device.deviceId}
key={device.deviceId}>{device.label}</Option>);
                                })
                            }
                        </Select>
                        <div className="video-container">
                            <video id='previewVideo' ref='previewVideo'
autoPlay playsInline style={{ width: '100%', height: '100%', objectFit: 'contain'
}}></video>
                        </div>

                    </div>
                </div>
                <div className="item">
                    <span className="item-left">清晰度</span>
                    <div className="item-right">
                        <Select style={{ width: 350 }} value={this.state.
resolution} onChange={this.handleResolutionChange}>
                            <Option value="qvga">流畅(320x240)</Option>
                            <Option value="vga">标清(640x360)</Option>
                            <Option value="hd">高清(1280x720)</Option>
                            <Option value="fullhd">超清(1920x1080)</Option>
                        </Select>
                    </div>
                </div>
            </Modal>
        </div>
```

```
            );
        }
    }
```

运行程序后，点击"修改设备"按钮，会打开"修改设备"对话框。运行效果如图 5-5 所示。

图 5-5 设置综合示例效果图

可以选择不同的麦克风测试是否有音量，选择不同的摄像头和清晰度，预览视频。最后点击"确定"按钮，然后，刷新浏览器再次打开对话框，测试是否为之前的设置。另外，当关闭对话框后，查看 Chrome 浏览器上是否有小红圆圈，以验证设备是否正常关闭。

媒体流与轨道

媒体流即访问设备后产生的数据流，轨道是 WebRTC 中的基本媒体单元。本章将介绍 WebRTC 的媒体获取方式以及如何控制本地媒体。

6.1　概述

当采集音频或视频设备后会源源不断地产生媒体数据，这些数据就是媒体流。例如，从 Canvas、摄像头或计算机桌面捕获的流为视频流，从麦克风捕获的流为音频流。媒体流是朝远端发送音视频数据的前置条件，否则会出现连接建立后数据不通的情况，即看不到对方的视频或听不到对方的声音。

由于这些媒体流中混入的可能是多种数据，因此 WebRTC 又将其划分成多个轨道，分为视频媒体轨道和音频媒体轨道。每个轨道对应于具体的设备，如视频直播中，主播的计算机上可能插入了多个高清摄像头和专业话筒。这些设备的名称和 Id 可以通过媒体轨道获取，从而可以对其进行控制或访问当前设备状态，如麦克风静音和取消静音。

本章涉及的 API 如表 6-1 所示。

表 6-1　媒体流与轨道相关 API

方法名	参数	说明
MediaStream	不传参数	媒体流可通过 getUserMedia 或 getDisplayMedia 接口获取
MediaStreamTrack	不传参数	媒体轨道通过 MediaStream 的 getVideoTracks 获取所有的视频轨道，通过 getAudioTracks 获取所有的音频轨道
Video.captureStream	fps 帧率	Video 为视频源对象，如正在点播的电影。通过 captureStream 方法可以捕获到其媒体流。传入的帧率越大，视频画面越流畅，同时所需要的带宽也越大

（续）

方法名	参数	说明
Canvas.captureStream	fps 帧率	Canvas 为浏览器画布对象，如通过 Canvas 实现的一个画板。通过 captureStream 方法可以捕获其媒体流，即可以动态地获取画板中所画的内容。传入的帧率越大，画板描绘的动作越流畅，同时所需要的带宽也越大。一般画板的帧率取值为 10 即可

接下来将详细阐述媒体流、媒体轨道的属性、事件以及方法的使用，同时通过两个示例说明通过视频对象 Video 以及画布 Canvas 捕获媒体流的方法。

6.2 媒体流

媒体流处理是通过 MediaStream 接口进行的。一个流包含几个轨道，比如视频轨道和音频轨道。有两种方法可以输出 MediaStream 对象：其一，可以将输出显示为视频或音频元素；其二，可以将输出发送到 RTCPeerConnection 对象，然后将其发送到远程计算机。

媒体流不仅可以通过访问设备产生，还可以通过其他方式获取。归纳起来有以下几种方式。

❑ 摄像头：捕获用户的摄像头硬件设备。

❑ 麦克风：捕获用户的麦克风硬件设备。

❑ 计算机屏幕：捕获用户的计算机桌面。

❑ 画布 Canvas：捕获浏览器的 Canvas 标签内容。

❑ 视频源 Video：捕获 Video 标签播放的视频内容。

❑ 远端流：使用对等连接来接收新的流，如对方发过来的音视频流。

接下来，先熟悉一下 MediaStream 的属性、事件及方法。

1. 属性

通过 MediaStream.active 可以监听流是否处于活动状态，即是否有音视频流。常用属性如下所示。

❑ MediaStream.active：如果 MediaStream 处于活动状态，则返回 true，否则返回 false。

❑ MediaStream.ended：如果在对象上已触发结束事件，则返回 true，这意味着流已完全读取，如果未达到流结尾，则为 false。

❑ MediaStream.id：对象的唯一标识符。

❑ MediaStream.label：用户代理分配的唯一标识符。

2. 事件

MediaStream 事件用于监听流处理及活动状态变化。如当用户点击共享屏幕的"停止"按钮时会触发 MediaStream.oninactive 事件。当添加新的 MediaStreamTrack 对象时触发

MediaStream.addTrack 事件。常用的事件如下所示。

- ❑ MediaStream.onactive：当 MediaStream 对象变为活动状态时触发的活动事件的处理程序。
- ❑ MediaStream.onaddtrack：在添加新的 MediaStreamTrack 对象时触发的 addTrack 事件的处理程序。
- ❑ MediaStream.onended：当流终止时触发的结束事件的处理程序。
- ❑ MediaStream.oninactive：当 MediaStream 对象变为非活动状态时触发的非活动事件的处理程序。
- ❑ MediaStream.onremovetrack：在从它移除 MediaStreamTrack 对象时触发的 removeTrack 事件的处理程序。

3. 方法

MediaStream 的方法主要用于添加、删除、克隆及获取音视频轨道。方法及说明如下所示。

- ❑ MediaStream.addTrack()：将作为参数的 MediaStreamTrack 对象添加到 MediaStream 中。如果已经添加了音轨，则没有发生任何事情。
- ❑ MediaStream.clone()：使用新 id 返回 MediaStream 对象的克隆。
- ❑ MediaStream.getAudioTracks()：从 MediaStream 对象返回音频 MediaStreamTrack 对象的列表。
- ❑ MediaStream.getTrackById()：通过 id 返回跟踪。如果参数为空或未找到 id，则返回 null。如果多个轨道具有相同的 id，则返回第一个轨道。
- ❑ MediaStream.getTracks()：从 MediaStream 对象返回所有 MediaStreamTrack 对象的列表。
- ❑ MediaStream.getVideoTracks()：从 MediaStream 对象返回视频 MediaStreamTrack 对象的列表。
- ❑ MediaStream.removeTrack()：从 MediaStream 中删除作为参数的 MediaStreamTrack 对象。如果已删除该轨道，则不会发生任何操作。

6.3　MediaStreamTrack

MediaStreamTrack 表示一段媒体源，如音频轨道或视频轨道，是 WebRTC 中的基本媒体单元。每一个轨道都有一个源与之关联。如视频源即当采集摄像头后获取到的源，可以通过 MediaStream 的 getVideoTracks 获取到所有的视频轨道。媒体流与轨道之间的关系如图 6-1 所示。

从图 6-1 可以看到，MediaStream 是 MediaStreamTrack 对象的集合，包含了 VideoTrack

和 AudioTrack。一个媒体流里可以同时包含多个视频及音频轨道，对应设备就是多个摄像头或麦克风。媒体流有两个输出渠道：一是可以输出到 <video> 标签用于播放，二是可以通过 RTCPeerConnection 发送到远端。

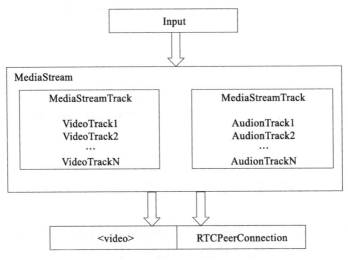

图 6-1　媒体流与轨道关系图

接下来先熟悉一下 MediaStreamTrack 的属性、事件及方法。

1. 属性

MediaStreamTrack 的属性可以获取轨道类型、名称以及 Id 等信息。常用属性如下所示。

❑ MediaStreamTrack.enabled：布尔值，为 true 时表示轨道有效，并且可以被渲染；为 false 时表示轨道失效，只能被渲染为静音或黑屏。如果该轨道连接中断，该值还是可以被改变，但不会有任何效果了。

❑ MediaStreamTrack.id：返回一个由浏览器产生的 DOMString 类型的 GUID 值，作为这个轨道的唯一标识值。

❑ MediaStreamTrack.kind：返回一个 DOMString 类型的值。如果为 audio，表示轨道为音频轨道；为 video，则为视频轨道。这个属性可以用来区分轨道类型。

❑ MediaStreamTrack.label：返回一个 DOMString 类型，用来标识该轨道的来源，比如 internal microphone 通常是用户设备的名称。

❑ MediaStreamTrack.muted：返回一个布尔类型的值，为 true 时表示轨道是静音，其他情况为 false。

❑ MediaStreamTrack.readonly：返回一个布尔类型的值，为 true 时表示该轨道是只读的，比如视频文件源或一个被设置为不能修改的摄像头源，否则为 false。

❑ MediaStreamTrack.readyState：返回枚举类型的值，表示轨道的当前状态。该枚举值为以下两项中的一个。

○ live 表示当前输入已经连接并且在尽力提供实时数据。在这种情况下，输出数据可以通过操作 MediaStreamTrack.enabled 属性进行开关。

○ ended 表示这个输出连接没有更多的数据了，而且也不会提供更多的数据了。

❑ MediaStreamTrack.remote：返回布尔值类型，为 true 时表示数据是通过 RTCPeer-Connection 提供的，否则为 false。即是否为远端传输的数据。

2. 事件

MediaStreamTrack 的事件可用于监听轨道的活动状态。常用事件如下所示。

❑ MediaStreamTrack.onstarted：这是 started 事件在这个对象上被触发时调用的事件处理器 EventHandler，这时一个新的 MediaStreamTrack 对象被添加到轨道源上。

❑ MediaStreamTrack.onmute：这是 mute 事件在这个对象被触发时调用的事件处理器 EventHandler，这时这个流被中断。

❑ MediaStreamTrack.onunmute：这是 unmute 事件在这个对象上被触发时调用的事件处理器 EventHandler。

❑ MediaStreamTrack.onoverconstrained：这是 overconstrained 事件在这个对象上被触发时调用的事件处理器 overconstrained。

❑ MediaStreamTrack.oneended：这是 ended 事件在这个对象被触发时调用的事件处理器 EventHandler。

3. 方法

MediaStreamTrack 的方法可用于获取当前轨道的约束状态，停止流等方法。常用方法如下所示。

❑ MediaStreamTrack.getConstraints()：获取轨道采用的约束条件。

❑ MediaStreamTrack.applyConstraints()：应用约束条件至轨道上并使其生效，可用于动态改变约束的场景，如用户调整了分辨率或选择了不同的摄像头。

❑ MediaStreamTrack.stop()：停止播放轨道对应的源，源与轨道将脱离关联，同时轨道状态将被设为 ended。当关闭音视频时可以使用此方法停止所有的流。

6.4　流与轨道 API 测试

本章将通过一个例子来测试获取音频轨道、视频轨道以及删除轨道等的方法，具体步骤如下。

步骤 1　打开 h5-samples 工程下的 src 目录，添加 MediaStreamAPI.jsx 文件。设置约束如下所示。同时启用音频和视频，这样才能访问所有麦克风和摄像头。

```
{
```

```
        //启用音频
        audio: true,
        //启用视频
        video: true
}
```

步骤 2 使用 getUserMedia 访问设备并获取到 MediaStream 对象，然后添加操作流的方法，如下所示。

- ❑ 获取音频轨道列表
- ❑ 根据 Id 获取音频轨道
- ❑ 删除音频轨道
- ❑ 获取所有轨道
- ❑ 获取视频轨道列表
- ❑ 删除视频轨道

步骤 3 添加每个方法的测试按钮，然后在 src 目录下的 App.jsx 及 Samples.jsx 里加上链接及路由绑定，这可参考第 3 章。完整的代码如下所示。

```jsx
import React from "react";
import { Button } from "antd";

//MediaStream对象
let stream;
/**
 * 摄像头使用示例
 */
class MediaStreamAPI extends React.Component {
    constructor() {
        super();
    }

    componentDidMount() {
        this.openDevice();
    }

    //打开音视频设备
    openDevice = async () => {
        try {
            //根据约束条件获取媒体
            stream = await navigator.mediaDevices.getUserMedia({
                //启用音频
                audio: true,
                //启用视频
                video: true
            });
            let video = this.refs['myVideo'];
            video.srcObject = stream;
        } catch (e) {
            console.log(`getUserMedia错误:` + error);
```

```
        }
    }

    //获取音频轨道列表
    btnGetAudioTracks = () => {
        console.log("getAudioTracks");
        //返回一个数据
        console.log(stream.getAudioTracks());
    }

    //根据Id获取音频轨道
    btnGetTrackById = () => {
        console.log("getTrackById");
        console.log(stream.getTrackById(stream.getAudioTracks()[0].id));
    }

    //删除音频轨道
    btnRemoveAudioTrack = () => {
        console.log("removeAudioTrack()");
        stream.removeTrack(stream.getAudioTracks()[0]);
    }

    //获取所有轨道，包括音频及视频
    btnGetTracks = () => {
        console.log("getTracks()");
        console.log(stream.getTracks());
    }

    //获取视频轨道列表
    btnGetVideoTracks = () => {
        console.log("getVideoTracks()");
        console.log(stream.getVideoTracks());
    }

    //删除视频轨道
    btnRemoveVideoTrack = () => {
        console.log("removeVideoTrack()");
        stream.removeTrack(stream.getVideoTracks()[0]);
    }

    render() {
        return (
            <div className="container">
                <h1>
                    <span>MediaStreamAPI测试</span>
                </h1>
                <video className="video" ref="myVideo" autoPlay playsInline></video>
                <Button onClick={this.btnGetTracks} style={{width:'120px'}}>获取
所有轨道</Button>
                <Button onClick={this.btnGetAudioTracks} style={{width:'120px'}}>
获取音频轨道</Button>
                <Button onClick={this.btnGetTrackById} style={{width:'200px'}}>根
据Id获取音频轨道</Button>
```

```
                 <Button onClick={this.btnRemoveAudioTrack} style={{width:'120px'}}>
删除音频轨道</Button>            <Button onClick={this.btnGetVideoTracks} style={{width:'120px'}}>
获取视频轨道</Button>            <Button onClick={this.btnRemoveVideoTrack} style={{width:'120px'}}>
删除视频轨道</Button>
            </div>
        );
    }
}
//导出组件
export default MediaStreamAPI;
```

运行示例后，会自动打开默认摄像头，同时看到下面有一排测试按钮，如图 6-2 所示。

图 6-2 MediaStreamAPI 测试

你可以逐个点击测试按钮，然后查看浏览器控制台输出的信息即可。以点击"获取所有轨道"按钮为例，可以看到有两个轨道输出，其中第一个轨道为音频轨道，输出内容如下所示。"默认 - External Microphone (Built-in)"即你的计算机的麦克风名称。

```
//音频轨道
MediaStreamTrack
contentHint: ""
//轨道有效
enabled: true
//轨道唯一标识符
id: "41b92168-2449-49ec-87f6-8099de96812b"
//轨道类型
kind: "audio"
```

```
//轨道名称
label: "默认 - External Microphone (Built-in)"
//没有静音
muted: false
onended: null
onmute: null
onunmute: null
//表示提供实时数据
readyState: "live"
```

第二个轨道为视频轨道，输出内容如下所示，"USB 摄像头 (046d:0825)"即你的计算机的摄像头名称。

```
//视频轨道
MediaStreamTrack
contentHint: ""
//轨道有效
enabled: true
//轨道唯一标识符
id: "f929d6dc-d1dc-4dc5-8c4d-4d2213e1f324"
//轨道类型
kind: "video"
//轨道名称
label: "USB摄像头 (046d:0825)"
//没有静音
muted: false
onended: null
onmute: null
onunmute: null
//表示提供实时数据
readyState: "live"
```

6.5　捕获 Video 媒体流

除了可以通过麦克风、摄像头及屏幕获取媒体流，还可以通过 HTML5 的画布（Canvas）及视频（Video）来获取。

HTML5 的 video 对象有一个 captureStream() 方法可以捕获其播放的视频内容。这样做有什么好处呢？比如远程教育中老师给学生播放一段视频，同步给所有学生看，就可以使用这个 API。捕获后 MediaStream 后再通过 RTCPeerConnection 发送到远端播放。

接下来编写一个示例，将一个 mp4 文件加载到 video 对象，然后同步到另一个 video 播放器进行播放。具体步骤如下。

步骤 1　打开 h5-samples 工程下的 src 目录，添加 CaptureVideo.jsx 文件，然后在 dist 目录下添加一个 assets 资源目录，并放一个 webrtc.mp4 文件作为视频播放的源文件。

步骤 2　添加捕获媒体流代码，指定帧率 fps，捕获源视频，然后将获取到的流指定到播放器的 srcObject 属性，如下面的代码所示。

```
//捕获帧率
const fps = 0;
//浏览器兼容判断，捕获媒体流
sourceVideo.captureStream(fps)
...
//将播放器源指定为stream
playerVideo.srcObject = stream;
```

步骤 3 在 UI 部分添加源视频标签，同时指定视频源。这个 mp4 文件即为 dist 目录下的视频资源，另外还需要添加 onCanPlay 事件监听，如下所示。

```
<video onCanPlay={this.canPlay}>
    {/* mp4视频路径 */}
</video>
```

然后添加播放器标签即可，完整的示例代码如下所示。

```
import React from "react";
/**
 * 捕获Video作为媒体流示例
 */
class CaptureVideo extends React.Component {
    constructor() {
        super();
    }

    //开始播放
    canPlay = () => {

        //源视频对象
        let sourceVideo = this.refs['sourceVideo'];
        //播放视频对象
        let playerVideo = this.refs['playerVideo'];

        //MediaStream对象
        let stream;
        //捕获帧率
        const fps = 0;
        //进行浏览器兼容判断，捕获媒体流
        if (sourceVideo.captureStream) {
            stream = sourceVideo.captureStream(fps);
        } else if (sourceVideo.mozCaptureStream) {
            stream = sourceVideo.mozCaptureStream(fps);
        } else {
            console.error('captureStream不支持');
            stream = null;
        }
        //将播放器源指定为stream
        playerVideo.srcObject = stream;
    }

    render() {
        return (
```

```
        <div className="container">
            <h1>
                <span>捕获Video作为媒体流示例</span>
            </h1>
            {/* 源视频，显示控制按钮，循环播放 */}
            <video ref="sourceVideo" playsInline controls loop muted onCanPlay=
{this.canPlay}>
                {/* mp4视频路径 */}
                <source src="./assets/webrtc.mp4" type="video/mp4" />
            </video>
            <video ref="playerVideo" playsInline autoPlay></video>
        </div>
    );
    }
}
//导出组件
export default CaptureVideo;
```

运行示例后，源视频会自动加载，点击播放按钮后两个视频会同步播放，如图 6-3 所示。

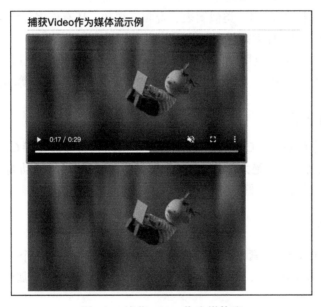

图 6-3　捕获 Video 作为媒体流

6.6 捕获 Canvas 媒体流

Canvas 是 HTML5 的一部分，允许脚本语言动态渲染图像。Canvas 定义一个区域，可以由 HTML 属性定义该区域的宽高，JavaScript 代码可以访问该区域，通过一整套完整的绘图功能 API 在网页上渲染动态效果图。

Canvas 能做什么？有以下几个方面。

❑ 游戏：毫无疑问，游戏在 HTML5 领域具有举足轻重的地位。HTML5 在基于 Web 的图像显示方面比 Flash 更加立体、精巧。

❑ 图表制作：图表制作时常被人们忽略，但无论企业内部还是企业间交流合作都离不开图表。现在一些开发者使用 HTML/CSS 完成图表制作。当然，使用 SVG（可缩放矢量图形）来完成图表制作也是非常好的方法。

❑ 字体设计：对于字体的自定义渲染将完全可以基于 Web，使用 HTML5 技术进行实现。

❑ 图形编辑器：图形编辑器能够 100% 基于 Web 实现。

❑ 其他可嵌入网站的内容：类似图表、音频、视频，还有许多元素能够更好地与 Web 融合，并且不需要任何插件。

在远程教育和视频会议应用中，电子白板是不可或缺的功能，使用 Canvas 强大的 API 可以实现画笔、荧光笔、画线、画矩形、画圆、橡皮，甚至打开文档等功能。

6.6.1 浏览器兼容性

IE9 以上才支持 Canvas，Chrome、Firefox、苹果浏览器等都支持 Canvas。只要浏览器兼容 Canvas，那么就会支持绝大部分 API（个别最新 API 除外）。移动端的兼容情况非常理想，基本浏览器都支持得非常好。

6.6.2 创建画布

在页面中创建 Canvas 元素与创建其他元素一样，只需要添加一个 <canvas> 标签即可。该元素默认的宽高为 300×15，可以通过元素的 width 属性和 height 属性改变默认的宽高。需要注意以下几点。

❑ 不能使用 CSS 样式控制 Canvas 元素的宽高，否则会导致绘制的图形被拉伸。

❑ 重新设置 Canvas 标签的宽高属性会导致画布擦除所有内容。

❑ 可以给 Canvas 画布设置背景色。

6.6.3 Canvas 坐标系

在开始绘制图像之前，我们先讲一下 Canvas 的坐标系。Canvas 坐标系是以左上角（0,0）处为坐标原点，水平方向为 x 轴，向右为正，垂直方向为 y 轴，向下为正，如图 6-4 所示。

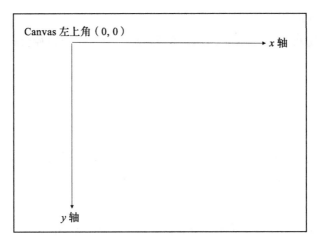

图 6-4   Canvas 坐标系

6.6.4 绘制 API

Canvas 可以画线、画圆等，非常适合做矢量图的绘制。本节将详细阐述其主要 API 的使用方法。

1. 获取上下文对象（CanvasRenderingContext2D）

首先，获取 Canvas 元素，然后调用元素的 getContext("2d") 方法，该方法返回一个 CanvasRenderingContext2D 对象，使用该对象就可以在画布上绘图了。代码如下所示。

```
var mcanvas  = document.getElementById("mcanvas");
var mcontext = mcanvas.getContext("2d");
```

2. 设置绘制起点（moveTo）

设置上下文绘制路径的起点，相当于移动画笔到某个位置。语法如下所示。

```
ctx.moveTo(x, y);
```

其中，参数 x 和 y 是相对于 Canvas 坐标系的原点（左上角）。

 提示 绘制线段前必须先设置起点，否则绘制无效。如果不进行设置，就会使用 lineTo 的坐标当作 moveTo。

---

3. 绘制直线（lineTo）

lineTo 从上一步设置的绘制起点绘制一条直线到（x, y）点。参数（x, y）为目标点坐标。语法如下所示。

```
ctx.lineTo(x, y);
```

4. 路径的开始和闭合

如果绘制路径比较复杂，必须使用路径开始和结束。闭合路径会自动把最后的线头和开始的线头连在一起。

```
//开始路径
ctx.beginPath();
//闭合路径
ctx.closePath();
```

beginPath() 的核心作用是将绘制的不同形状进行隔离，每次执行此方法，表示重新绘制一个路径，与之前绘制的墨迹可以分开进行样式设置和管理。

5. 绘制图形 (stroke)

根据路径绘制线。路径只是草稿，真正绘制线时必须执行 stroke() 方法，如下面的代码所示。

```
ctx.stroke();
```

在绘制之前，还可以对画笔的颜色和粗细进行设置，方法如下所示。

```
ctx.strokeStyle = "#ff0000";
ctx.lineWidth = 4;   //值为不带单位的数字，并且大于0
```

6. 填充图形 (fill)

对已经画好的图形进行填充颜色，调用 fill() 方法，方法如下所示。

```
ctx.fill();
```

在填充之前，同样可以对所填充的颜色进行设置，方法如下所示。

```
ctx.fileStyle = "#0000ff";
```

7. Canvas 绘制流程

Canvas 绘制图形的基本步骤如下所示。

步骤 1　获得上下文，代码为 " canvasElem.getContext('2d'); "。

步骤 2　开始路径规划，代码为 " ctx.beginPath() "。

步骤 3　移动起始点，代码为 " ctx.moveTo(x, y) "。

步骤 4　绘制线（线条、矩形、圆形、图片等），代码为 " ctx.lineTo(x, y) "。

步骤 5　闭合路径，代码为 " ctx.closePath(); "。

步骤 6　绘制描边，代码为 " ctx.stroke(); "。

6.6.5　画板示例

阅读了前面的 Canavs 的基础内容后，我们可以使用其做一个简易的画板，再使用 Canvas 的 captureCanvas() 方法将其同步到视频播放器上。要想实现模拟画笔画画的动作，还需要监听几个鼠标事件，如下所示。

❑ mousedown：鼠标按下事件，将画笔移动到指定坐标。

❑ mousemove：鼠标移动事件，将画笔移动到结束坐标，开始画线。

❑ mouseup：鼠标抬起事件，结束绘制，并移除鼠标移动事件。

接下来通过一个同步画板的事例来详细说明捕获 Canvas 媒体流的方法，具体步骤如下。

步骤 1 打开 h5-samples 工程下的 src 目录，添加 CaptureCanvas.jsx 文件。另外在 style/css 目录下添加样式文件 capture-canvas.scss。编写 drawLine 方法，获取 canvas 对象及 context 对象。首先绘制 Canvas 的背景色，如下面的代码所示。

```
//填充颜色
context.fillStyle = '#CCC';
//绘制Canvas背景
context.fillRect(0,0,320,240);
```

> 💡 **提示** 使用 fillRect() 绘制 Canvas 背景色，这一步一定要做，否则录制出来的视频背景默认是黑色的。给 Canvas 设置 CSS 样式最终是不能录制到视频里的。

步骤 2 设置线宽、画笔颜色，添加鼠标监听事件，如下所示。

❑ mousedown：使用 moveTo() 方法移动到指定坐标，同时添加 mousemove 事件监听。

❑ mouseup：移除 mousemove 事件监听。

❑ mousemove：使用 lineTo() 方法移动到结束坐标。

步骤 3 使用 canvas 的 captureStream 方法捕获 Canvas 绘制的内容。此方法返回的 MediaStream 是一个实时视频捕获的画布。用法如下所示。

```
stream = canvas.captureStream(10);
```

其中参数 10 为 frameRate，该参数可选。设置双精准度浮点值为每个帧的捕获速率。如果未设置，则每次更改画布时都会捕获一个新帧。如果设置为 0，则会捕获单个帧。

步骤 4 当获取到媒体流后，就可以将其同步到视频播放器里播放，然后编写 UI 部分，添加一个 video 标签用于实时预览画板的画面。然后添加一个 canvas 标签，这个标签不加任何样式，在其外围套一个 div 标签作为 canvas 的容器，用这个 div 来控制 canvas 的外观样式。如下面的代码所示。

```
{/* 画布Canvas容器 */}
<div className="small-canvas">
    {/* Canvas不设置样式 */}
    <canvas ref='canvas'></canvas>
</div>
```

步骤 5 将以上几步串起来，然后在 src 目录下的 App.jsx 及 Samples.jsx 里加上链接及路由绑定，这可以参考第 3 章。完整的代码如下所示。

```
import React from "react";
import '../styles/css/capture-canvas.scss';

//MediaStream对象
let stream;
//画布对象
let canvas;
//画布2d内容
let context;

/**
 * 捕获Canvas作为媒体流示例
 */
class CaptureCanvas extends React.Component {

    componentDidMount() {
        canvas = this.refs['canvas'];
        this.startCaptureCanvas();
    }

    //开始捕获Canvas
    startCaptureCanvas = async (e) => {
        stream = canvas.captureStream(10);
        const video = this.refs['video'];
        //将视频对象的源指定为stream
        video.srcObject = stream;

        this.drawLine();
    }

    //画线
    drawLine = () => {
        //获取Canvas的2d内容
        context = canvas.getContext("2d");

        //填充颜色
        context.fillStyle = '#CCC';
        //绘制Canvas背景
        context.fillRect(0,0,320,240);

        context.lineWidth = 1;
        //画笔颜色
        context.strokeStyle = "#FF0000";

        //监听画板鼠标按下事件，开始绘画
        canvas.addEventListener("mousedown", this.startAction);
        //监听画板鼠标抬起事件，结束绘画
        canvas.addEventListener("mouseup", this.endAction);
    }

    //鼠标按下事件
    startAction = (event) => {
        //开始新的路径
```

```
        context.beginPath();
        //将画笔移动到指定坐标，类似起点
        context.moveTo(event.offsetX, event.offsetY);
        //开始绘制
        context.stroke();
        //监听鼠标移动事件
        canvas.addEventListener("mousemove", this.moveAction);
    }

    //鼠标移动事件
    moveAction = (event) => {
        //将画笔移动到结束坐标，类似终点
        context.lineTo(event.offsetX, event.offsetY);
        //开始绘制
        context.stroke();
    }

    //鼠标抬起事件
    endAction = () => {
        //移除鼠标移动事件
        canvas.removeEventListener("mousemove", this.moveAction);
    }

    render() {
        return (
            <div className="container">
                <h1>
                    <span>捕获Canvas作为媒体流示例</span>
                </h1>
                <div>
                    {/* 画布Canvas容器 */}
                    <div className="small-canvas">
                        {/* Canvas不设置样式 */}
                        <canvas ref='canvas'></canvas>
                    </div>
                    <video className="small-video" ref='video' playsInline autoPlay>
</video>
                </div>
            </div>
        );
    }
}
//导出组件
export default CaptureCanvas;
```

运行示例后，在上面的灰色框里任意涂鸦，此时你会发现下面的视频会实时播放你涂鸦的内容。这样即达到了本地同步的效果，如图 6-5 所示。

提示　如果要实现视频会议或远程教育中的电子白板绘制功能，可以参考这个示例。电子白板的多方同步问题有两种解决方案。一种方案是使用 canvas.captureStream() 方法获取到 stream 后，再通过 RTCPeerConnection 转发出去，在远端播放此视频流即

可。另一种方案是使用 RTCDataChannel 转发坐标及操作命令，远端接收到转发的信息后同步绘制内容即可，同样可以实现电子白板同步功能。

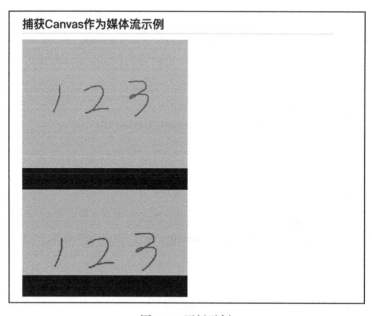

图 6-5　画板示例

第 7 章 *Chapter 7*

媒 体 录 制

影像及声音的保存在有些场景下是有必要的，如医生会诊，举行重要视频会议，老师教授课程等场景，目的是便于日后回放。本章将详细阐述媒体录制的原理、方法以及各种应用，如录制音频、视频、屏幕，以及录制 Canvas 等。

7.1 媒体录制原理

MediaRecorder 是控制媒体录制的 API，在原生 App 开发中是一个应用广泛的 API，用于在 App 内录制音频和视频。事实上随着 Web 的应用越来越富媒体化，W3C 也制定了相应的 Web 标准，称为 MediaRecorder API，它给我们的 Web 页面赋予了录制音视频的能力，使得 Web 可以脱离服务器、客户端的辅助，独立进行媒体流的录制。

任何媒体形式的标签都可以录制，包括音频标签 <audio>、视频标签 <video> 以及画布标签 <canvas>，其中 <audio> 与 <video> 可以来自网络媒体文件，也可以来自本机设备采集。而 <canvas> 的内容则更加自由，任何绘制在画布上的用户操作、2D 或 3D 图像，都可以进行录制。它为 Web 提供了更多可能性，我们甚至可以把一个 HTML5 游戏流程录成视频，保存落地或进行实况传输。

录制出来的是经过标准编码后的媒体流数据，可以注入 <video> 标签，也可以打包生成文件，还可以进行流级别的数据处理，比如画面识别、动态插入内容、播放跳转控制等。最后生成的文件可以是 mp3、mp4、ogg 以及 webm 等格式。

7.1.1 创建录制对象

MediaRecorder 的语法如下所示。

```
var mediaRecorder = new MediaRecorder(stream,options);
```

参数 stream 是媒体流数据源，可以从 getUserMedia 获取，也可以从 <video>、<audio>、<canvas> 标签获取。

参数 options 是限制选项，表示一个字典对象，包含下列属性：

❑ mimeType：指定录制的媒体类型（音频还是视频）、编码方式等。

❑ audioBitsPerSecond：指定音频的比特率。

❑ videoBitsPerSecond：指定视频的比特率。

❑ bitsPerSecond：指定音频和视频的比特率，此属性可以用来指定上面两个属性。如果只有上述两个属性之一或此属性被指定，则此属性可以用于设定另外一个属性。

> ⓒ 提示　如果没有指定视频或音频的比特率，那么视频默认采用的比特率是 2.5Mbps，但音频的默认比特率并不固定，音频的默认比特率根据采样率和轨道数自适应。

其中，mimeType 指定录制容器的 MIME 类型。在应用中通过调用 MediaRecorder.isTypeSupported() 来检查浏览器是否支持此种 mimeType。mimeType 的类型及说明如表 7-1 所示。

表 7-1　mimeType 的类型及说明

类型	说明
audio/mpeg	mpeg 音频文件类型，如 mp3
audio/ogg	使用 ogg 格式的音频文件
video/ogg	使用 ogg 格式的视频文件
video/webm	使用 webm 格式的视频文件
video/mp4	使用 mpeg-4 的视频文件，如 mp4
video/quicktime	苹果 quicktime 格式视频文件

mimeType 的示例代码如下所示。

```
var options = {mineType:'video/webm;codecs=vp8'}),
```

此代码表示，设置成 webm 格式视频，编码格式为 vp8。其中，codecs 编码格式如下所示：

❑ vp8：vp8 目前是 WebRTC 的默认视频编解码器。超过 90% 的 WebRTC 视频会话使用 vp8。

❑ vp9：vp9 大约从 Chrome 49 开始官方宣布可用，但它还不是 WebRTC 的默认视频编解码器。从视频压缩质量来看，vp9 要优于 vp8。

> ⓒ 提示　上面提到的音频编码及视频编码格式不代表所有的格式，如视频编码格式还有 H264 等。关于编码参数。请参阅 https://developer.mozilla.org/en-US/docs/Web/Media/Formats/codecs_parameter。

7.1.2　常用 API

可以使用 MediaRecorder.start(timeslice) 录制媒体，其中，timeslice 是可选项，如果没有设置，则在整个录制完成后触发 ondataavailable 事件，如果设置了，比如设置为 10，就会每录制 10 毫秒触发一次 ondataavailable 事件。常用方法如下所示。

- ❑ MediaRecorder.stop()：停止录制。
- ❑ MediaRecorder.pause()：暂停录制。
- ❑ MediaRecorder.resume()：恢复录制。
- ❑ MediaRecorder.isTypeSupported()：检查是否支持录制某个格式。

7.1.3　录制事件

MediaRecorder 有两个重要事件，如下所示。

- ❑ MediaRecorder.ondataavailable：当数据有效时触发的事件，数据有效时可以把数据存储到缓存区里。
- ❑ MediaRecorder.onerror：当有错误时触发的事件，出错时录制会被停止。

7.2　录制音频

通过 MediaRecorder 对象可以将麦克风采集的音频数据录制成一个声音文件，如 ogg 文件。本节将通过一个录制音频的示例详细阐述录制的处理过程。具体步骤如下。

步骤 1　打开 h5-samples 工程下的 src 目录，添加 RecordAudio.jsx 文件。另外，在 style/css 目录下添加样式文件 record-audio.scss。这里我们需要设计几个状态用于控制录制音频的过程。状态如下所示。

- ❑ 打开麦克风：start。
- ❑ 开始录制：startRecord。
- ❑ 停止录制：stopRecord。
- ❑ 播放：play。
- ❑ 下载：download。

步骤 2　定义三个全局变量，如下所示。

```
//录制对象
let mediaRecorder;
//录制数据
let recordedBlobs;
//音频播放对象
let audioPlayer;
```

其中，mediaRecorder 用于控制录制过程，如开始及结束录制等。recordedBlobs 用于记录录制过程中产生的音频数据。audioPlayer 是音频播放器，用于播放录制产生的音频数据。

步骤 3 添加打开麦克风回调方法，只获取音频数据即可，大致处理如下所示。

```
startClickHandler = async (e) => {
    //获取音频数据流
    getUserMedia({ audio: true });
    ...
    window.stream = stream;
    ...
    //设置当前状态为startRecord
    ...
}
```

步骤 4 当麦克风打开并采集到音频数据后，就可以开始录制了。这里需要首先初始化 MediaRecorder 对象，传入的媒体类型为 audio/ogg，如下所示。

```
let options = { mineType: 'audio/ogg;' };
```

添加录制回调事件 onstop 及 ondataavailable。当录制数据到达时，需要将数据添加到缓存里，这里使用一个数组记录录制中产生的数据，代码处理如下所示。

```
handleDataAvailable = (event) => {
    //判断是否有数据
    ...
    recordedBlobs.push(event.data);
}
```

当这些都准备好后，可以使用 mediaRecorder.start 方法启动录制过程。start 方法传入 10 秒即可，表示只录 10 秒钟的音频数据。然后添加停止录制回调方法，调用 stop 方法即可。

步骤 5 添加播放录制数据处理代码，这里需要生成一个 Blob 文件，类型为 ogg 格式。然后再使用 window.URL.createObjectURL 生成播放器的播放源。处理代码大致如下所示。

```
//播放录制数据
playButtonClickHandler = (e) => {
    //生成Blob文件，类型为audio/ogg
    const blob = new Blob(recordedBlobs, { type: 'audio/ogg' });
    ...
    //根据Blob文件生成播放器的数据源
    audioPlayer.src = window.URL.createObjectURL(blob);
    //播放声音
    audioPlayer.play();
    ...
}
```

🎯 提示 Blob 对象表示一个不可变、原始数据的类文件对象。这里用于存放并生成音视频文件。详细资料请参阅 https://developer.mozilla.org/zh-CN/docs/Web/API/Blob。

步骤 6 生成录制文件下载链接。与上个步骤类似，同样要生成一个类型为 ogg 的 Blob 文件，然后根据此文件创建一个 url 添加到网页里。关键代码如下所示。

```
//生成Blob文件，类型为audio/ogg
...
//根据传入的参数创建一个指向该参数对象的URL
const url = window.URL.createObjectURL(blob);
//创建a标签
const a = document.createElement('a');
...
a.href = url;
//设置下载文件
a.download = 'test.ogg';
```

可以看到生成的文件名为 test.ogg，这样如果正常执行，可以得到一个音频录制文件。

步骤 7　录制过程完成后，需要在界面上添加一个 audio 标签用于播放声音，同时添加录制过程操作按钮。然后在 src 目录下的 App.jsx 及 Samples.jsx 里加上链接及路由绑定，这可参考第 3 章。完整的代码如下所示。

```
import React from "react";
import { Button, } from "antd";
import "../styles/css/record-audio.scss";

//录制对象
let mediaRecorder;
//录制数据
let recordedBlobs;
//音频播放对象
let audioPlayer;
/**
 * 录制音频示例
 */
class RecordAudio extends React.Component {
    constructor() {
        super();
        //初始操作状态
        this.state = {
            status: 'start',
        }
    }

    componentDidMount() {
        //获取音频播放器
        audioPlayer = this.refs['audioPlayer'];
    }

    //点击打开麦克风按钮
    startClickHandler = async (e) => {
        try {
            //获取音频数据流
            const stream = await navigator.mediaDevices.getUserMedia({ audio: true });
            console.log('获取音频stream:', stream);
            //将stream与window.stream绑定
            window.stream = stream;
```

```
                    //设置当前状态为startRecord
                    this.setState({
                        status: 'startRecord',
                    });

            } catch (e) {
                //发生错误
                console.error('navigator.getUserMedia error:', e);
            }
        }

    //开始录制
    startRecordButtonClickHandler = (e) => {
        recordedBlobs = [];
        //媒体类型
        let options = { mineType: 'audio/ogg;' };
        try {
            //初始化MediaRecorder对象，传入音频流及媒体类型
            mediaRecorder = new MediaRecorder(window.stream, options);
        } catch (e) {
            console.error('MediaRecorder创建失败:', e);
            return;
        }

        //录制停止事件回调
        mediaRecorder.onstop = (event) => {
            console.log('Recorder stopped: ', event);
            console.log('Recorded Blobs: ', recordedBlobs);
        };
        //当数据有效时触发的事件，可以把数据存储到缓存区里
        mediaRecorder.ondataavailable = this.handleDataAvailable;
        //录制10秒
        mediaRecorder.start(10);
        console.log('MediaRecorder started', mediaRecorder);

        //设置当前状态为stopRecord
        this.setState({
            status: 'stopRecord',
        });
    }

    //停止录制
    stopRecordButtonClickHandler = (e) => {
        mediaRecorder.stop();
        //设置当前状态为play
        this.setState({
            status: 'play',
        });
    }

    //播放录制的数据
    playButtonClickHandler = (e) => {
        //生成Blob文件，类型为audio/ogg
```

```
        const blob = new Blob(recordedBlobs, { type: 'audio/ogg' });

        audioPlayer.src = null;
        //根据Blob文件生成播放器的数据源
        audioPlayer.src = window.URL.createObjectURL(blob);
        //播放声音
        audioPlayer.play();
        //设置当前状态为download
        this.setState({
            status: 'download',
        });
    }

    //下载录制的文件
    downloadButtonClickHandler = (e) => {
        //生成Blob文件，类型为audio/ogg
        const blob = new Blob(recordedBlobs, { type: 'audio/ogg' });
        //URL.createObjectURL()方法会根据传入的参数创建一个指向该参数对象的URL
        const url = window.URL.createObjectURL(blob);
        //创建a标签
        const a = document.createElement('a');
        a.style.display = 'none';
        a.href = url;
        //设置下载文件
        a.download = 'test.ogg';
        //将a标签添加至网页
        document.body.appendChild(a);
        a.click();
        setTimeout(() => {
            document.body.removeChild(a);
            //URL.revokeObjectURL()方法会释放一个通过URL.createObjectURL()创建的对象URL.
            //window.URL.revokeObjectURL(url);
        }, 100);
        //设置当前状态为start
        this.setState({
            status: 'start',
        });
    }

    //录制数据回调事件
    handleDataAvailable = (event) => {
        console.log('handleDataAvailable', event);
        //判断是否有数据
        if (event.data && event.data.size > 0) {
            //记录数据
            recordedBlobs.push(event.data);
        }
    }

    render() {

        return (
            <div className="container">
```

```
<h1>
    <span>音频录制</span>
</h1>

{/* 音频播放器，播放录制的音频 */}
<audio ref="audioPlayer" controls autoPlay></audio>

<div>
    <Button
        className="button"
        onClick={this.startClickHandler}
        disabled={this.state.status != 'start'}>
        打开麦克风
    </Button>
    <Button
        className="button"
        disabled={this.state.status != 'startRecord'}
        onClick={this.startRecordButtonClickHandler}>
        开始录制
    </Button>
    <Button
        className="button"
        disabled={this.state.status != 'stopRecord'}
        onClick={this.stopRecordButtonClickHandler}>
        停止录制
    </Button>
    <Button
        className="button"
        disabled={this.state.status != 'play'}
        onClick={this.playButtonClickHandler}>
        播放
    </Button>
    <Button
        className="button"
        disabled={this.state.status != 'download'}
        onClick={this.downloadButtonClickHandler}>
        下载
    </Button>
</div>
        </div>
    );
    }
}
//导出组件
export default RecordAudio;
```

运行示例后，依次点击"打开麦克风""开始录制""停止录制""播放""下载"按钮，进行分步测试。运行效果如图 7-1 所示。

图 7-1 音频录制示例

录制的音频是可以下载的，点击"下载"按钮后会生成一个 test.ogg 文件，你可以用浏览器再次打开这个文件，播放之前录制的声音。

7.3　录制视频

录制视频与录制音频的方法大致相同，同样要使用 MediaRecorder 相关的 API。这里主要说明一下两者的区别。

7.3.1　约束条件的区别

录制视频时的约束条件是，需要将视频开启并设置其分辨率，如下面的代码所示。

```
//约束条件
let constraints = {
    //开启音频
    audio: true,
    //设置视频分辨率为1280*720
    video: {
        width: 1280, height: 720
    }
};
```

上面的代码表示采集音频及视频，同时设置分辨率为 720P。

7.3.2　播放器的区别

录制音频时只需要一个 audio 标签即可，录制视频则需要设置一个视频预览对象及视频播放器对象，使用 video 标签。作用如下。

❑ 视频预览对象：在录制时可以实时看到要录制的内容。

❑ 视频播放器对象：录制完成后再用视频播放器回放。

video 标签代码如下所示，其中视频回放中添加了 loop 属性让其循环播放。

```
{/* 视频预览 muted表示默认静音 */}
<video className="small-video" ref="videoPreview" playsInline autoPlay muted></video>
{/* 视频回放 loop表示循环播放 */}
<video className="small-video" ref="videoPlayer" playsInline loop></video>
```

7.3.3　miniType 的区别

视频录制需要指定视频编码格式，如 vp8、vp9，同时需要判断浏览器是否支持此类型。如下面的代码所示。

```
let options = { mimeType: 'video/webm;codecs=vp9' };
if (!MediaRecorder.isTypeSupported(options.mimeType)) {
    //如果不支持,则设置成vp8
```

```
options = { mimeType: 'video/webm;codecs=vp8' };
...
}
```

首先默认为 vp9，如果不支持则设置成 vp8，如果还不支持，则需要将 miniType 设置为空。

7.3.4 录制视频示例

这里将通过一个录制视频的示例详细阐述录制的处理过程。具体步骤如下。

步骤 1 打开 h5-samples 工程下的 src 目录，添加 RecordVideo.jsx 文件。另外，在 style/css 目录下添加样式文件 record-video.scss。这里和录制音频一样，需要设计几个状态用于控制录制的过程。状态如下所示。

❏ 打开摄像头：start。

❏ 开始录制：startRecord。

❏ 停止录制：stopRecord。

❏ 播放：play。

❏ 下载：download。

步骤 2 添加打开摄像头、开始录制、停止录制、播放以及下载操作的处理代码，可以参考 7.2 节的示例代码，但要注意区分约束条件、播放器及 miniType 部分。

步骤 3 录制过程处理完后在 src 目录下的 App.jsx 及 Samples.jsx 里加上链接及路由绑定，可参考第 3 章。完整的代码如下所示。

```
import React from "react";
import { Button, } from "antd";
import "../styles/css/record-video.scss";

//录制对象
let mediaRecorder;
//录制数据
let recordedBlobs;
//视频预览，用于录制过程中预览视频
let videoPreview;
//视频播放，用于录制完成后回放视频
let videoPlayer;

/**
 * 录制视频示例
 */
class RecordVideo extends React.Component {
    constructor() {
        super();
        //录制状态
        this.state = {
            status: 'start',
```

```
        }
    }

    componentDidMount() {
        //视频预览对象
        videoPreview = this.refs['videoPreview'];
        //视频回放对象
        videoPlayer = this.refs['videoPlayer'];
    }

    //打开摄像头并预览视频
    startClickHandler = async (e) => {
        //约束条件
        let constraints = {
            //开启音频
            audio: true,
            //设置视频分辨率为1280*720
            video: {
                width: 1280, height: 720
            }
        };
        console.log('约束条件为:', constraints);
        try {
            //获取音视频流
            const stream = await navigator.mediaDevices.getUserMedia(constraints);
            window.stream = stream;
            //将视频预览对象源指定为stream
            videoPreview.srcObject = stream;
            this.setState({
                status: 'startRecord',
            });
        } catch (e) {
            console.error('navigator.getUserMedia error:', e);
        }
    }

    //开始录制
    startRecordButtonClickHandler = (e) => {
        //录制数据
        recordedBlobs = [];
        //指定mimeType类型，依次判断是否支持vp9、vp8编码格式
        let options = { mimeType: 'video/webm;codecs=vp9' };
        if (!MediaRecorder.isTypeSupported(options.mimeType)) {
            console.error("video/webm;codecs=vp9不支持");
            options = { mimeType: 'video/webm;codecs=vp8' };
            if (!MediaRecorder.isTypeSupported(options.mimeType)) {
                console.error("video/webm;codecs=vp8不支持");
                options = { mimeType: 'video/webm' };
                if (!MediaRecorder.isTypeSupported(options.mimeType)) {
                    console.error(`video/webm不支持`);
                    options = { mimeType: '' };
                }
            }
        }
```

```
        }

        try {
            //创建MediaRecorder对象，准备录制
            mediaRecorder = new MediaRecorder(window.stream, options);
        } catch (e) {
            console.error('创建MediaRecorder错误:', e);
            return;
        }

        //录制停止事件监听
        mediaRecorder.onstop = (event) => {
            console.log('录制停止: ', event);
            console.log('录制的Blobs数据为: ', recordedBlobs);
        };
        mediaRecorder.ondataavailable = this.handleDataAvailable;
        //开始录制并指定录制时间为10秒
        mediaRecorder.start(10);
        console.log('MediaRecorder started', mediaRecorder);
        //设置录制状态
        this.setState({
            status: 'stopRecord',
        });
    }

    stopRecordButtonClickHandler = (e) => {
        //停止录制
        mediaRecorder.stop();
        //设置录制状态
        this.setState({
            status: 'play',
        });
    }

    //回放录制视频
    playButtonClickHandler = (e) => {
        //生成Blob文件，类型为video/webm
        const blob = new Blob(recordedBlobs, { type: 'video/webm' });
        videoPlayer.src = null;
        videoPlayer.srcObject = null;
        //URL.createObjectURL()方法会根据传入的参数创建一个指向该参数对象的URL
        videoPlayer.src = window.URL.createObjectURL(blob);
        //显示播放器控件
        videoPlayer.controls = true;
        //开始播放
        videoPlayer.play();
        //设置录制状态
        this.setState({
            status: 'download',
        });
    }

    //点击下载录制文件
```

```
downloadButtonClickHandler = (e) => {
    //生成Blob文件，类型为video/webm
    const blob = new Blob(recordedBlobs, { type: 'video/webm' });
    const url = window.URL.createObjectURL(blob);
    const a = document.createElement('a');
    a.style.display = 'none';
    a.href = url;
    //指定下载文件及类型
    a.download = 'test.webm';
    //将a标签添加至网页
    document.body.appendChild(a);
    a.click();
    setTimeout(() => {
        document.body.removeChild(a);
        //URL.revokeObjectURL()方法会释放一个通过URL.createObjectURL()创建的对象URL.
        //window.URL.revokeObjectURL(url)
    }, 100);
    //设置录制状态
    this.setState({
        status: 'start',
    });
}

//录制数据回调事件
handleDataAvailable = (event) => {
    console.log('handleDataAvailable', event);
    //判断是否有数据
    if (event.data && event.data.size > 0) {
        //记录数据
        recordedBlobs.push(event.data);
    }
}

render() {

    return (
        <div className="container">

            <h1>
                <span>录制视频示例</span>
            </h1>
            {/* 视频预览 muted表示默认静音 */}
            <video  className="small-video"  ref="videoPreview"  playsInline
autoPlay muted></video>
            {/* 视频回放 loop表示循环播放 */}
            <video className="small-video" ref="videoPlayer" playsInline loop></video>

            <div>
                <Button
                    className="button"
                    onClick={this.startClickHandler}
                    disabled={this.state.status != 'start'}>
                    打开摄像头
```

```
            </Button>
            <Button
                className="button"
                disabled={this.state.status != 'startRecord'}
                onClick={this.startRecordButtonClickHandler}>
                开始录制
            </Button>
            <Button
                className="button"
                disabled={this.state.status != 'stopRecord'}
                onClick={this.stopRecordButtonClickHandler}>
                停止录制
            </Button>
            <Button
                className="button"
                disabled={this.state.status != 'play'}
                onClick={this.playButtonClickHandler}>
                播放
            </Button>
            <Button
                className="button"
                disabled={this.state.status != 'download'}
                onClick={this.downloadButtonClickHandler}>
                下载
            </Button>
        </div>
    </div>
    );
  }
}
//导出组件
export default RecordVideo;
```

运行示例后，依次点击"打开摄像头""开始录制""停止录制""播放""下载"按钮，进行分步测试。运行效果如图 7-2 所示。第一个视频为预览视频，第二个视频为录制回放播放器，可以看到播放器是有控制按钮的。

录制的视频是可以下载的，点击"下载"按钮后会生成一个 test.webm 文件。你可以用浏览器再次打开这个文件，播放之前录制的内容。

 提示　这里的 vp8、vp9 表示视频编码格式，webm 表示视频容器。test.webm 同时保存了音频及视频数据。

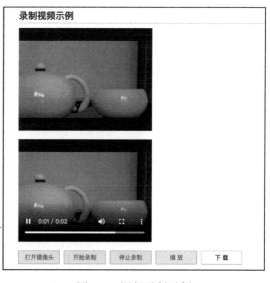

图 7-2　视频录制示例

7.4　录制屏幕

WebRTC 可以直接捕获用户电脑的整个屏幕，也可捕获某个应用窗口。旧的 Chrome 浏览器还需要借助插件来解决这一问题，新的 Chrome 则可以直接获取。当获取到用户电脑的数据流 stream 后，再使用 MediaRecorder 则可将其录制成视频文件。

显示器的分辨率可以设置成不同的值，如 2880×1800、1440×900。分辨率越高，清晰度越高。当显示器的分辨率较高时，如果捕获时设置了一个较小的约束，则可能最终录下来的视频不清晰。设置参数如下所示。

```
{
    //设置屏幕分辨率
    video: {
        width:'宽度', height: '高度'
    }
}
```

本节将通过一个录制屏幕的示例详细阐述录制的处理过程。具体步骤如下。

步骤 1　打开 h5-samples 工程下的 src 目录，添加 RecordScreen.jsx 文件。定义三个变量，如下所示。

❑ 录制对象：mediaRecorder。

❑ 录制数据：recordedBlobs。

❑ 捕获数据流：stream。

步骤 2　添加捕获桌面的方法，设定好与你的屏幕分辨率一样大小的约束条件，然后调用 getDisplayMedia() 方法获取数据流。以笔者的电脑为例，下面的代码中的值最佳。

```
video: {
    width: 2880, height: 1800
}
```

> **注意**　值并不是设置得越大越好，当你要捕获一个窗口时，这个窗口并没有全屏显示，就不需要用全屏时的分辨率。

步骤 3　编写开始及停止录制的方法与录制视频是一样的，请参考 7.3 节中的代码。这里需要额外处理的是，当用户点击了浏览器自带的"停止"按钮时，需要监听其操作。下面的方法可以监听此动作。

```
stream.addEventListener('inactive', e => {
    ...
    stopRecord;
});
```

inactive 事件用于监听流是否处于不活动状态，可以判断用户是否停止捕获屏幕。在其回调方法里停止录制即可。

步骤 4 录制过程处理完后，需要在界面上添加一个 video 标签用于预览采集到的屏幕画面，同时添加录制过程操作按钮。然后在 src 目录下的 App.jsx 及 Samples.jsx 里加上链接及路由绑定，具体方法参考第 3 章即可。完整的代码如下所示。

```
import React from "react";
import { Button } from "antd";

//录制对象
let mediaRecorder;
//录制数据
let recordedBlobs;
//捕获数据流
let stream;
/**
 * 录制屏幕示例
 */
class RecordScreen extends React.Component {

    //开始捕获桌面
    startCaptureScreen = async (e) => {
        try {
            //调用getDisplayMedia()方法，将约束设置成{video:true}即可
            stream = await navigator.mediaDevices.getDisplayMedia({
                //设置屏幕分辨率
                video: {
                    width: 2880, height: 1800
                }
            });

            const video = this.refs['myVideo'];
            //获取视频轨道
            const videoTracks = stream.getVideoTracks();
            //读取视频资源名称
            console.log(`视频资源名称: ${videoTracks[0].label}`);
            window.stream = stream;
            //将视频对象的源指定为stream
            video.srcObject = stream;

            this.startRecord();

        } catch (e) {
            console.log('getUserMedia错误:' + error);
        }
    }

    //开始录制
    startRecord = (e) => {
        //监听流是否处于不活动状态，用于判断用户是否停止捕获屏幕
        stream.addEventListener('inactive', e => {
            console.log('监听到屏幕捕获停止后停止录制!');
            this.stopRecord(e);
        });
```

```
        //录制数据
        recordedBlobs = [];
        try {
            //创建MediaRecorder对象，准备录制
            mediaRecorder = new MediaRecorder(window.stream, { mimeType: 'video/webm' });
        } catch (e) {
            console.error('创建MediaRecorder错误:', e);
            return;
        }

        //录制停止事件监听
        mediaRecorder.onstop = (event) => {
            console.log('录制停止: ', event);
            console.log('录制的Blobs数据为: ', recordedBlobs);
        };

        //录制数据回调事件
        mediaRecorder.ondataavailable = (event) => {
            console.log('handleDataAvailable', event);
            //判断是否有数据
            if (event.data && event.data.size > 0) {
                //记录数据
                recordedBlobs.push(event.data);
            }
        };
        //开始录制并指定录制时间为10秒
        mediaRecorder.start(10);
        console.log('MediaRecorder started', mediaRecorder);
}

stopRecord = (e) => {
    //停止录制
    mediaRecorder.stop();
    //停掉所有轨道
    stream.getTracks().forEach(track => track.stop());
    //将stream设置为空
    stream = null;

    //生成Blob文件，类型为video/webm
    const blob = new Blob(recordedBlobs, { type: 'video/webm' });
    //创建一个下载链接
    const url = window.URL.createObjectURL(blob);
    const a = document.createElement('a');
    a.style.display = 'none';
    a.href = url;
    //指定下载文件及类型
    a.download = 'screen.webm';
    //将a标签添加至网页
    document.body.appendChild(a);
    a.click();
    setTimeout(() => {
        document.body.removeChild(a);
```

```
                    //释放url对象
                    window.URL.revokeObjectURL(url);
            }, 100);
        }

        render() {
            return (
                <div className="container">
                    <h1>
                        <span>录制屏幕示例</span>
                    </h1>
                    {/* 捕获屏幕数据渲染 */}
                    <video className="video" ref="myVideo" autoPlay playsInline></video>
                    <Button  onClick={this.startCaptureScreen}  style={{  marginRight:
"10px" }}>开始</Button>
                    <Button onClick={this.stopRecord}>停止</Button>
                </div>
            );
        }
    }
    //导出组件
    export default RecordScreen;
```

运行示例后，点击"开始"按钮弹出屏幕分享选择对话框，当选择了要捕获的对象后就开始录制数据了，运行效果如图 7-3 所示。你可以点击"停止"按钮，或图中箭头所指的"停止共享"按钮停止录制，其中"停止共享"按钮为 Chrome 浏览器自带的按钮，无法修改。最后会生成一个 screen.webm 视频文件。

图 7-3　录制屏幕示例

提示 点击"停止"按钮会报错，使用监听 inactive 事件后停止录制。也就是说要使用浏览器自带的"停止共享"按钮功能。

7.5 录制 Canvas

在远程教育的场景下，通常需要把老师操作的电子白板内容全程记录下来，这时我们就需要用录制 Canvas 技术来实现。本节将制作一个简易的画板，通过一个录制画板的示例来详细说明录制 Canvas 的方法。具体步骤如下。

步骤 1 打开 h5-samples 工程下的 src 目录，添加 RecordCanvas.jsx 文件。另外，在 style/css 目录下添加样式文件 record-canvas.scss。编写 drawLine() 方法，获取 canvas 对象及 context 对象。首先绘制 Canvas 的背景色，如下面的代码所示。

```
//填充颜色
context.fillStyle = '#CCC';
//绘制Canvas背景
context.fillRect(0,0,320,240);
```

步骤 2 设置线宽、画笔颜色，添加鼠标监听事件，如下所示。

❑ mousedown：使用 moveTo() 方法移动到指定坐标，同时添加 mousemove 事件监听。

❑ mouseup：移除 mousemove 事件监听。

❑ mousemove：使用 lineTo() 方法移动到结束坐标。

步骤 3 使用 canvas 的 captureStream 方法来捕获 Canvas 绘制的内容。此方法返回的 CanvasCaptureMediaStream 是一个实时视频捕获的画布。用法如下所示。

```
stream = canvas.captureStream(10);
```

其中，参数 10 为 frameRate，该参数可选。设置为双精度浮点数，表示每个帧的捕获速率。如果未设置，则每次画布更改时都会捕获一个新帧。如果设置为 0，则会捕获单个帧。

步骤 4 当获取到数据流后，就可以像录制视频一样录制 Canvas 了。通过创建 MediaRecorder、设置编码格式等录制成视频文件。具体处理参考 7.3 节。

步骤 5 编写 UI 部分，添加一个 video 标签用于实时预览录制画板的画面。然后添加一个 canvas 标签，这个标签不加任何样式，在其外围套一个 div 标签作为 canvas 的容器，用这个 div 来控制 canvas 的外观样式。如下面的代码所示。

```
{/* 画布Canvas容器 */}
<div className="small-canvas">
    {/* Canvas不设置样式 */}
    <canvas ref='canvas'></canvas>
</div>
```

步骤 6　将以上几步串起来，然后在 src 目录下的 App.jsx 及 Samples.jsx 里加上链接及路由绑定，具体操作可参考第 3 章。完整的代码如下所示。

```
import React from "react";
import { Button } from "antd";
import '../styles/css/record-canvas.scss';

//录制对象
let mediaRecorder;
//录制数据
let recordedBlobs;
//捕获数据流
let stream;
//画布对象
let canvas;
//画布2d内容
let context;

/**
 * 录制Canvas示例
 */
class RecordCanvas extends React.Component {

    componentDidMount() {
        this.drawLine();
    }

    drawLine = () => {
        //获取Canvas对象
        canvas = this.refs['canvas'];
        //获取Canvas的2d内容
        context = canvas.getContext("2d");

        //填充颜色
        context.fillStyle = '#CCC';
        //绘制Canvas背景
        context.fillRect(0,0,320,240);

        context.lineWidth = 1;
        //画笔颜色
        context.strokeStyle = "#FF0000";

        //监听画板鼠标按下事件，开始绘画
        canvas.addEventListener("mousedown", this.startAction);
        //监听画板鼠标抬起事件，结束绘画
        canvas.addEventListener("mouseup", this.endAction);
    }

    //鼠标按下事件
    startAction = (event) => {
        //开始新的路径
        context.beginPath();
```

```
        //将画笔移动到指定坐标,类似起点
        context.moveTo(event.offsetX, event.offsetY);
        //开始绘制
        context.stroke();
        //监听鼠标移动事件
        canvas.addEventListener("mousemove", this.moveAction);
    }

    //鼠标移动事件
    moveAction = (event) => {
        //将画笔移动到结束坐标,类似终点
        context.lineTo(event.offsetX, event.offsetY);
        //开始绘制
        context.stroke();
    }

    //鼠标抬起事件
    endAction = () => {
        //移除鼠标移动事件
        canvas.removeEventListener("mousemove", this.moveAction);
    }

    //开始捕获Canvas
    startCaptureCanvas = async (e) => {
        stream = canvas.captureStream(10);
        const video = this.refs['video'];
        //获取视频轨道
        const videoTracks = stream.getVideoTracks();
        //读取视频资源名称
        console.log(`视频资源名称: ${videoTracks[0].label}`);
        window.stream = stream;
        //将视频对象的源指定为stream
        video.srcObject = stream;

        //开始录制
        this.startRecord();
    }

    //开始录制
    startRecord = (e) => {
        //录制数据
        recordedBlobs = [];
        try {
            //创建MediaRecorder对象,准备录制
            mediaRecorder = new MediaRecorder(window.stream, { mimeType: 'video/
webm' });
        } catch (e) {
            console.error('创建MediaRecorder错误:', e);
            return;
        }

        //录制停止事件监听
        mediaRecorder.onstop = (event) => {
```

```
            console.log('录制停止: ', event);
            console.log('录制的Blobs数据为: ', recordedBlobs);
        };

        //录制数据回调事件
        mediaRecorder.ondataavailable = (event) => {
            console.log('handleDataAvailable', event);
            //判断是否有数据
            if (event.data && event.data.size > 0) {
                //将数据记录起来
                recordedBlobs.push(event.data);
            }
        };
        //开始录制并指定录制时间为100毫秒
        mediaRecorder.start(100);
        console.log('MediaRecorder started', mediaRecorder);
    }

    stopRecord = (e) => {
        //停止录制
        mediaRecorder.stop();
        //停掉所有轨道
        stream.getTracks().forEach(track => track.stop());
        //将stream设置为空
        stream = null;

        //生成Blob文件，类型为video/webm
        const blob = new Blob(recordedBlobs, { type: 'video/webm' });
        //创建一个下载链接
        const url = window.URL.createObjectURL(blob);
        const a = document.createElement('a');
        a.style.display = 'none';
        a.href = url;
        //指定下载文件及类型
        a.download = 'canvas.webm';
        //将a标签添加至网页
        document.body.appendChild(a);
        a.click();
        setTimeout(() => {
            document.body.removeChild(a);
            //释放url对象
            window.URL.revokeObjectURL(url);
        }, 100);
    }

    render() {
        return (
            <div className="container">
                <h1>
                    <span>录制Canvas示例</span>
                </h1>
                <div>
                    {/* 画布Canvas容器 */}
```

```
                    <div className="small-canvas">
                        {/* Canvas不设置样式 */}
                        <canvas ref='canvas'></canvas>
                    </div>
                    <video className="small-video" ref='video' playsInline autoPlay>
</video>
                </div>
                <Button className="button" onClick={this.startCaptureCanvas}>开始
</Button>
                <Button className="button" onClick={this.stopRecord}>停止</Button>
            </div>
        );
    }
}
//导出组件
export default RecordCanvas;
```

运行示例后，点击"开始"按钮。然后在上面的灰色框里任意涂鸦，此时你会发现下面的视频会实时播放你涂鸦的内容。点击"停止"按钮会停止录制 Canvas。最后会生成一个 canvas.webm 视频文件供用户下载。录制效果如图 7-4 所示。

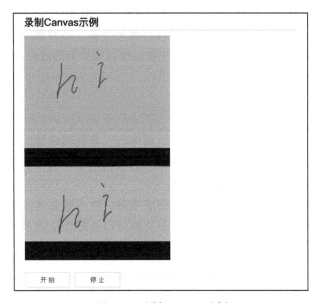

图 7-4　录制 Canvas 示例

连 接 建 立

在 WebRTC 中，连接是核心内容，通过 RTCPeerConnection 接口可以将本地流 Media-Stream 发送至远端，同时也可以将远端媒体流发送至本地，从而建立起对等连接。本章将详细讲解 WebRTC 连接建立的过程与步骤，并通过示例展示如何进行连接配置与应用。

8.1 概述

当我们学会了如何通过多种方式获取本地媒体流、音视频设置以及控制媒体流的内容后，就要考虑如何把本地的媒体数据以流的方式发送到远端，远端接收到媒体流后，渲染视频并播放声音，从而达到通话的目的。

本地与远端之间进行媒体协商及网络协商成功后，将本地媒体流发送到远端的过程我们称之为连接建立，连接建立的环节较多，涉及的接口及概念也较多。本章涉及的 API 如表 8-1 所示。

表 8-1 连接建立相关 API

方法名	参数	说明
RTCPeerConnection	RTCConfiguration 连接配置参数	RTCPeerConnection 接口代表一个由本地计算机到远端的 WebRTC 连接。该接口提供了创建、保持、监控、关闭连接的方法的实现。在创建时需要向其传入连接配置参数，即 ICE 配置信息
PC.createOffer	RTCOfferOptions 对象。可选参数	创建提议 Offer 方法，此方法会返回 SDP Offer 信息，即 RTCSessionDescription 对象
PC.setLocalDescription	RTCSessionDescription 对象	设置本地 SDP 描述信息

（续）

方法名	参数	说明
PC.setRemoteDescription	RTCSessionDescription 对象	设置远端 SDP 描述信息。即对方发过来的 SDP 数据
PC.createOffer	RTCAnswerOptions 对象。可选参数	创建应答 Answer 方法，此方法会返回 SDP Answer 信息，即 RTCSessionDescription 对象
RTCIceCandidate	无参数	WebRTC 网络信息，如 IP、端口等
PC.addIceCandidate	RTCIceCandidate 对象	PC 连接添加对方的 IceCandidate 信息，即添加对方的网络信息

 提示 RTCPeerConnection 简称 PC 对象，即连接对象。本地为 Local 对象，远端为 Remote 对象。

接下来将详细分析连接建立的过程，然后实现视频及白板之间的连接建立之后，如何将数据发送至远端。

8.2 连接建立的过程

WebRTC 的连接建立过程较为复杂，这里我们首先考虑一个简单的场景。将 Peer-A 本地的媒体流发送到远端 Peer-B，暂不考虑信令服务器及 STUN 服务器。

接下来将详细阐述连接建立的过程。首先说明一下本章中用到的术语。

❑ Peer-A 简写为 A，即本地。

❑ Peer-B 简写为 B，即远端。

❑ RTCPeerConnection 简写为 PC。RTCPeerConnection 连接 A 端即为 PC-A，连接 B 端即为 PC-B。

1. A 获取媒体流 MediaStream

一般通过 MediaDevices.getUserMedia() 获取媒体流，媒体流包含了请求媒体类型的音视频轨道（MediaStreamTrack）。一个流可以包含视频轨道、音频轨道或其他。通过 MediaStream 的 addTrack() 方法可以添加轨道。代码如下所示。

```
navigator.mediaDevices.getUserMedia
```

2. A 生成 PC-A 对象

RTCPeerConnection 接口代表一个由本地计算机到远端的 WebRTC 连接。该接口提供了创建、保持、监控、关闭连接的方法的实现。

```
//可选参数包括ICE服务器等
pc = new RTCPeerConnection([RTCConfiguration dictionary])
```

其中，ICE 服务器的设置如下面的代码所示。这里使用了 Google 提供的服务器作为 STUN 服务器。

```
configuration = { "iceServers": [{ "url": "stun:stun.l.google.com:19302" }] };
```

3. A 将流加入 PC-A

A 获取到媒体流后，可以将流添加到 RTCPeerConnection 对象里。代码如下所示。

```
//该方法已经不推荐使用，推荐使用addTrack()方法
pc.addStream(stream);,
//或者加入轨道
stream.getTracks().forEach((track) => {
    pc.addTrack(track, stream);
});
```

> 💡 **提示** 建议使用 RTCPeerConnection 的 addTrack() 方法添加媒体流至连接对象，当两端连接建立时，对方会收到此数据流。

4. A 创建提议 Offer

RTCPeerConnection 接口的 createOffer() 方法启动创建一个 SDP offer，目的是启动一个新的 WebRTC 去连接远程端点。SDP offer 包含有关已附加到 WebRTC 会话，浏览器支持的编解码器和选项的所有 MediaStreamTracks 信息以及 ICE 代理，目的是通过信令信道发送给潜在远程端点，以请求连接或更新现有连接的配置。创建的代码如下所示。

```
offer = await pc.createOffer();
```

创建 Offer 返回值是一个 RTCSessionDescription，主要是 SDP 信息，它是会话的描述信息。RTCSessionDescription 在两个对等点之间协商连接的过程涉及来回交换对象，每个描述都表示发送者支持的一组连接配置选项。一旦两个对等方连接的配置达成一致，媒体协商就完成了。

5. A 设置本地描述

A 创建提议 Offer 成功后，会生成 RTCSessionDescription 对象。然后调用 PC-A 的 setLocalDescription() 方法设置本地描述信息。代码如下所示。

```
await pc.setLocalDescription(desc);
```

6. A 将 Offer 发送给 B

A 将 Offer 信息发送给 B，通常需要架设一个信令服务器来转发 Offer 数据。WebSocket 是一种常规的实现方式。

7. B 生成 PC-B 对象

B 端也需要生成一个 RTCPeerConnection 对象，用来进行应答 Answer、发送流、接收

等处理。如下面的代码所示。

```
pc2 = new RTCPeerConnection();
```

8. B 设置远端描述

B 收到信令服务器转发过来的 Offer 信息后，将调用 PC-B 的 setRemoteDescription() 方法用于调用其远端描述。如下面的代码所示。

```
await pc.setRemoteDescription(desc);
```

9. B 生成应答 Answer

RTCPeerConnection 接口的 createAnswer() 方法会生成一个应答的 SDP 信息。应答 Answer 和提议 Offer 是成对出现的。如下面的代码所示。

```
answer = await pc.createAnswer();
```

10. B 设置本地描述

B 创建应答 Answer 成功后，会生成 RTCSessionDescription 对象。然后调用 PC-B 的 setLocalDescription() 方法设置本地描述信息。代码如下所示。

```
await pc.setLocalDescription(desc);
```

11. B 把 Answer 发送给 A

B 将 Answer 信息发送给 A，同样通过信令服务器来转发 Answer 数据。

12. A 设置远端描述

A 收到信令服务器转发过来的 Answer 信息后，将调用 PC-A 的 setRemoteDescription() 方法用于调用其远端描述。如下面的代码所示。

```
await pc.setRemoteDescription(desc);
```

13. 交换 ICE 候选地址信息

在建立连接的过程中，会回调 onicecandidate 事件，传递 ICE 候选地址，我们需要将其转发至另一端，并通过另一端的 addIceCandidate() 方法设置对方的候选地址。大致处理如下面的代码所示。

```
pc.addEventListener('icecandidate', this.onIceCandidate);

onIceCandidate = async (event) => {
    if (event.candidate) {
        //发送candidate至另一端
        let iceinfo = event.candidate;
    }
}

//另一端接收到candidate
```

```
pc.addIceCandidate(new RTCIceCandidate(iceinfo));
```

理想情况下，现在已经建立连接了。

 提示 使用 addEventListener 方式为 PC 对象添加事件时，将 onicecandidate 事件类型去掉 on 前缀即可。

14. 交换与使用媒体流

当一方执行 addTrack 后，另一方的 RTCPeerConnection 会触发 track 事件回调，通过事件参数可以获取对方轨道里的媒体流，如下面的代码所示。

```
pc.addEventListener('track', this.gotRemoteStream);

//获取到远端媒体流
gotRemoteStream = (e) => {
    //远端媒体流
    remoteVideo.srcObject = e.streams[0];
}
```

提示 新的协议中已经不再推荐使用 addStream 方法来添加媒体流，应使用 addTrack 方法。

8.3 连接建立示例

理解了 WebRTC 连接建立的流程后，我们可以编写一个完整的示例来展示连接建立的过程。具体步骤如下所示。

步骤 1 打开 h5-samples 工程下的 src 目录，添加 PeerConnection.jsx 文件。此示例主要实现将本地音视频发送到远端并播放。定义如下几个对象。

❑ 本地视频：localVideo。
❑ 远端视频：remoteVideo。
❑ 本地流：localStream。
❑ PeerA 连接对象：peerConnA。
❑ PeerB 连接对象：peerConnB。

步骤 2 在组件加载完成函数里，添加本地及远端视频尺寸监听事件，目的是观察视频尺寸的变化情况。如下面的代码所示。

```
remoteVideo.addEventListener('resize', () => {
    ...
});
```

WebRTC 具有视频清晰度自适应的功能。根据当前可用带宽及可用硬件资源，改变编码端分辨率和码率，然后达到最流畅的视频效果，它会按固定长宽比放大或缩小。

步骤 3 添加获取本地媒体流的方法，调用 getUserMedia() 方法访问本地摄像头及麦克风。如下面的代码所示。

```
const stream = await navigator.mediaDevices.getUserMedia
```

步骤 4 创建 peerConnA 及 peerConnB 连接对象，并且都添加 icecandidate 以及 iceconnectionstatechange 事件监听。如下面的代码所示。

```
peerConnA = new RTCPeerConnection(configuration);
//监听返回的Candidate信息
peerConnA.addEventListener('icecandidate', this.onIceCandidateA);

peerConnB = new RTCPeerConnection(configuration);
//监听返回的Candidate信息
peerConnB.addEventListener('icecandidate', this.onIceCandidateB);

//监听ICE状态变化
peerConnA.addEventListener('iceconnectionstatechange', this.onIceStateChangeA);
peerConnB.addEventListener('iceconnectionstatechange', this.onIceStateChangeB);
```

步骤 5 添加 peerConnA 及 peerConnB 的 Candidate 事件回调方法，以 peerConnA 为例。回调方法实现大致如下所示。

```
//Candidate事件回调方法
onIceCandidateA = async (event) => {
    await peerConnB.addIceCandidate(event.candidate);
}
```

这里并没有将 peerConnA 返回的 Candidate 信息通过信令服务器发送给 Peer-B，而是直接使用 peerConnB 的 addIceCandidate() 方法添加了 Candidate 信息，从而达到互换 Candidate 信息的目的。

步骤 6 将本地流添加到 peerConnA 对象里，同时为 peerConnB 添加 track 监听事件。如下面的代码所示。

```
//监听track事件，可以获取到远端视频流
peerConnB.addEventListener('track', this.gotRemoteStream);

//循环迭代本地流的所有轨道
localStream.getTracks().forEach((track) => {
    //把音视频轨道添加到连接中
    peerConnA.addTrack(track, localStream);
});
```

这样做的目的是将本地的流加入 peerConnA，远端 peerConnB 可以获取到流。远端流可以通过下面的代码获取。

```
gotRemoteStream = (e) => {
    remoteVideo.srcObject = e.streams[0];
```

```
}
```

步骤 7　接下来实现提议 / 应答流程。核心步骤及代码如下所示。

```
//创建Offer
const offer = await peerConnA.createOffer();

//peerConnA设置本地描述信息
await peerConnA.setLocalDescription(desc);

//peerConnB设置远端描述信息
await peerConnB.setRemoteDescription(desc);

//创建Answer
const answer = await peerConnB.createAnswer();

//peerConnB设置本地描述信息
await peerConnB.setLocalDescription(desc);

//peerConnA设置远端描述信息
await peerConnA.setRemoteDescription(desc);
```

步骤 8　添加结束会话代码，只需要调用 peerConnA 及 peerConnB 的 close 方法即可。然后在界面渲染部分添加一个本地的 video 及一个远端的 video 标签即可。如下面的代码所示。

```
{/* 本地视频 */}
<video ref="localVideo" playsInline autoPlay muted></video>
{/* 远端视频 */}
<video ref="remoteVideo" playsInline autoPlay></video>
```

步骤 9　将以上几步串起来，然后在 src 目录下的 App.jsx 及 Samples.jsx 里加上链接及路由绑定，具体方法可参考第 3 章。完整的代码如下所示。

```
import React from "react";
import { Button } from "antd";

//本地视频
let localVideo;
//远端视频
let remoteVideo;
//本地流
let localStream;
//PeerA连接对象
let peerConnA;
//PeerB连接对象
let peerConnB;
/**
 * 连接建立示例
 */
class PeerConnection extends React.Component {
```

```
componentDidMount() {
    //初始化本地视频对象
    localVideo = this.refs['localVideo'];
    //初始化远端视频对象
    remoteVideo = this.refs['remoteVideo'];

    //获取本地视频尺寸
    localVideo.addEventListener('loadedmetadata', () => {
        console.log(`本地视频尺寸为: videoWidth: ${localVideo.videoWidth}px,
videoHeight: ${localVideo.videoHeight}px`);
    });

    //获取远端视频尺寸
    remoteVideo.addEventListener('loadedmetadata', () => {
        console.log(`远端视频尺寸为: videoWidth: ${remoteVideo.videoWidth}px,
videoHeight: ${remoteVideo.videoHeight}px`);
    });

    //监听远端视频尺寸的变化
    remoteVideo.addEventListener('resize', () => {
        console.log(`远端视频尺寸为: ${remoteVideo.videoWidth}x${remoteVideo.
videoHeight}`);
    });

}

//开始
start = async () => {
    console.log('开始获取本地媒体流');
    try {
        //获取音视频流
        const stream = await navigator.mediaDevices.getUserMedia({ audio:
true, video: true });
        console.log('获取本地媒体流成功');
        //本地视频获取流
        localVideo.srcObject = stream;
        localStream = stream;
    } catch (e) {
        console.log("getUserMedia错误:" + e);
    }
}

//呼叫
call = async () => {
    console.log('开始呼叫...');
    //视频轨道
    const videoTracks = localStream.getVideoTracks();
    //音频轨道
    const audioTracks = localStream.getAudioTracks();
    //判断视频轨道是否有值
    if (videoTracks.length > 0) {
        //输出摄像头的名称
        console.log(`使用的视频设备为: ${videoTracks[0].label}`);
```

```
    }
    //判断音频轨道是否有值
    if (audioTracks.length > 0) {
        //输出麦克风的名称
        console.log(`使用的音频设备为：${audioTracks[0].label}`);
    }

    //设置ICE Server，使用Google服务器
    let configuration = { "iceServers": [{ "url": "stun:stun.l.google.com:19302" }] };

    //创建RTCPeerConnection对象
    peerConnA = new RTCPeerConnection(configuration);
    console.log('创建本地PeerConnection成功:peerConnA');
    //监听返回的Candidate信息
    peerConnA.addEventListener('icecandidate', this.onIceCandidateA);

    //创建RTCPeerConnection对象
    peerConnB = new RTCPeerConnection(configuration);
    console.log('创建本地PeerConnection成功:peerConnB');
    //监听返回的Candidate信息
    peerConnB.addEventListener('icecandidate', this.onIceCandidateB);

    //监听ICE状态变化
    peerConnA.addEventListener('iceconnectionstatechange', this.onIceStateChangeA);
    //监听ICE状态变化
    peerConnB.addEventListener('iceconnectionstatechange', this.onIceStateChangeB);

    //监听track事件，可以获取到远端视频流
    peerConnB.addEventListener('track', this.gotRemoteStream);

    //peerConnA.addStream(localStream);
    //循环迭代本地流的所有轨道
    localStream.getTracks().forEach((track) => {
        //把音视频轨道添加到连接中
        peerConnA.addTrack(track, localStream);
    });
    console.log('将本地流添加到peerConnA里');

    try {
        console.log('peerConnA创建提议Offer开始');
        //创建提议Offer
        const offer = await peerConnA.createOffer();
        //创建Offer成功
        await this.onCreateOfferSuccess(offer);
    } catch (e) {
        //创建Offer失败
        this.onCreateSessionDescriptionError(e);
    }
}

//创建会话描述错误
onCreateSessionDescriptionError = (error) => {
    console.log(`创建会话描述SD错误：${error.toString()}`);
```

```
}

//创建提议Offer成功
onCreateOfferSuccess = async (desc) => {
    //peerConnA创建Offer返回的SDP信息
    console.log(`peerConnA创建Offer返回的SDP信息\n${desc.sdp}`);
    console.log('设置peerConnA的本地描述start');
    try {
        //设置peerConnA的本地描述
        await peerConnA.setLocalDescription(desc);
        this.onSetLocalSuccess(peerConnA);
    } catch (e) {
        this.onSetSessionDescriptionError();
    }

    console.log('peerConnB开始设置远端描述');
    try {
        //设置peerConnB的远端描述
        await peerConnB.setRemoteDescription(desc);
        this.onSetRemoteSuccess(peerConnB);
    } catch (e) {
        //创建会话描述错误
        this.onSetSessionDescriptionError();
    }

    console.log('peerConnB开始创建应答Answer');
    try {
        //创建应答Answer
        const answer = await peerConnB.createAnswer();
        //创建应答成功
        await this.onCreateAnswerSuccess(answer);
    } catch (e) {
        //创建会话描述错误
        this.onCreateSessionDescriptionError(e);
    }
}

//设置本地描述完成
onSetLocalSuccess = (pc) => {
    console.log(`${this.getName(pc)}设置本地描述完成:setLocalDescription`);
}

//设置远端描述完成
onSetRemoteSuccess = (pc) => {
    console.log(`${this.getName(pc)}设置远端描述完成:setRemoteDescription`);
}

//设置描述SD错误
onSetSessionDescriptionError = (error) => {
    console.log(`设置描述SD错误: ${error.toString()}`);
}

getName = (pc) => {
```

```
        return (pc === peerConnA) ? 'peerConnA' : 'peerConnB';
    }

    //获取到远端视频流
    gotRemoteStream = (e) => {
        if (remoteVideo.srcObject !== e.streams[0]) {
            //取集合第一个元素
            remoteVideo.srcObject = e.streams[0];
            console.log('peerConnB开始接收远端流');
        }
    }

    //创建应答成功
    onCreateAnswerSuccess = async (desc) => {
        //输出SDP信息
        console.log(`peerConnB的应答Answer数据:\n${desc.sdp}`);
        console.log('peerConnB设置本地描述开始:setLocalDescription');
        try {
            //设置peerConnB的本地描述信息
            await peerConnB.setLocalDescription(desc);
            this.onSetLocalSuccess(peerConnB);
        } catch (e) {
            this.onSetSessionDescriptionError(e);
        }
        console.log('peerConnA设置远端描述开始:setRemoteDescription');
        try {
            //设置peerConnA的远端描述，即peerConnB的应答信息
            await peerConnA.setRemoteDescription(desc);
            this.onSetRemoteSuccess(peerConnA);
        } catch (e) {
            this.onSetSessionDescriptionError(e);
        }
    }

    //Candidate事件回调方法
    onIceCandidateA = async (event) => {
        try {
            if(event.candidate){
                //将peerConnA的Candidate添加至peerConnB
                await peerConnB.addIceCandidate(event.candidate);
                this.onAddIceCandidateSuccess(peerConnB);
            }
        } catch (e) {
            this.onAddIceCandidateError(peerConnB, e);
        }
        console.log(`IceCandidate数据:\n${event.candidate ? event.candidate.
candidate : '(null)'}`);
    }

    //Candidate事件回调方法
    onIceCandidateB = async (event) => {
        try {
            if(event.candidate){
```

```
                    //将peerConnB的Candidate添加至peerConnA
                    await peerConnA.addIceCandidate(event.candidate);
                    this.onAddIceCandidateSuccess(peerConnA);
                }
            } catch (e) {
                this.onAddIceCandidateError(peerConnA, e);
            }
            console.log(`IceCandidate数据:\n${event.candidate ? event.candidate.
candidate : '(null)'}`);
        }

        //添加Candidate成功
        onAddIceCandidateSuccess = (pc) => {
            console.log(`${this.getName(pc)}添加IceCandidate成功`);
        }

        //添加Candidate失败
        onAddIceCandidateError = (pc, error) => {
            console.log(`${this.getName(pc)}添加IceCandidate失败: ${error.toString()}`);
        }

        //监听ICE状态变化事件回调方法
        onIceStateChangeA = (event) => {
            console.log(`peerConnA连接的ICE状态: ${peerConnA.iceConnectionState}`);
            console.log('ICE状态改变事件: ', event);
        }

        //监听ICE状态变化事件回调方法
        onIceStateChangeB = (event) => {
            console.log(`peerConnB连接的ICE状态: ${peerConnB.iceConnectionState}`);
            console.log('ICE状态改变事件: ', event);
        }

        //断开连接
        hangup = () => {
            console.log('结束会话');
            //关闭peerConnA
            peerConnA.close();
            //关闭peerConnB
            peerConnB.close();
            //将peerConnA设置为空
            peerConnA = null;
            //将peerConnB设置为空
            peerConnB = null;
        }

        render() {
            return (
                <div className="container">
                    <h1>
                        <span>RTCPeerConnection示例</span>
                    </h1>
                    {/* 本地视频 */}
```

```
                    <video ref="localVideo" playsInline autoPlay muted></video>
                    {/* 远端视频 */}
                    <video ref="remoteVideo" playsInline autoPlay></video>
                    <div>
                        <Button ref="startButton" onClick={this.start}
    style={{marginRight:"10px"}}>开始</Button>
                        <Button ref="callButton" onClick={this.call}
    style={{marginRight:"10px"}}>呼叫</Button>
                        <Button ref="hangupButton" onClick={this.hangup}
    style={{marginRight:"10px"}}>挂断</Button>
                    </div>
                </div>
        );
    }
}
//导出组件
export default PeerConnection;
```

运行示例后，点击"开始"按钮，会打开本地视频。然后再点击"呼叫"按钮，此时远端视频会呈现同样的内容，表明连接建立完成。最后点击"挂断"按钮可以结束会话。接通效果如图 8-1 所示。

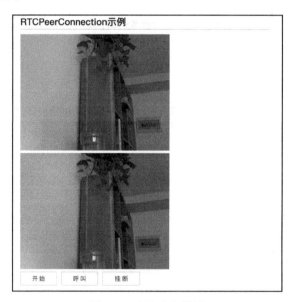

图 8-1　连接建立效果

连接建立示例的整个流程中，控制台的输出内容非常有价值，分析并理解其含义对我们理解 WebRTC 的通话原理至关重要。

8.3.1　视频清晰度自适应

在"连接建立示例"测试的过程中你会发现，远端视频会由小变大。打开控制台可以得到如下输出信息。

```
远端视频尺寸为:320×240
samples.js:83841 远端视频尺寸为: videoWidth:320px,  videoHeight:240px
samples.js:83845 远端视频尺寸为: 320×240
samples.js:83845 远端视频尺寸为: 480×360
samples.js:83845 远端视频尺寸为: 640×480
```

从输出内容上看，远端视频的尺寸由 320×240 变为 480×360，最后变为 640×480。这是因为 WebRTC 具有视频清晰度自适应功能。根据当前可用带宽及可用硬件资源，改变编码端分辨率和码率，然后达到最流畅的视频效果，它会按固定长宽比放大或缩小。

8.3.2 提议 / 应答信息

建立起连接后，可以在控制台看到输出提议及应答的信息。输出内容如下所示。

```
peerConnA创建Offer返回的SDP信息
v=0
o=- 1972163287475998451 2 IN IP4 127.0.0.1
s=-
t=0 0
a=group:BUNDLE 0 1
a=msid-semantic: WMS iRDId7pCN109HRnZOOha14799YFOA83qDCDM
m=audio 9 UDP/TLS/RTP/SAVPF 111 103 104 9 0 8 106 105 13 110 112 113 126
c=IN IP4 0.0.0.0

...

peerConnB的应答Answer数据:
v=0
o=- 8082934199507840128 2 IN IP4 127.0.0.1
s=-
t=0 0
a=group:BUNDLE 0 1
a=msid-semantic: WMS
m=audio 9 UDP/TLS/RTP/SAVPF 111 103 104 9 0 8 106 105 13 110 112 113 126
c=IN IP4 0.0.0.0
a=rtcp:9 IN IP4 0.0.0.0
```

提议 / 应答输出的是 SDP 信息，即媒体协商信息，如分辨率、格式、编码、加密算法等。由于 SDP 的内容非常多，所以这里只展示了部分数据。SDP 信息交换通过信息服务器完成。

8.3.3 Candidate 信息

建立起连接后，除了可以看到媒体协商信息 SDP，还可以看到网络协商信息 Candidate，主要包含 IP 及端口信息，输出内容如下所示。

```
IceCandidate数据:
```

```
candidate:2011075316 1 udp 2122260223 192.168.2.168 62415 typ host generation 0
ufrag /Hbw network-id 1 network-cost 10
```

当双方交换了 Candidate 信息后，就知道了对方的 IP 及端口。Candidate 信息交换通过信息服务器完成。

8.4 将 Video 发送至远端

如何把本地 Video 播放的内容同步至远端进行播放？首先需要采集到本地视频流，然后借助 RTCPeerConnection 进行传输。具体思路如下。

1）播放本地 mp4 文件。

2）使用 captureStream 捕获本地视频流 localStream。

3）创建本地及远端 RTCPeerConnection 对象。

4）将流 localStream 添加至 PC-A。

5）将 PC-A 与 PC-B 之间的连接建立起来。

6）PC-B 获取到远端视频流。

7）播放获取到的远端视频流，实现同步播放功能。

接下来通过一个示例来阐述将 Video 发送至远端的实现过程。具体步骤如下。

步骤 1 打开 h5-samples 工程下的 src 目录，添加 PeerConnectionVideo.jsx 文件。使用 dist/assets 资源目录下的 webrtc.mp4 文件作为视频播放的源文件。

步骤 2 添加捕获媒体流代码，指定帧率 fps，捕获源视频，然后将获取到的流指定到播放器的 srcObject 属性。这一步可以参考 6.5 节中的实现方法。

步骤 3 当捕获到本地视频流 localStream 后，就可以参考 8.3 节，建立起对等连接。

步骤 4 将以上几步串起来，然后在 src 目录下的 App.jsx 及 Samples.jsx 里加上链接及路由绑定。完整的代码如下所示。

```
import React from "react";
import { Button } from "antd";

//本地视频
let localVideo;
//远端视频
let remoteVideo;
//本地流
let localStream;
//PeerA连接对象
let peerConnA;
//PeerB连接对象
let peerConnB;
/**
 * 捕获Video作为媒体流示例
 */
```

```
class PeerConnectionVideo extends React.Component {

    //开始播放
    canPlay = () => {
        //捕获帧率
        const fps = 0;
        //浏览器兼容判断，捕获媒体流
        localStream = localVideo.captureStream(fps);
    }

    componentDidMount() {
        //初始化本地视频对象
        localVideo = this.refs['localVideo'];
        //初始化远端视频对象
        remoteVideo = this.refs['remoteVideo'];
    }

    //呼叫
    call = async () => {
        console.log('开始呼叫...');
        //视频轨道
        const videoTracks = localStream.getVideoTracks();
        //音频轨道
        const audioTracks = localStream.getAudioTracks();
        //判断视频轨道是否有值
        if (videoTracks.length > 0) {
            //输出摄像头的名称
            console.log(`使用的视频设备为：${videoTracks[0].label}`);
        }
        //判断音频轨道是否有值
        if (audioTracks.length > 0) {
            //输出麦克风的名称
            console.log(`使用的音频设备为：${audioTracks[0].label}`);
        }

        //设置ICE Server，使用Google服务器
        let configuration = { "iceServers": [{ "url": "stun:stun.l.google.com:19302" }] };

        //创建RTCPeerConnection对象
        peerConnA = new RTCPeerConnection(configuration);
        console.log('创建本地PeerConnection成功:peerConnA');
        //监听返回的Candidate信息
        peerConnA.addEventListener('icecandidate', this.onIceCandidateA);

        //创建RTCPeerConnection对象
        peerConnB = new RTCPeerConnection(configuration);
        console.log('创建本地PeerConnection成功:peerConnB');
        //监听返回的Candidate信息
        peerConnB.addEventListener('icecandidate',  this.onIceCandidateB);

        //监听ICE状态变化
        peerConnA.addEventListener('iceconnectionstatechange', this.onIceStateChangeA);
        //监听ICE状态变化
```

```
peerConnB.addEventListener('iceconnectionstatechange', this.onIceStateChangeB);

//监听track事件，可以获取到远端视频流
peerConnB.addEventListener('track', this.gotRemoteStream);

//peerConnA.addStream(localStream);
//循环迭代本地流的所有轨道
localStream.getTracks().forEach((track) => {
    //把音视频轨道添加到连接中
    peerConnA.addTrack(track, localStream);
});
console.log('将本地流添加到peerConnA里');

try {
    console.log('peerConnA创建提议Offer开始');
    //创建提议Offer
    const offer = await peerConnA.createOffer();
    //创建Offer成功
    await this.onCreateOfferSuccess(offer);
} catch (e) {
    //创建Offer失败
    this.onCreateSessionDescriptionError(e);
}
}

//创建会话描述错误
onCreateSessionDescriptionError = (error) => {
    console.log(`创建会话描述SD错误: ${error.toString()}`);
}

//创建提议Offer成功
onCreateOfferSuccess = async (desc) => {
    //peerConnA创建Offer返回的SDP信息
    console.log(`peerConnA创建Offer返回的SDP信息\n${desc.sdp}`);
    console.log('设置peerConnA的本地描述start');
    try {
        //设置peerConnA的本地描述
        await peerConnA.setLocalDescription(desc);
        this.onSetLocalSuccess(peerConnA);
    } catch (e) {
        this.onSetSessionDescriptionError();
    }

    console.log('peerConnB开始设置远端描述');
    try {
        //设置peerConnB的远端描述
        await peerConnB.setRemoteDescription(desc);
        this.onSetRemoteSuccess(peerConnB);
    } catch (e) {
        //创建会话描述错误
        this.onSetSessionDescriptionError();
    }
```

```
    console.log('peerConnB开始创建应答Answer');
    try {
        //创建应答Answer
        const answer = await peerConnB.createAnswer();
        //创建应答成功
        await this.onCreateAnswerSuccess(answer);
    } catch (e) {
        //创建会话描述错误
        this.onCreateSessionDescriptionError(e);
    }
}

//设置本地描述完成
onSetLocalSuccess = (pc) => {
    console.log(`${this.getName(pc)}设置本地描述完成:setLocalDescription`);
}

//设置远端描述完成
onSetRemoteSuccess = (pc) => {
    console.log(`${this.getName(pc)}设置远端描述完成:setRemoteDescription`);
}

//设置描述SD错误
onSetSessionDescriptionError = (error) => {
    console.log(`设置描述SD错误: ${error.toString()}`);
}

getName = (pc) => {
    return (pc === peerConnA) ? 'peerConnA' : 'peerConnB';
}

//获取到远端视频流
gotRemoteStream = (e) => {
    if (remoteVideo.srcObject !== e.streams[0]) {
        //取集合第一个元素
        remoteVideo.srcObject = e.streams[0];
        console.log('peerConnB开始接收远端流');
    }
}

//创建应答成功
onCreateAnswerSuccess = async (desc) => {
    //输出SDP信息
    console.log(`peerConnB的应答Answer数据:\n${desc.sdp}`);
    console.log('peerConnB设置本地描述开始:setLocalDescription');
    try {
        //设置peerConnB的本地描述信息
        await peerConnB.setLocalDescription(desc);
        this.onSetLocalSuccess(peerConnB);
    } catch (e) {
        this.onSetSessionDescriptionError(e);
    }
    console.log('peerConnA设置远端描述开始:setRemoteDescription');
```

```
        try {
            //设置peerConnA的远端描述，即peerConnB的应答信息
            await peerConnA.setRemoteDescription(desc);
            this.onSetRemoteSuccess(peerConnA);
        } catch (e) {
            this.onSetSessionDescriptionError(e);
        }
    }

    //Candidate事件回调方法
    onIceCandidateA = async (event) => {
        try {
            if(event.candidate){
                //将peerConnA的Candidate添加至peerConnB里
                await peerConnB.addIceCandidate(event.candidate);
                this.onAddIceCandidateSuccess(peerConnB);
            }
        } catch (e) {
            this.onAddIceCandidateError(peerConnB, e);
        }
        console.log(`IceCandidate数据:\n${event.candidate ? event.candidate.candidate
: '(null)'}`);
    }

    //Candidate事件回调方法
    onIceCandidateB = async (event) => {
        try {
            if(event.candidate){
                //将peerConnB的Candidate添加至peerConnA里
                await peerConnA.addIceCandidate(event.candidate);
                this.onAddIceCandidateSuccess(peerConnA);
            }
        } catch (e) {
            this.onAddIceCandidateError(peerConnA, e);
        }
        console.log(`IceCandidate数据:\n${event.candidate ? event.candidate.candidate
: '(null)'}`);
    }

    //添加Candidate成功
    onAddIceCandidateSuccess = (pc) => {
        console.log(`${this.getName(pc)}添加IceCandidate成功`);
    }

    //添加Candidate失败
    onAddIceCandidateError = (pc, error) => {
        console.log(`${this.getName(pc)}添加IceCandidate失败: ${error.toString()}`);
    }

    //监听ICE状态变化事件回调方法
    onIceStateChangeA = (event) => {
        console.log(`peerConnA连接的ICE状态: ${peerConnA.iceConnectionState}`);
        console.log('ICE状态改变事件: ', event);
```

```
        }

        //监听ICE状态变化事件回调方法
        onIceStateChangeB = (event) => {
            console.log(`peerConnB连接的ICE状态: ${peerConnB.iceConnectionState}`);
            console.log('ICE状态改变事件: ', event);
        }

        //断开连接
        hangup = () => {
            console.log('结束会话');
            //关闭peerConnA
            peerConnA.close();
            //关闭peerConnB
            peerConnB.close();
            //将peerConnA设置为空
            peerConnA = null;
            //将peerConnB设置为空
            peerConnB = null;
        }

        render() {
            return (
                <div className="container">
                    <h1>
                        <span>Video发送至远端示例</span>
                    </h1>
                    <video ref="localVideo" playsInline controls loop muted onCanPlay=
{this.canPlay}>
                        {/* mp4视频路径 */}
                        <source src="./assets/webrtc.mp4" type="video/mp4" />
                    </video>
                    {/* 远端视频 */}
                    <video ref="remoteVideo" playsInline autoPlay></video>
                    <div>
                        <Button ref="callButton" onClick={this.call} style= {{marginRight:
"10px"}}>呼叫</Button>
                        <Button ref="hangupButton" onClick={this.hangup} style=
{{marginRight: "10px"}}>挂断</Button>
                    </div>
                </div>
            );
        }
    }
    //导出组件
    export default PeerConnectionVideo;
```

运行示例后，点击"呼叫"按钮，本地及远端连接建立，可以看到本地及远端视频同步播放，如图 8-2 所示。

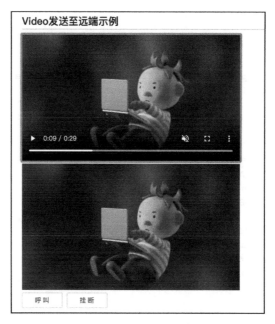

图 8-2　Video 发送至远端示例

8.5　流方式同步白板

电子白板的画板是通过 Canvas 绘制的，将所画的内容同步至远端是一项复杂的技术。有如下两个方案。

❑ 同步坐标：使用 WebSocket 或 DataChannel 转发白板坐标及绘制命令方式。优点是可实现交互较强的功能。缺点是实现难度大，不同屏幕适配麻烦，白板录制实现算法复杂。

❑ 流方式转发：使用 captureStream 采集 Canvas 流，然后通过 PeerConnection 转发至远端。优点是同步方便，只要解决了视频传输即可，录制方便，屏幕适配自适应。缺点是无法交互远端，只能同步观看，转发数据量大。

本节将阐述如何使用流方式将白板内容同步至远端，具体的思路如下。

1）添加 canvas 标签。

2）实现白板绘制功能。

3）使用 captureStream 捕获本地视频流 localStream。

4）创建本地及远端 RTCPeerConnection 对象。

5）将流 localStream 添加至 PC-A。

6）将 PC-A 与 PC-B 之间的连接建立起来。

7）PC-B 获取到远端视频流。

8）播放获取到的远端视频流，实现同步 Canvas 功能。

接下来通过一个示例阐述电子白板同步的实现过程。具体步骤如下。

步骤 1 打开 h5-samples 工程下的 src 目录，添加 PeerConnectionCanvas.jsx 文件。然后在 styles/css 目录下添加 pc-canvas.scss 样式文件。

步骤 2 添加 canvas 标签，然后添加捕获媒体流代码，指定帧率 fps，这样即可获取本地的白板媒体流，接着实现画笔功能。这一步的实现方法可以参考 6.6 节。

步骤 3 当捕获到本地白板媒体流 localStream 后，就可以参考 8.3 节建立起对等连接。

步骤 4 将以上几步串起来，然后在 src 目录下的 App.jsx 及 Samples.jsx 里加上链接及路由绑定。完整的代码如下所示。

```
import React from "react";
import { Button } from "antd";
import '../styles/css/pc-canvas.scss';

//画布对象
let canvas;
//画布2d内容
let context;
//远端视频
let remoteVideo;
//本地流
let localStream;
//PeerA连接对象
let peerConnA;
//PeerB连接对象
let peerConnB;
/**
 * Canvas发送至远端示例
 */
class PeerConnectionCanvas extends React.Component {

    componentDidMount() {
        //初始化远端视频对象
        remoteVideo = this.refs['remoteVideo'];
        //初始化Canvas对象
        canvas = this.refs['canvas'];
        this.startCaptureCanvas();
    }

    //开始捕获Canvas
    startCaptureCanvas = async (e) => {
        localStream = canvas.captureStream(10);
        this.drawLine();
    }

    //画线
    drawLine = () => {
        //获取Canvas的2d内容
        context = canvas.getContext("2d");
```

```javascript
        //填充颜色
        context.fillStyle = '#CCC';
        //绘制Canvas背景
        context.fillRect(0, 0, 320, 240);

        context.lineWidth = 1;
        //画笔颜色
        context.strokeStyle = "#FF0000";

        //监听画板鼠标按下事件，开始绘画
        canvas.addEventListener("mousedown", this.startAction);
        //监听画板鼠标抬起事件，结束绘画
        canvas.addEventListener("mouseup", this.endAction);
    }

    //鼠标按下事件
    startAction = (event) => {
        //开始新的路径
        context.beginPath();
        //将画笔移动到指定坐标，类似起点
        context.moveTo(event.offsetX, event.offsetY);
        //开始绘制
        context.stroke();
        //监听鼠标移动事件
        canvas.addEventListener("mousemove", this.moveAction);
    }

    //鼠标移动事件
    moveAction = (event) => {
        //将画笔移动到结束坐标，类似终点
        context.lineTo(event.offsetX, event.offsetY);
        //开始绘制
        context.stroke();
    }

    //鼠标抬起事件
    endAction = () => {
        //移除鼠标移动事件
        canvas.removeEventListener("mousemove", this.moveAction);
    }

    //呼叫
    call = async () => {
        console.log('开始呼叫...');
        //视频轨道
        const videoTracks = localStream.getVideoTracks();
        //音频轨道
        const audioTracks = localStream.getAudioTracks();
        //判断视频轨道是否有值
        if (videoTracks.length > 0) {
            //输出摄像头的名称
            console.log(`使用的视频设备为：${videoTracks[0].label}`);
        }
```

```
    //判断音频轨道是否有值
    if (audioTracks.length > 0) {
        //输出麦克风的名称
        console.log(`使用的音频设备为：${audioTracks[0].label}`);
    }

    //设置ICE Server，使用Google服务器
    let configuration = { "iceServers": [{ "url": "stun:stun.l.google.com:19302" }] };

    //创建RTCPeerConnection对象
    peerConnA = new RTCPeerConnection(configuration);
    console.log('创建本地PeerConnection成功:peerConnA');
    //监听返回的Candidate信息
    peerConnA.addEventListener('icecandidate', this.onIceCandidateA);

    //创建RTCPeerConnection对象
    peerConnB = new RTCPeerConnection(configuration);
    console.log('创建本地PeerConnection成功:peerConnB');
    //监听返回的Candidate信息
    peerConnB.addEventListener('icecandidate', this.onIceCandidateB);

    //监听ICE状态变化
    peerConnA.addEventListener('iceconnectionstatechange', this.onIceStateChangeA);
    //监听ICE状态变化
    peerConnB.addEventListener('iceconnectionstatechange', this.onIceStateChangeB);

    //监听track事件，可以获取到远端视频流
    peerConnB.addEventListener('track', this.gotRemoteStream);

    //peerConnA.addStream(localStream);
    //循环迭代本地流的所有轨道
    localStream.getTracks().forEach((track) => {
        //把音视频轨道添加到连接中
        peerConnA.addTrack(track, localStream);
    });
    console.log('将本地流添加到peerConnA里');

    try {
        console.log('peerConnA创建提议Offer开始');
        //创建提议Offer
        const offer = await peerConnA.createOffer();
        //创建Offer成功
        await this.onCreateOfferSuccess(offer);
    } catch (e) {
        //创建Offer失败
        this.onCreateSessionDescriptionError(e);
    }
}

//创建会话描述错误
onCreateSessionDescriptionError = (error) => {
    console.log(`创建会话描述SD错误：${error.toString()}`);
}
```

```
//创建提议Offer成功
onCreateOfferSuccess = async (desc) => {
    //peerConnA创建Offer返回的SDP信息
    console.log(`peerConnA创建Offer返回的SDP信息\n${desc.sdp}`);
    console.log('设置peerConnA的本地描述start');
    try {
        //设置peerConnA的本地描述
        await peerConnA.setLocalDescription(desc);
        this.onSetLocalSuccess(peerConnA);
    } catch (e) {
        this.onSetSessionDescriptionError();
    }

    console.log('peerConnB开始设置远端描述');
    try {
        //设置peerConnB的远端描述
        await peerConnB.setRemoteDescription(desc);
        this.onSetRemoteSuccess(peerConnB);
    } catch (e) {
        //创建会话描述错误
        this.onSetSessionDescriptionError();
    }

    console.log('peerConnB开始创建应答Answer');
    try {
        //创建应答Answer
        const answer = await peerConnB.createAnswer();
        //创建应答成功
        await this.onCreateAnswerSuccess(answer);
    } catch (e) {
        //创建会话描述错误
        this.onCreateSessionDescriptionError(e);
    }
}

//设置本地描述完成
onSetLocalSuccess = (pc) => {
    console.log(`${this.getName(pc)}设置本地描述完成:setLocalDescription`);
}

//设置远端描述完成
onSetRemoteSuccess = (pc) => {
    console.log(`${this.getName(pc)}设置远端描述完成:setRemoteDescription`);
}

//设置描述SD错误
onSetSessionDescriptionError = (error) => {
    console.log(`设置描述SD错误: ${error.toString()}`);
}

getName = (pc) => {
    return (pc === peerConnA) ? 'peerConnA' : 'peerConnB';
```

```
    }

    //获取到远端视频流
    gotRemoteStream = (e) => {
        if (remoteVideo.srcObject !== e.streams[0]) {
            //取集合第一个元素
            remoteVideo.srcObject = e.streams[0];
            console.log('peerConnB开始接收远端流');
        }
    }

    //创建应答成功
    onCreateAnswerSuccess = async (desc) => {
        //输出SDP信息
        console.log(`peerConnB的应答Answer数据:\n${desc.sdp}`);
        console.log('peerConnB设置本地描述开始:setLocalDescription');
        try {
            //设置peerConnB的本地描述信息
            await peerConnB.setLocalDescription(desc);
            this.onSetLocalSuccess(peerConnB);
        } catch (e) {
            this.onSetSessionDescriptionError(e);
        }
        console.log('peerConnA设置远端描述开始:setRemoteDescription');
        try {
            //设置peerConnA的远端描述，即peerConnB的应答信息
            await peerConnA.setRemoteDescription(desc);
            this.onSetRemoteSuccess(peerConnA);
        } catch (e) {
            this.onSetSessionDescriptionError(e);
        }
    }

    //Candidate事件回调方法
    onIceCandidateA = async (event) => {
        try {
            if (event.candidate) {
                //将peerConnA的Candidate添加至peerConnB
                await peerConnB.addIceCandidate(event.candidate);
                this.onAddIceCandidateSuccess(peerConnB);
            }
        } catch (e) {
            this.onAddIceCandidateError(peerConnB, e);
        }
        console.log(`IceCandidate数据:\n${event.candidate ? event.candidate.candidate :
'(null)'}`);
    }

    //Candidate事件回调方法
    onIceCandidateB = async (event) => {
        try {
            if (event.candidate) {
                //将peerConnB的Candidate添加至peerConnA里
```

```
                        await peerConnA.addIceCandidate(event.candidate);
                        this.onAddIceCandidateSuccess(peerConnA);
                    }
            } catch (e) {
                this.onAddIceCandidateError(peerConnA, e);
            }
            console.log(`IceCandidate数据:\n${event.candidate ? event.candidate.
candidate : '(null)'}`);
        }

    //添加Candidate成功
    onAddIceCandidateSuccess = (pc) => {
        console.log(`${this.getName(pc)}添加IceCandidate成功`);
    }

    //添加Candidate失败
    onAddIceCandidateError = (pc, error) => {
        console.log(`${this.getName(pc)}添加IceCandidate失败: ${error.toString()}`);
    }

    //监听ICE状态变化事件回调方法
    onIceStateChangeA = (event) => {
        console.log(`peerConnA连接的ICE状态: ${peerConnA.iceConnectionState}`);
        console.log('ICE状态改变事件: ', event);
    }

    //监听ICE状态变化事件回调方法
    onIceStateChangeB = (event) => {
        console.log(`peerConnB连接的ICE状态: ${peerConnB.iceConnectionState}`);
        console.log('ICE状态改变事件: ', event);
    }

    //断开连接
    hangup = () => {
        console.log('结束会话');
        //关闭peerConnA
        peerConnA.close();
        //关闭peerConnB
        peerConnB.close();
        //将peerConnA设置为空
        peerConnA = null;
        //将peerConnB设置为空
        peerConnB = null;
    }

    render() {
        return (
            <div className="container">
                <h1>
                    <span>Canvas发送至远端示例</span>
                </h1>
                {/* 画布Canvas容器 */}
                <div className="small-canvas">
```

```
                {/* Canvas不设置样式 */}
                <canvas ref='canvas'></canvas>
            </div>
            {/* 远端视频 */}
            <video className="small-video" ref='remoteVideo' playsInline
autoPlay></video>
            <div>
                <Button ref="callButton" onClick={this.call} style={{
marginRight: "10px" }}>呼叫</Button>
                <Button ref="hangupButton" onClick={this.hangup} style={{
marginRight: "10px" }}>挂断</Button>
            </div>
        </div>
    );
    }
}
//导出组件
export default PeerConnectionCanvas;
```

运行示例后，点击"呼叫"按钮，本地及远端连接建立，你可以在本地白板上任意涂鸦，然后可以看到远端视频里会播放你所画的内容，如图 8-3 所示。

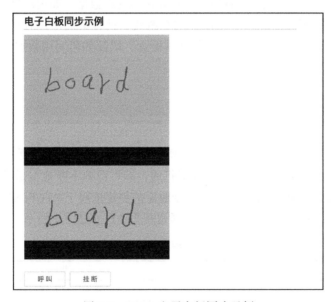

图 8-3　Video 电子白板同步示例

提示　通过流的方式实现电子白板同步，只需要把本地白板功能如画笔、画圆、橡皮擦等实现好即可。录制时可以选择本地或服务器录制视频流。

数据通道

WebRTC 除了可以收发视频和音频，还可以传输其他数据，如短消息（Short Message）、二进制数据和文本数据。数据通道可以应用在游戏、远程桌面应用程序、实时文本聊天、文件传输等场景。本章将解释数据通道的基本概念，以及如何利用数据通道发送文本消息和文件。

9.1　概述

WebRTC 的数据通道好比高速公路，文本数据、文件数据、图片数据以及其他二进制数据好比高速公路上的货物。一旦这个通道打通，即可源源不断地发送数据。如我们要实现 IM 里的文件发送，即可使用此功能。数据通道的创建依赖于 RTCPeerConnection 连接建立，关于连接建立，参考第 8 章即可。数据通道相关 API 如表 9-1 所示。

表 9-1　数据通道相关 API

方法名	参数	说明
PC.createDataChannel	label 通道名称	此方法可以创建一个发送任意数据的数据通道。传递一个便于理解的通道名称即可
RTCDataChannel	无参数	接口代表在两者之间建立了一个双向数据通道的连接
RTCDataChannel.send	data 参数	数据通道发送数据方法。数据参数可为 USVString、Blob、ArrayBuffer 等数据对象
RTCDataChannel.close	无参数	关闭数据通道方法

接下来将详细阐述数据通道的概念、发送文本以及发送文件的具体实现过程。

9.2 数据通道的概念

作为 WebRTC 的三大模块之一，数据通道（DataChannel）支持短消息、二进制数据和文本数据的传输，因此，对于通常以传输音视频为主的 WebRTC 来说，当需要传输音视频以外的数据时就有很大用处了。

数据通道看起来和 WebSocket 实现的功能很相似。的确，DataChannel 模型最初是基于 WebSocket 建立的，具有简单可设置的 send 方法和 onMessage 方法。但是它们之间的区别是很明显的，如下所示。

❑ RTCDataChannel 通信是在 Peer 与 Peer 之间直接连接，所以 RTCDataChannel 比 WebSocket 更快，因为 WebSocket 需要服务器中转；但是相应的，WebRTC 依靠 ICE Servers 来穿透 NAT，有的场景下可能会多一层 TURN 服务器的转发。

❑ WebSocket 协议是基于 TCP 传输的，它能够保证数据安全有序地到达；RTCDataChannel 是基于 SCTP（SCTP 是一种与 TCP、UDP 同级的传输协议）传输的，默认情况下能可靠：有序地传输。但是它也可以配置是否进行可靠的传输，这就意味着有可能通过丢失数据来达到性能的要求，这使得 RTCDataChannel 更为灵活。这里要说一下，为什么会有配置不可靠传输的需求呢？因为实时通信对时间是非常敏感的，以音视频为例，它可以容忍间接性的数据包丢失，可以通过算法来填补这个丢失的数据，因此 WebRTC 对及时性和低延时的要求要比对数据传输的可靠性要求更高。

❑ 构造 WebSocket 需要一个 url，与服务器建立连接，创建一个唯一的 SocketSessionId。DataChannel 的连接依赖于一个 RTCPeerConnection 对象，当 RTCPeerConnection 建立起来后，可以包含一个或多个 RTCDataChannel。

9.3 发送文本消息

数据通道最基本的应用场景是发送文本消息。使用 RTCPeerConnection 的 createData-Channel() 方法创建一个可以发送任意数据的数据通道，创建时需要传递一个字符串作为通道 Id。

当发送端与接收端连接建立后，发送端可以通过 send 方法发送消息。接收端连接通过监听 ondatachannel 事件，可以获取远端数据通道。此时远端数据通道监听 onmessage 事件，可以接收文本消息了。

接下来通过一个示例来阐述发送文本消息的实现过程以及数据通道的使用方法。具体步骤如下。

步骤 1　打开 h5-samples 工程下的 src 目录，添加 DataChannel.jsx 文件。然后在 styles/css 目录下添加 datachannel.scss 样式文件。

步骤 2 创建本地 / 远端连接，发送 / 接收数据通道，如下所示。

❑ 本地连接对象：localConnection

❑ 远端连接对象：remoteConnection

❑ 发送通道：sendChannel

❑ 接收通道：receiveChannel

步骤 3 建立本地及远端对等连接，这一步的处理流程请参考 8.2 节，具体处理请参考 8.3 节。

步骤 4 实例化本地发送数据通道，并指定通道 Id。然后添加 onopen 及 onclose 事件监听。大致处理代码如下所示。

```
sendChannel = localConnection.createDataChannel('webrtc-datachannel');

sendChannel.onopen = {...};
...
sendChannel.onclose = {...};
```

这里的通道 Id 为 webrtc-datachannel。

步骤 5 在远端连接里添加 ondatachannel 事件，此事件会返回一个事件 Handler，类型为 RTCDataChannelEvent，其中 event.channel 对象即为接收端数据通道。然后接收端数据通道 receiveChannel 再添加 onmessage 事件，用于接收发送端发过来的文本消息。这一系列的监听及回调方法大致如下面的代码所示。

```
remoteConnection.ondatachannel = (event){

    receiveChannel = event.channel;

    //接收消息事件监听
    receiveChannel.onmessage = (event){
        //消息event.data
    };

    receiveChannel.onopen = {...};

    receiveChannel.onclose = {...};

};
```

步骤 6 在界面渲染部分添加两个文本框，一个用于输入发送的内容，一个用于接收文本消息。通过调用 DataChannel 的 send 方法将数据发送出来。如下面的代码所示。

```
sendChannel.send(data);
```

步骤 7 将以上几步串起来，然后在 src 目录下的 App.jsx 及 Samples.jsx 里加上链接及路由绑定。完整的代码如下所示。

```
import React from "react";
```

```
import { Button } from "antd";
import '../styles/css/datachannel.scss';

//本地连接对象
let localConnection;
//远端连接对象
let remoteConnection;
//发送通道
let sendChannel;
//接收通道
let receiveChannel;
/**
 * 数据通道示例
 */
class DataChannel extends React.Component {

    //呼叫
    call = async () => {
        console.log('开始呼叫...');

        //设置ICE Server，使用Google服务器
        let configuration = { "iceServers": [{ "url": "stun:stun.l.google.com:19302" }] };

        //创建RTCPeerConnection对象
        localConnection = new RTCPeerConnection(configuration);
        console.log('创建本地PeerConnection成功:localConnection');
        //监听返回的Candidate信息
        localConnection.addEventListener('icecandidate', this.onLocalIceCandidate);

        //实例化发送通道
        sendChannel = localConnection.createDataChannel('webrtc-datachannel');
        //onopen事件监听
        sendChannel.onopen = this.onSendChannelStateChange;
        //onclose事件监听
        sendChannel.onclose = this.onSendChannelStateChange;

        //创建RTCPeerConnection对象
        remoteConnection = new RTCPeerConnection(configuration);
        console.log('创建本地PeerConnection成功:remoteConnection');
        //监听返回的Candidate信息
        remoteConnection.addEventListener('icecandidate', this.onRemoteIceCandidate);

        //远端连接数据到达事件监听
        remoteConnection.ondatachannel = this.receiveChannelCallback;

        //监听ICE状态变化
        localConnection.addEventListener('iceconnectionstatechange', this.
onLocalIceStateChange);
        //监听ICE状态变化
        remoteConnection.addEventListener('iceconnectionstatechange', this.
onRemoteIceStateChange);

        try {
```

```
            console.log('localConnection创建提议Offer开始');
            //创建提议Offer
            const offer = await localConnection.createOffer();
            //创建Offer成功
            await this.onCreateOfferSuccess(offer);
        } catch (e) {
            //创建Offer失败
            this.onCreateSessionDescriptionError(e);
        }
    }

//创建会话描述错误
onCreateSessionDescriptionError = (error) => {
    console.log(`创建会话描述SD错误: ${error.toString()}`);
}

//创建提议Offer成功
onCreateOfferSuccess = async (desc) => {
    //localConnection创建Offer返回的SDP信息
    console.log(`localConnection创建Offer返回的SDP信息\n${desc.sdp}`);
    console.log('设置localConnection的本地描述start');
    try {
        //设置localConnection的本地描述
        await localConnection.setLocalDescription(desc);
        this.onSetLocalSuccess(localConnection);
    } catch (e) {
        this.onSetSessionDescriptionError();
    }

    console.log('remoteConnection开始设置远端描述');
    try {
        //设置remoteConnection的远端描述
        await remoteConnection.setRemoteDescription(desc);
        this.onSetRemoteSuccess(remoteConnection);
    } catch (e) {
        //创建会话描述错误
        this.onSetSessionDescriptionError();
    }

    console.log('remoteConnection开始创建应答Answer');
    try {
        //创建应答Answer
        const answer = await remoteConnection.createAnswer();
        //创建应答成功
        await this.onCreateAnswerSuccess(answer);
    } catch (e) {
        //创建会话描述错误
        this.onCreateSessionDescriptionError(e);
    }
}

//设置本地描述完成
onSetLocalSuccess = (pc) => {
```

```
        console.log(`${this.getName(pc)}设置本地描述完成：setLocalDescription`);
    }

    //设置远端描述完成
    onSetRemoteSuccess = (pc) => {
        console.log(`${this.getName(pc)}设置远端描述完成：setRemoteDescription`);
    }

    //设置描述SD错误
    onSetSessionDescriptionError = (error) => {
        console.log(`设置描述SD错误：${error.toString()}`);
    }

    getName = (pc) => {
        return (pc === localConnection) ? 'localConnection' : 'remoteConnection';
    }

    //创建应答成功
    onCreateAnswerSuccess = async (desc) => {
        //输出SDP信息
        console.log(`remoteConnection的应答Answer数据：\n${desc.sdp}`);
        console.log('remoteConnection设置本地描述开始:setLocalDescription');
        try {
            //设置remoteConnection的本地描述信息
            await remoteConnection.setLocalDescription(desc);
            this.onSetLocalSuccess(remoteConnection);
        } catch (e) {
            this.onSetSessionDescriptionError(e);
        }
        console.log('localConnection设置远端描述开始:setRemoteDescription');
        try {
            //设置localConnection的远端描述，即remoteConnection的应答信息
            await localConnection.setRemoteDescription(desc);
            this.onSetRemoteSuccess(localConnection);
        } catch (e) {
            this.onSetSessionDescriptionError(e);
        }
    }

    //Candidate事件回调方法
    onLocalIceCandidate = async (event) => {
        try {
            if (event.candidate) {
                //将localConnection的Candidate添加至remoteConnection
                await remoteConnection.addIceCandidate(event.candidate);
                this.onAddIceCandidateSuccess(remoteConnection);
            }
        } catch (e) {
            this.onAddIceCandidateError(remoteConnection, e);
        }
        console.log(`IceCandidate数据:\n${event.candidate ? event.candidate.
candidate : '(null)'}`);
    }
```

```
//Candidate事件回调方法
onRemoteIceCandidate = async (event) => {
    try {
        if (event.candidate) {
            //将remoteConnection的Candidate添加至localConnection
            await localConnection.addIceCandidate(event.candidate);
            this.onAddIceCandidateSuccess(localConnection);
        }
    } catch (e) {
        this.onAddIceCandidateError(localConnection, e);
    }
    console.log(`IceCandidate数据:\n${event.candidate ? event.candidate.
candidate : '(null)'}`);
}

//添加Candidate成功
onAddIceCandidateSuccess = (pc) => {
    console.log(`${this.getName(pc)}添加IceCandidate成功`);
}

//添加Candidate失败
onAddIceCandidateError = (pc, error) => {
    console.log(`${this.getName(pc)}添加IceCandidate失败: ${error.toString()}`);
}

//监听ICE状态变化事件回调方法
onLocalIceStateChange = (event) => {
    console.log(`localConnection连接的ICE状态: ${localConnection.iceConnectionState}`);
    console.log('ICE状态改变事件: ', event);
}

//监听ICE状态变化事件回调方法
onRemoteIceStateChange = (event) => {
    console.log(`remoteConnection连接的ICE状态: ${remoteConnection.iceConnectionState}`);
    console.log('ICE状态改变事件: ', event);
}

//断开连接
hangup = () => {
    console.log('结束会话');
    //关闭localConnection
    localConnection.close();
    //关闭remoteConnection
    remoteConnection.close();
    //将localConnection设置为空
    localConnection = null;
    //将remoteConnection设置为空
    remoteConnection = null;
}

sendData = () => {
    let dataChannelSend = this.refs['dataChannelSend'];
```

```
        const data = dataChannelSend.value;
        sendChannel.send(data);
        console.log('发送的数据:' + data);
}

//接收通道数据到达回调方法
receiveChannelCallback = (event) => {
        console.log('Receive Channel Callback');
        //实例化接收通道
        receiveChannel = event.channel;
        //接收消息事件监听
        receiveChannel.onmessage = this.onReceiveMessageCallback;
        //onopen事件监听
        receiveChannel.onopen = this.onReceiveChannelStateChange;
        //onclose事件监听
        receiveChannel.onclose = this.onReceiveChannelStateChange;
}

//接收消息处理
onReceiveMessageCallback = (event) => {
        console.log('接收的数据:' + event.data);
        let dataChannelReceive = this.refs['dataChannelReceive'];
        dataChannelReceive.value = event.data;
}

//发送通道状态变化
onSendChannelStateChange = () => {
        const readyState = sendChannel.readyState;
        console.log('发送通道状态: ' + readyState);
}

//接收通道状态变化
onReceiveChannelStateChange = () => {
        const readyState = receiveChannel.readyState;
        console.log('接收通道状态:' + readyState);
}

render() {
        return (
            <div className="container">
                <div>
                    <div>
                        <h2>发送</h2>
                        <textarea ref="dataChannelSend" disabled={false}
                            placeholder="请输入要发送的文本..." />
                    </div>
                    <div>
                        <h2>接收</h2>
                        <textarea ref="dataChannelReceive" disabled={false} />
                    </div>
                </div>
                <div>
                    <Button onClick={this.call} style={{ marginRight: "10px" }}>呼叫</Button>
```

```
                              <Button onClick={this.sendData} style={{ marginRight: "10px" }}>
发送</Button>
                              <Button onClick={this.hangup} style={{ marginRight: "10px" }}>
挂断</Button>
                    </div>
                </div>
        );
    }
}
//导出组件
export default DataChannel;
```

运行示例后，点击"呼叫"按钮将本地及远端连接建立起来，此时在发送文本框里输入一些文本，再点击"发送"按钮，接收文本框会收到刚刚输入的文本，如图 9-1 所示。

图 9-1　发送文本消息示例

> 注意　测试此示例时，一定先点击"呼叫"按钮建立起对等连接，然后才能发送消息。数据通道能够收发数据的前提是对等连接已经建立。

9.4　发送文件

数据通道不仅可以发送文本消息，还可以发送图片、文档等二进制文件，将其binaryType 属性设置成 arraybuffer 类型即可。

首先了解一下处理的流程，具体过程如下所示。

1）使用表单 file 打开本地文件。

2）使用 FileReader 读取文件的二进制数据。

3）创建对等连接、本地连接及远端连接。

4）创建发送数据通道。

5）创建接收数据通道。

6）将读取的二进制数据切割成一个个切片，然后使用数据通道的 send 方法发送数据。

7）使用接收数据通道接收二进制数据，将其放入数据缓存。

8）根据数据缓存生成 Blob 文件。

9）生成文件连接并提供下载。

读取流程中的文件二进制数据时使用的是 FileReader 对象。另外，还需要对数据进行切片处理，这样可以按照指定的大小一段一段地读取数据。在接收方法中使用数据缓存将接收到的数据再存起来，最后生成 Blob 下载文件。使用流程图可以更加直观地展示上面描述的过程，如图 9-2 所示。

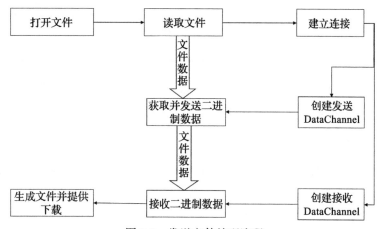

图 9-2　发送文件处理流程

9.4.1　FileReader

FileReader 对象允许 Web 应用程序异步读取存储在用户计算机上的文件（或原始数据缓冲区）的内容，使用 File 或 Blob 对象指定要读取的文件或数据。FileReader 对象需要添加几个常用的事件，如 onabort、onerror、onload。事件的名称及描述如表 9-2 所示。

表 9-2　File Reader 事件

事件名称	描述
onabort	当读取操作被中止时调用
onerror	当读取操作发生错误时调用
onload	当读取操作成功完成时调用
onloadend	当读取操作完成时调用，不管是成功还是失败
onloadstart	当读取操作将要开始之前调用
onprogress	在读取数据过程中周期性调用

当监听到 load 事件后，即可通过事件的结果属性拿到数据，然后使用发送通道的 send 方法将数据发送出去，如下面的代码所示。

```
sendChannel.send(e.target.result);
```

9.4.2 读取数据

读取二进制数据可以使用 FileReader 的 readAsArrayBuffer 方法,它可以按字节读取文件内容,结果为 ArrayBuffer 对象。FileReader 还有其他处理方法,如表 9-3 所示。

表 9-3 File Reader 方法

方法定义	描述
abort	终止文件读取操作
readAsArrayBuffer	异步按字节读取文件内容,结果用 ArrayBuffer 对象表示
readAsBinaryString	异步按字节读取文件内容,结果为文件的二进制串
readAsDataURL	异步读取文件内容,结果用 data:url 的字符串形式表示
readAsText	异步按字符读取文件内容,结果用字符串形式表示

读取数据时需要将数据分成一段一段的,然后发送出去,取的时候再按顺序放入数据缓存里即可。数据流的走向如图 9-3 所示。

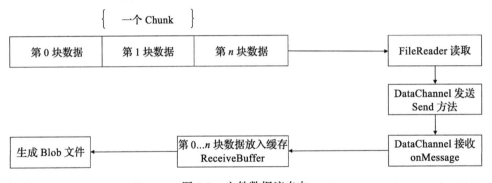

图 9-3 文件数据流走向

图 9-3 中,数据块叫作 Chunk,为固定大小即可 ,DataChannel 每次发送的数据即为这个 Chunk。使用 File 对象的 slice 方法可以按顺序切割出数据块。如下面的代码所示。

```
let slice = file.slice(offset, offset + chunkSize);
```

其中 offset 为偏移量,表示 fileReader 每次读取数据所处的位置,chunkSize 表示块的大小,所以 offset 至 offset+ chunkSize 之间的数据表示当前要读取的数据块。假设 chunkSize 的大小为 16 348,那么整个文件的数据块如图 9-4 所示。

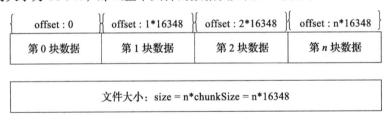

图 9-4 文件数据块

9.4.3 发送文件示例

理解了发送文件流程后，可以实现一个类似 IM 里传送文件的示例。具体步骤如下所示。

步骤 1 打开 h5-samples 工程下的 src 目录，添加 DataChannelFile.jsx 文件。首先在界面部分添加几个标签，作用如下所示。

❑ input：类型为 file，用于选择并读取文件。

❑ progress：创建两个，分别用于发送及接收文件进度展示。

步骤 2 创建本地 / 远端连接，发送 / 接收数据通道，如下所示。

❑ 本地连接对象：localConnection。

❑ 远端连接对象：remoteConnection。

❑ 发送通道：sendChannel。

❑ 接收通道：receiveChannel。

其中，发送通道及接收通道的数据类型设置为 arraybuffer，如下面的代码所示。

```
channel.binaryType = 'arraybuffer';
```

通道的创建及通道事件监听参考 9.3 节即可。

步骤 3 建立本地及远端对等连接，这一步的处理流程请参考 8.2 节，具体处理请参考 8.3 节。

步骤 4 当发送通道准备好后，实例化 FileReader 对象，并添加如下几个事件。

❑ error：读取文件错误。

❑ aboart：读取文件取消。

❑ load：文件加载完成。

error 及 aboart 事件直接打印输出即可，不需要特殊处理。load 事件表示数据已经准备好，可以进行切割发送了，具体算法大致如下所示。

```
//监听load事件
fileReader.addEventListener('load', (e) => {
    ...
    //发送文件数据
    sendChannel.send(e.target.result);
    //偏移量
    offset += e.target.result.byteLength;
    ...
    //判断偏移量是否小于文件大小
    if (offset < file.size) {
        //继续读取
        readSlice(offset);
    }
});

//读取切片大小
let readSlice = (o) => {
```

```
    ...
    //开始切片
    let slice = file.slice(offset, o + chunkSize);
    //读取二进制数据
    fileReader.readAsArrayBuffer(slice);
};
```

步骤 5 数据发送处理好后，接下来处理数据接收。将收到的第一个数据块放入 receiveBuffer 缓存里即可。处理逻辑大致如下面的代码所示。

```
//接收消息处理
onReceiveMessageCallback = (event) => {
    //将接收到的数据添加到接收缓存里
    receiveBuffer.push(event.data);
    //设置当前接收文件的大小
    receivedSize += event.data.byteLength;
    ...
    const file = fileInput.files[0];
    //判断当前接收的文件大小是否等于文件的大小
    if (receivedSize === file.size) {
        //根据缓存数据生成Blob文件
        const received = new Blob(receiveBuffer);
        //将缓存数据设置为空
        receiveBuffer = [];
        ...
        //创建下载文件对象及链接
        ...
    }
}
```

步骤 6 将以上几步串起来，然后在 src 目录下的 App.jsx 及 Samples.jsx 里加上链接及路由绑定具体操作可参考第 3 章。完整的代码如下所示。

```
import React from "react";
import { Button } from "antd";

//本地连接对象
let localConnection;
//远端连接对象
let remoteConnection;
//发送通道
let sendChannel;
//接收通道
let receiveChannel;
//文件读取
let fileReader;
//接收数据缓存
let receiveBuffer = [];
//接收到的数据大小
let receivedSize = 0;
//文件选择
let fileInput;
```

```
//发送进度条
let sendProgress;
//接收进度条
let receiveProgress;

/**
 * 数据通道发送文件示例
 */
class DataChannelFile extends React.Component {

    componentDidMount() {

        sendProgress = this.refs['sendProgress'];
        receiveProgress = this.refs['receiveProgress'];

        fileInput = this.refs['fileInput'];
        //监听change事件，判断文件是否选择
        fileInput.addEventListener('change', async () => {
            const file = fileInput.files[0];
            if (!file) {
                console.log('没有选择文件');
            } else {
                console.log('选择的文件是:' + file.name);
            }
        });
    }

    //建立对等连接并发送文件
    startSendFile = async () => {

        //创建RTCPeerConnection对象
        localConnection = new RTCPeerConnection();
        console.log('创建本地PeerConnection成功:localConnection');
        //监听返回的Candidate信息
        localConnection.addEventListener('icecandidate', this.onLocalIceCandidate);

        //实例化发送通道
        sendChannel = localConnection.createDataChannel('webrtc-datachannel');
        //数据类型为二进制
        sendChannel.binaryType = 'arraybuffer';

        //onopen事件监听
        sendChannel.addEventListener('open', this.onSendChannelStateChange);
        //onclose事件监听
        sendChannel.addEventListener('close', this.onSendChannelStateChange);

        //创建RTCPeerConnection对象
        remoteConnection = new RTCPeerConnection();
        console.log('创建本地PeerConnection成功:remoteConnection');
        //监听返回的Candidate信息
        remoteConnection.addEventListener('icecandidate', this.onRemoteIceCandidate);

        //远端连接数据到达事件监听
```

```
        remoteConnection.addEventListener('datachannel', this.receiveChannelCallback);

        //监听ICE状态变化
        localConnection.addEventListener('iceconnectionstatechange', this.
onLocalIceStateChange);
        //监听ICE状态变化
        remoteConnection.addEventListener('iceconnectionstatechange', this.
onRemoteIceStateChange);

        try {
            console.log('localConnection创建提议Offer开始');
            //创建提议Offer
            const offer = await localConnection.createOffer();
            //创建Offer成功
            await this.onCreateOfferSuccess(offer);
        } catch (e) {
            //创建Offer失败
            this.onCreateSessionDescriptionError(e);
        }
    }

    //创建会话描述错误
    onCreateSessionDescriptionError = (error) => {
        console.log(`创建会话描述SD错误：${error.toString()}`);
    }

    //创建提议Offer成功
    onCreateOfferSuccess = async (desc) => {
        //localConnection创建Offer返回的SDP信息
        console.log(`localConnection创建Offer返回的SDP信息\n${desc.sdp}`);
        console.log('设置localConnection的本地描述start');
        try {
            //设置localConnection的本地描述
            await localConnection.setLocalDescription(desc);
            this.onSetLocalSuccess(localConnection);
        } catch (e) {
            this.onSetSessionDescriptionError();
        }

        console.log('remoteConnection开始设置远端描述');
        try {
            //设置remoteConnection的远端描述
            await remoteConnection.setRemoteDescription(desc);
            this.onSetRemoteSuccess(remoteConnection);
        } catch (e) {
            //创建会话描述错误
            this.onSetSessionDescriptionError();
        }

        console.log('remoteConnection开始创建应答Answer');
        try {
            //创建应答Answer
            const answer = await remoteConnection.createAnswer();
```

```
        //创建应答成功
        await this.onCreateAnswerSuccess(answer);
    } catch (e) {
        //创建会话描述错误
        this.onCreateSessionDescriptionError(e);
    }
}

//设置本地描述完成
onSetLocalSuccess = (pc) => {
    console.log(`${this.getName(pc)}设置本地描述完成: setLocalDescription`);
}

//设置远端描述完成
onSetRemoteSuccess = (pc) => {
    console.log(`${this.getName(pc)}设置远端描述完成: setRemoteDescription`);
}

//设置描述SD错误
onSetSessionDescriptionError = (error) => {
    console.log(`设置描述SD错误: ${error.toString()}`);
}

getName = (pc) => {
    return (pc === localConnection) ? 'localConnection' : 'remoteConnection';
}

//创建应答成功
onCreateAnswerSuccess = async (desc) => {
    //输出SDP信息
    console.log(`remoteConnection的应答Answer数据: \n${desc.sdp}`);
    console.log('remoteConnection设置本地描述开始: setLocalDescription');
    try {
        //设置remoteConnection的本地描述信息
        await remoteConnection.setLocalDescription(desc);
        this.onSetLocalSuccess(remoteConnection);
    } catch (e) {
        this.onSetSessionDescriptionError(e);
    }
    console.log('localConnection设置远端描述开始: setRemoteDescription');
    try {
        //设置localConnection的远端描述，即remoteConnection的应答信息
        await localConnection.setRemoteDescription(desc);
        this.onSetRemoteSuccess(localConnection);
    } catch (e) {
        this.onSetSessionDescriptionError(e);
    }
}

//Candidate事件回调方法
onLocalIceCandidate = async (event) => {
    try {
        if (event.candidate) {
```

```
                    //将localConnection的Candidate添加至remoteConnection
                    await remoteConnection.addIceCandidate(event.candidate);
                    this.onAddIceCandidateSuccess(remoteConnection);
                }
        } catch (e) {
            this.onAddIceCandidateError(remoteConnection, e);
        }
        console.log(`IceCandidate数据:\n${event.candidate ? event.candidate.candidate :
'(null)'}`);
    }

    //Candidate事件回调方法
    onRemoteIceCandidate = async (event) => {
        try {
            if (event.candidate) {
                //将remoteConnection的Candidate添加至localConnection
                await localConnection.addIceCandidate(event.candidate);
                this.onAddIceCandidateSuccess(localConnection);
            }
        } catch (e) {
            this.onAddIceCandidateError(localConnection, e);
        }
        console.log(`IceCandidate数据:\n${event.candidate ? event.candidate.candidate :
'(null)'}`);
    }

    //添加Candidate成功
    onAddIceCandidateSuccess = (pc) => {
        console.log(`${this.getName(pc)}添加IceCandidate成功`);
    }

    //添加Candidate失败
    onAddIceCandidateError = (pc, error) => {
        console.log(`${this.getName(pc)}添加IceCandidate失败: ${error.toString()}`);
    }

    //监听ICE状态变化事件回调方法
    onLocalIceStateChange = (event) => {
        console.log(`localConnection连接的ICE状态: ${localConnection.
iceConnectionState}`);
        console.log('ICE状态改变事件: ', event);
    }

    //监听ICE状态变化事件回调方法
    onRemoteIceStateChange = (event) => {
        console.log(`remoteConnection连接的ICE状态: ${remoteConnection.
iceConnectionState}`);
        console.log('ICE状态改变事件: ', event);
    }

    //关闭数据通道
    closeChannel = () => {
        console.log('关闭数据通道');
```

```
            sendChannel.close();
            if (receiveChannel) {
                receiveChannel.close();
            }
            //关闭localConnection
            localConnection.close();
            //关闭remoteConnection
            remoteConnection.close();
            //将localConnection设置为空
            localConnection = null;
            //将remoteConnection设置为空
            remoteConnection = null;
        }

//发送数据
sendData = () => {
    let file = fileInput.files[0];
    console.log(`文件是: ${[file.name, file.size, file.type].join(' ')}`);

    //设置发送进度条的最大值
    sendProgress.max = file.size;
    //设置接收进度条的最大值
    receiveProgress.max = file.size;

    //文件切片大小，即每次读取的文件大小
    let chunkSize = 16384;
    //实例化文件读取对象
    fileReader = new FileReader();
    //偏移量可用于表示进度
    let offset = 0;
    //监听error事件
    fileReader.addEventListener('error', (error) => {
        console.error('读取文件出错:', error)
    });
    //监听abort事件
    fileReader.addEventListener('abort', (event) => {
        console.log('读取文件取消:', event)
    });
    //监听load事件
    fileReader.addEventListener('load', (e) => {
        console.log('文件加载完成 ', e);
        //使用发送通道开始发送文件数据
        sendChannel.send(e.target.result);
        //使用文件二进制数据长度作为偏移量
        offset += e.target.result.byteLength;
        //使用偏移量作为发送进度
        sendProgress.value = offset;
        console.log('当前文件发送进度为:', offset);
        //判断偏移量是否小于文件大小
        if (offset < file.size) {
            //继续读取
            readSlice(offset);
        }
```

```
    });
    //读取切片大小
    let readSlice = (o) => {
        console.log('readSlice ', o);
        //将文件的某一段切割下来，从offset到offset + chunkSize位置切下
        let slice = file.slice(offset, o + chunkSize);
        //读取切片的二进制数据
        fileReader.readAsArrayBuffer(slice);
    };
    //首次读取0到chunkSize大小的切片数据
    readSlice(0);
}

//接收通道数据到达回调方法
receiveChannelCallback = (event) => {
    //实例化接收通道
    receiveChannel = event.channel;
    //数据类型为二进制
    receiveChannel.binaryType = 'arraybuffer';
    //接收消息事件监听
    receiveChannel.onmessage = this.onReceiveMessageCallback;
    //onopen事件监听
    receiveChannel.onopen = this.onReceiveChannelStateChange;
    //onclose事件监听
    receiveChannel.onclose = this.onReceiveChannelStateChange;

    receivedSize = 0;
}

//接收消息处理
onReceiveMessageCallback = (event) => {
    console.log(`接收的数据 ${event.data.byteLength}`);
    //将接收到的数据添加到接收缓存里
    receiveBuffer.push(event.data);
    //设置当前接收文件的大小
    receivedSize += event.data.byteLength;
    //使用接收文件的大小表示当前接收进度
    receiveProgress.value = receivedSize;

    const file = fileInput.files[0];
    //判断当前接收的文件大小是否等于文件的大小
    if (receivedSize === file.size) {
        //根据缓存数据生成Blob文件
        const received = new Blob(receiveBuffer);
        //将缓存数据设置为空
        receiveBuffer = [];

        //获取下载连接对象
        let download = this.refs['download']
        //创建下载文件对象及链接
        download.href = URL.createObjectURL(received);
        download.download = file.name;
        download.textContent = `点击下载'${file.name}'(${file.size} bytes)`;
```

```
                download.style.display = 'block';
            }
        }

    //发送通道状态变化
    onSendChannelStateChange = () => {
        const readyState = sendChannel.readyState;
        console.log('发送通道状态: ' + readyState);
        if (readyState === 'open') {
            this.sendData();
        }
    }

    //接收通道状态变化
    onReceiveChannelStateChange = () => {
        const readyState = receiveChannel.readyState;
        console.log('接收通道状态:' + readyState);
    }

    //取消发送文件
    cancleSendFile = () => {
        if (fileReader && fileReader.readyState === 1) {
          console.log('取消发送文件');
          fileReader.abort();
        }
    }

    render() {
        return (
            <div className="container">
                <div>
                    <form id="fileInfo">
                        <input type="file" ref="fileInput" name="files" />
                    </form>
                    <div>
                        <h2>发送</h2>
                        <progress ref="sendProgress" max="0" value="0"
style={{width:'500px'}}></progress>
                    </div>
                    <div>
                        <h2>接收</h2>
                        <progress ref="receiveProgress" max="0" value="0"
style={{width:'500px'}}></progress>
                    </div>
                </div>

                <a ref="download"></a>
                <div>
                        <Button onClick={this.startSendFile} style={{ marginRight:
"10px" }}>发送</Button>
                        <Button onClick={this.cancleSendFile} style={{ marginRight:
"10px" }}>取消</Button>
                        <Button onClick={this.closeChannel} style={{ marginRight:
```

```
"10px" }}>关闭</Button>
                </div>
            </div>
        );
    }
}
//导出组件
export default DataChannelFile;
```

运行示例后，点击"选择文件"按钮打开本地任意一个文件，然后点击"发送"按钮。此时会看到发送和接收文件的进度，如图 9-5 所示。当发送及接收完毕后，会生成一个"点击下载"链接，包含文件名及文件大小。

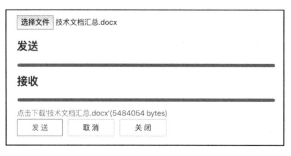

图 9-5　发送文件示例

🎯 提示　此示例展示了文件发送的完整过程。有发送及接收的进度提示以及文件大小统计信息。如果想计算传输的速度，可以使用 remoteConnection.getStats() 方法获取连接的信息，如接收的数据大小及时长，可以计算出传输的速度。

第 10 章 *Chapter 10*

App 示例工程准备

WebRTC 不仅仅可以应用于 Web，还可以应用于移动端。本章详细阐述 App 音视频开发的方案，带领大家使用 Flutter 跨平台开发技术搭建一个示例工程，并详细阐述 iOS、Android 系统中的环境问题以及权限设置等内容。

案例中我们使用 Flutter 来开发 WebRTC 的移动端应用。开发环境搭建还是非常烦琐的，任何一个步骤失败都会导致最终环境搭建不能完成。Flutter 支持三种环境：Windows、MacOS 和 Linux，本章主要讲解 Windows 及 MacOS 中的环境搭建。

10.1　Windows 环境搭建

1. 使用镜像

首先要解决网络问题，因为环境搭建过程中需要下载很多资源文件，当某个资源更新不到时，就可能会报各种错误。在国内访问 Flutter 有时可能会受到限制，Flutter 官方为中国开发者搭建了临时镜像，大家可以将如下环境变量加入用户环境变量中：

```
export PUB_HOSTED_URL=https://pub.flutter-io.cn
export FLUTTER_STORAGE_BASE_URL=https://storage.flutter-io.cn
```

> 注意　此镜像为临时镜像，并不能保证一直可用，读者可以参考 Using Flutter in China：https://github.com/flutter/flutter/wiki/Using-Flutter-in-China 以获得有关镜像服务器的最新动态。

2. 安装 Git

Flutter 依赖的命令行工具为 Git for Windows（Git 命令行工具），Windows 版本的下载地址为 https://git-scm.com/download/win。

3. 下载安装 Flutter SDK

去 Flutter 官网（https://flutter.io/docs/development/tools/sdk/archive#windows）下载其最新可用的安装包。

> 注意　Flutter 的版本会不停变动，请以 Flutter 官网为准。Flutter GitHub 的下载地址为 https://github.com/flutter/flutter/releases。

将安装包解压到你想安装 Flutter SDK 的路径（如 D:\Flutter）。在 Flutter 安装目录的 Flutter 文件下找到 flutter_console.bat，双击运行并启动 Flutter 命令行。接下来就可以在 Flutter 命令行中运行命令了。

> 注意　不要将 Flutter 安装到需要一些高权限的路径，如 C:\Program Files\。

4. 添加环境变量

不管使用什么工具，如果想在系统的任意地方都能够运行这个工具的命令，则需要添加工具的路径到系统的 Path 中。这里路径指向到 Flutter 文件的 bin 路径，如图 10-1 所示。同时，检查是否有名为 PUB_HOSTED_URL 和 FLUTTER_STORAGE_BASE_URL 的条目，如果没有，也需要添加它们。重启 Windows 才能使更改生效。

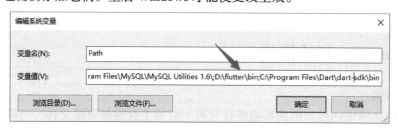

图 10-1　添加 Flutter 环境变量

5. 运行 flutter 命令安装各种依赖

使用 Windows 命令窗口运行以下命令，查看是否需要安装依赖项来完成安装：

```
flutter doctor
```

该命令检查你的环境并在终端窗口中显示报告。Dart SDK 已经捆绑在 Flutter 里了，没有必要单独安装 Dart。仔细检查命令行输出以获取可能需要安装的其他软件或进一步需要执行的任务。如下面的代码所示，Android SDK 缺少命令行工具，需要下载并且提供下载地址，通常如果出现这种情况，只需要把网络连好，VPN 打开，然后重新运行 flutter doctor

命令即可。

```
[-] Android toolchain - develop for Android devices
    Android SDK at D:\Android\sdk
   ?Android SDK is missing command line tools; download from https://goo.gl/XxQghQ
    Try re-installing or updating your Android SDK,
     visit https://flutter.io/setup/#android-setup for detailed instructions.
```

> **注意**　一旦安装了某个依赖，则需要再次运行 flutter doctor 命令来验证你是否已经正确地进行了设置，同时需要检查移动设备是否连接正常。

6. 编辑器设置

如果使用 flutter 命令行工具，则可以使用任何编辑器来开发 Flutter 应用程序。输入 flutter help，在提示符下查看可用的工具。但是笔者建议最好安装一款功能强大的 IDE 来进行开发，毕竟开发调试和运行打包的效率会更高。由于 Windows 环境下只能开发 Flutter 的 Android 应用，所以接下来我们会重点介绍 Android Studio 这款 IDE。

（1）安装 Android Studio

要为 Android 开发 Flutter 应用，可以使用 MacOS 或 Windows 操作系统。Flutter 需要安装和配置 Android Studio，步骤如下：

步骤 1　下载并安装 Android Studio，网址为 https://developer.android.com/studio/index.html。

步骤 2　启动 Android Studio，然后执行"Android Studio 安装向导"。这将安装最新的 Android SDK、Android SDK 平台工具和 Android SDK 构建工具，这是用 Flutter 进行 Android 开发时所必需的。

（2）设置你的 Android 设备

要准备在 Android 设备上运行并测试你的 Flutter 应用，需要安装 Android 4.1（API level 16）或更高版本的 Android 设备。步骤如下：

步骤 1　在你的设备上启用"开发人员选项"和"USB 调试"，这些选项通常在设备的"设置"界面里。

步骤 2　使用 USB 线将手机与计算机连接。如果你的设备出现提示，请授权计算机访问你的设备。

步骤 3　在终端中，运行 flutter devices 命令以验证 Flutter 是否识别出你连接的 Android 设备。

步骤 4　用 flutter run 命令启动你的应用程序。

> **提示**　默认情况下，Flutter 使用的 Android SDK 版本是基于你的 adb 工具版本的。如果你想让 Flutter 使用不同版本的 Android SDK，则必须将该 ANDROID_HOME 环境变量设置为 SDK 安装目录。

（3）设置 Android 模拟器

要准备在 Android 模拟器上运行并测试 Flutter 应用，步骤如下：

步骤 1 启动 Android Studio → Tools → Android → AVD Manager 并选择 Create Virtual Device，打开虚拟设备面板，如图 10-2 所示。

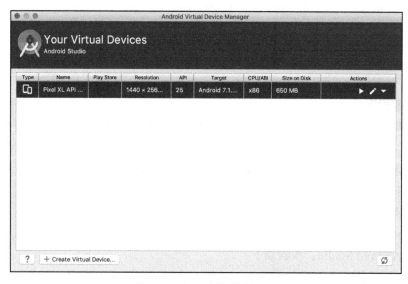

图 10-2　打开虚拟设备面板

步骤 2 选择一个设备并点击 Next 按钮，如图 10-3 所示。

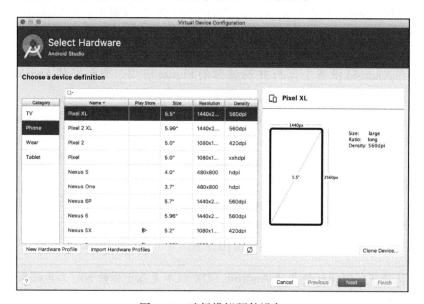

图 10-3　选择模拟硬件设备

步骤 3　选择一个镜像，点击 Download 即可，然后点击 Next 按钮，如图 10-4 所示。

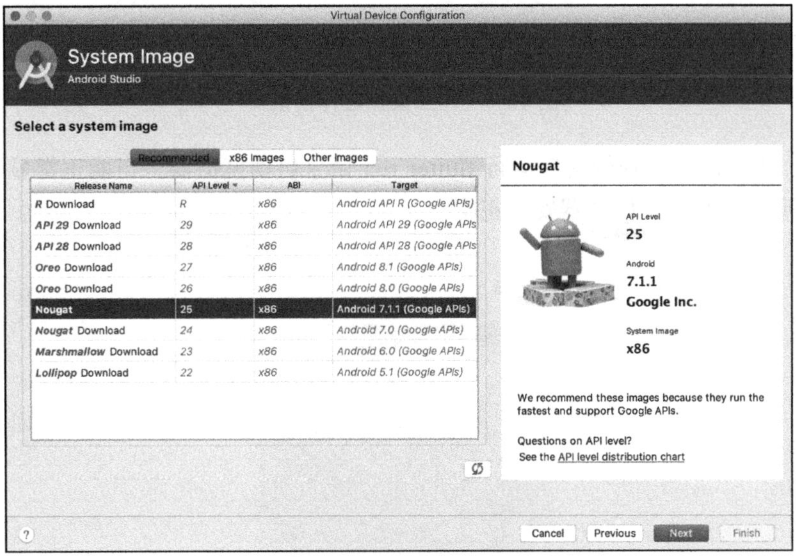

图 10-4　选择系统镜像

步骤 4　验证配置信息，填写虚拟设备名称，选择 Hardware - GLES 2.0 以启用硬件加速，点击 Finish 按钮，如图 10-5 所示。

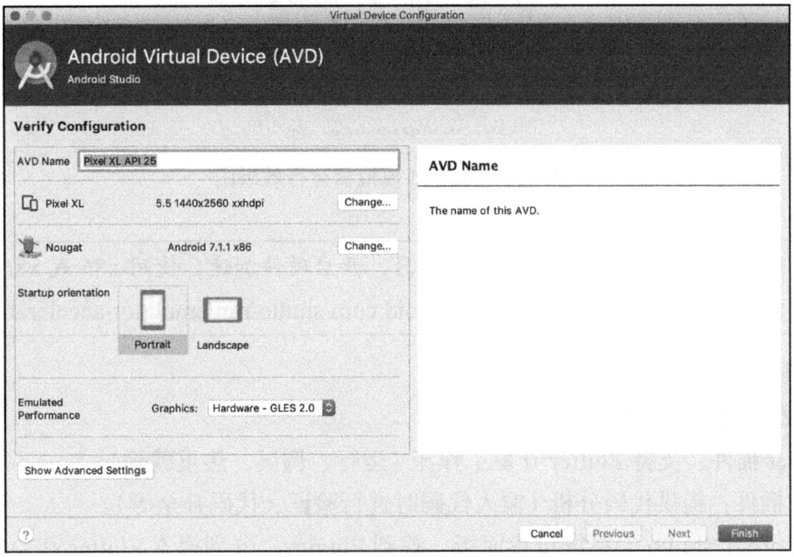

图 10-5　验证配置信息

步骤 5　在工具栏中选择刚刚添加的模拟器，如图 10-6 所示。

图 10-6　在工具栏选择模拟器

步骤 6　也可以在命令行窗口运行 flutter run 命令启动模拟器。当能正常显示模拟器时（如图 10-7 所示），则表示模拟器安装正常。

图 10-7　Android 模拟器运行效果图

> 📌 **提示**　建议选择当前主流手机型号作为模拟器，开启硬件加速，使用 x86 或 x86_64 image。详细文档请参考 https://developer.android.com/studio/run/emulator-acceleration.html。

（4）安装 Flutter 和 Dart 插件

IDE 需要安装两个插件：

❑ Flutter 插件：支持 Flutter 开发工作流（运行、调试、热重载等）。

❑ Dart 插件：提供代码分析（输入代码时进行验证、代码补全等）。

打开 Android Studio 的系统设置面板，找到 Plugins，分别搜索 Flutter 和 Dart，进行安装即可，如图 10-8 所示。

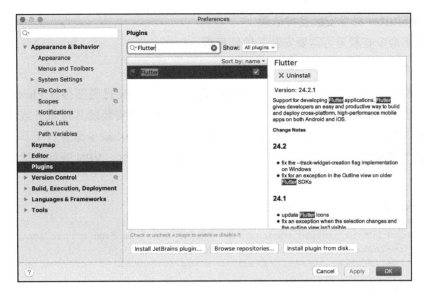

图 10-8　Android Studio 插件安装

10.2　MacOS 环境搭建

在 MacOS 中进行环境搭建首先要解决网络问题，参见 10.1 节网络问题的解决方案。

1. 命令行工具

Flutter 依赖的命令行工具有 bash、mkdir、rm、git、curl、unzip、which。

2. 下载安装 Flutter SDK

请按以下步骤进行下载并安装 Flutter SDK。

步骤 1　去 Flutter 官网下载其最新可用的安装包。

> 注意　要想获取安装包列表或下载安装包可能有一定困难，读者也可以去 Flutter GitHub 项目中去下载安装 Release 包。
>
> Flutter 官网下载地址：https://flutter.io/docs/development/tools/sdk/archive#MacOS。
>
> Flutter GitHub 下载地址：https://github.com/flutter/flutter/releases。

步骤 2　解压安装包到你想安装的目录，例如采用如下目录。

```
cd /Users/ksj/Desktop/flutter/
unzip /Users/ksj/Desktop/flutter/v0.11.9.zip.zip
```

步骤 3　添加 Flutter 相关工具到 path 中。

```
export PATH=`pwd`/flutter/bin:$PATH
```

3. 运行 Flutter 命令安装各种依赖

运行以下命令查看是否需要安装其他依赖项。

```
flutter doctor
```

该命令检查你的环境并在终端窗口中显示报告。Dart SDK 已经捆绑在 Flutter 里了，没有必要单独安装 Dart。仔细检查命令行输出以获取可能需要安装的其他软件或进一步需要执行的任务（以粗体显示）。如下面的代码所示，Android SDK 缺少命令行工具，需要下载并且提供了下载地址，通常出现这种情况，只需要把网络连好，VPN 开好，然后重新运行 flutter doctor 命令。

```
[-] Android toolchain - develop for Android devices
    Android SDK at /Users/obiwan/Library/Android/sdk
  ?Android SDK is missing command line tools; download from https://goo.gl/XxQghQ
    Try re-installing or updating your Android SDK,
visit https://flutter.io/setup/#android-setup for detailed instructions.
```

4. 添加环境变量

使用 vim 命令打开 ~ /.bash_profile 文件，添加如下内容。

```
export ANDROID_HOME=~/Library/Android/sdk //android sdk目录
export PATH=$PATH:$ANDROID_HOME/tools:$ANDROID_HOME/platform-tools
export PUB_HOSTED_URL=https://pub.flutter-io.cn //国内用户需要设置
export FLUTTER_STORAGE_BASE_URL=https://storage.flutter-io.cn //国内用户需要设置
export PATH=/Users/ksj/Desktop/flutter/flutter/bin:$PATH // 直接指定flutter的bin地址
```

> 📷 注意 将 PATH=/Users/ksj/Desktop/flutter/flutter/bin 更改为你的路径即可。

完整的环境变量设置如图 10-9 所示。

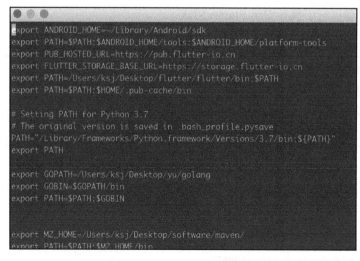

图 10-9　MacOS 环境变量设置

设置好环境变量以后，请务必运行 source $HOME/.bash_profile 刷新当前终端窗口，以使刚刚配置的内容生效。

5. 编辑器设置

如果使用 Flutter 命令行工具，则可以使用任何编辑器来开发 Flutter 应用程序。输入 flutter help 命令，在提示符下查看可用的工具。建议安装功能强大的 IDE 来进行开发。由于 MacOS 环境既能开发 Android 应用也能开发 iOS 应用，Android 设置请参考 10.1 节中"安装 Android Studio"的步骤。接下来我们会介绍 Xcode 的使用方法。

1）安装 Xcode。注意要安装最新版的 Xcode。可通过链接 https://developer.apple.com/xcode/ 下载，或通过苹果应用商店（https://itunes.apple.com/us/app/xcode/id497799835）下载。

2）设置 iOS 模拟器。要准备在 iOS 模拟器上运行并测试你的 Flutter 应用。要打开一个模拟器，在 MacOS 的终端输入以下命令：

```
open -a Simulator
```

可以找到并打开默认模拟器。如果想切换模拟器，可以打开 Hardware，在 Device 菜单中选择某一个模拟器，如图 10-10 所示。

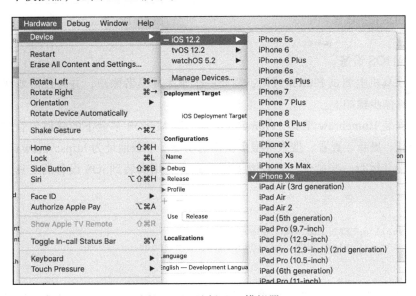

图 10-10　选择 iOS 模拟器

打开后的 iOS 模拟器如图 10-11 所示。

接下来，在终端运行 flutter run 命令或者打开 Xcode，如图 10-12 所示，选择好模拟器，点击运行按钮即可启动你的应用。

图 10-11　iOS 模拟器效果图

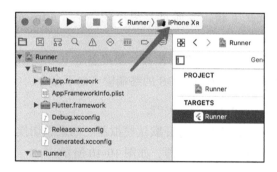

图 10-12　Xcode 启动应用

6. 安装到 iOS 设备

要在苹果真机上测试 Flutter 应用，需要一个苹果开发者账户，并且还需要在 Xcode 中进行设置，具体步骤如下。

首先，安装 Homebrew 工具，Homebrew 是一款 MacOS 平台下的软件包管理工具，拥有安装、卸载、更新、查看、搜索等很多实用的功能。下载地址为 https://brew.sh。

打开终端并运行一些命令，安装用于将 Flutter 应用安装到 iOS 设备的工具，命令如下所示：

```
brew update
brew install --HEAD libimobiledevice
brew install ideviceinstaller ios-deploy cocoapods
pod setup
```

> 提示　如果这些命令中有任何一个失败并出现错误，请运行 brew doctor 并按照说明解决问题。

接下来需要 Xcode 签名。设置 Xcode 签名有以下几个步骤：

步骤 1　在你 Flutter 项目目录中通过双击 ios/Runner.xcworkspace 打开默认的 Xcode 工程。

步骤 2　在 Xcode 中，选择导航面板左侧的 Runner 项目。

步骤 3　在 Runner Target 设置页面中，确保在 General → Signing → Team（常规→签名→ 团队）下选择了你的开发团队，如图 10-13 所示。当你选择一个团队时，Xcode 会创建并下载开发证书，为你的设备注册你的账户，并创建和下载配置文件。

图 10-13　设置开发团队

步骤 4　要开始你的第一个 iOS 开发项目，可能需要使用你的 Apple ID 登录 Xcode。任何 Apple ID 都支持开发和测试。需要注册 Apple 开发者计划才能将你的应用分发到 App Store。请查看 https://developer.apple.com/support/compare-memberships/ 这篇文章。登录界面如图 10-14 所示。

步骤 5　当你第一次添加真机设备进行 iOS 开发时，需要同时信任你的 Mac 和该设备上的开发证书。点击 Trust 按钮即可，如图 10-15 所示。

图 10-14　使用 Apple ID

图 10-15　信任此设备

步骤 6　如果 Xcode 中的自动签名失败，请查看项目的 Bundle Identifier 值是否唯一。这个 ID 即为应用的唯一 ID，建议使用域名反过来写，如图 10-16 所示。

步骤 7　使用 flutter run 命令运行应用程序。

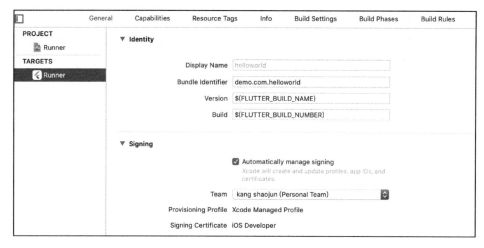

图 10-16　验证 Bundle Id entifier 值

10.3　App 方案选取

App 实现 WebRTC 音视频项目的方案有很多种，主要分为原生技术及跨平台技术。原生技术是指利用 iOS/Android 原生平台的技术，跨平台技术包括 Cordova、ReactNative、Flutter。其中，iOS/Android 原生技术使用的是 WebRTC 官方提供的 Native 库实现，其优点是性能好，API 接口完整，缺点是实现难度相对大，需要同时维护两端代码。

Cordova、ReactNative、Flutter 跨平台技术需要借助各种平台的 WebRTC 插件才能实现。其中 ReactNaive 使用的是 react-native-webrtc 插件。Flutter 使用的是 flutter-webrtc 插件，访问网址是 https://github.com/cloudwebrtc/flutter-webrtc。三者的优缺点如下所示。

- ❏ Cordova：优点是可以使用网页代码实现 WebRTC；缺点是性能相对较差，不建议作为优先方法。
- ❏ ReactNaitve：优点是可以使用 JavaScript 实现 WebRTC，复用现有的 JavaScript 开发库；性能接近原生；缺点是 ReactNative 需要解决平台差异问题。
- ❏ Flutter：优点是可以跨 Android、iOS、Windows、MacOS 以及 Web 平台，性能好，平台差异小；缺点是需要实现各端插件，还需要实现 Dart 相关的库。

综合上述技术选型，建议将 flutter-webrtc 作为第一方案，将 react-natvie-webrtc 作为第二方案，Cordova WebRTC 作为第三方案。本书中的 App 使用的是 flutter-webrtc 方案。

10.4　Flutter 示例工程

万事开头难，我们用 Hello World 为例来看一个最简单的 Flutter 工程，具体步骤如下。
步骤 1　新建一个 Flutter 工程，选择 Flutter Application，如图 10-17 所示。

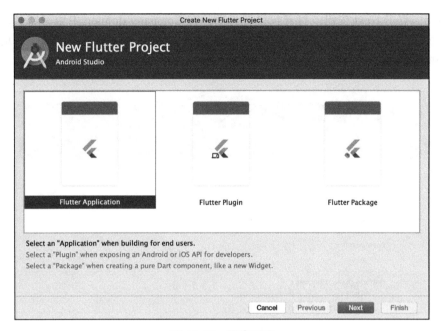

图 10-17　新建工程

　　步骤 2　点击 Next 按钮，打开应用配置界面，在 Project name 中填写 app_samples，
Flutter SDK path 使用默认值，IDE 会根据 SDK 安装路径自动填写，Project location 填写为
工程放置的目录，在 Description 中填写项目描述，任意字符即可，如图 10-18 所示。

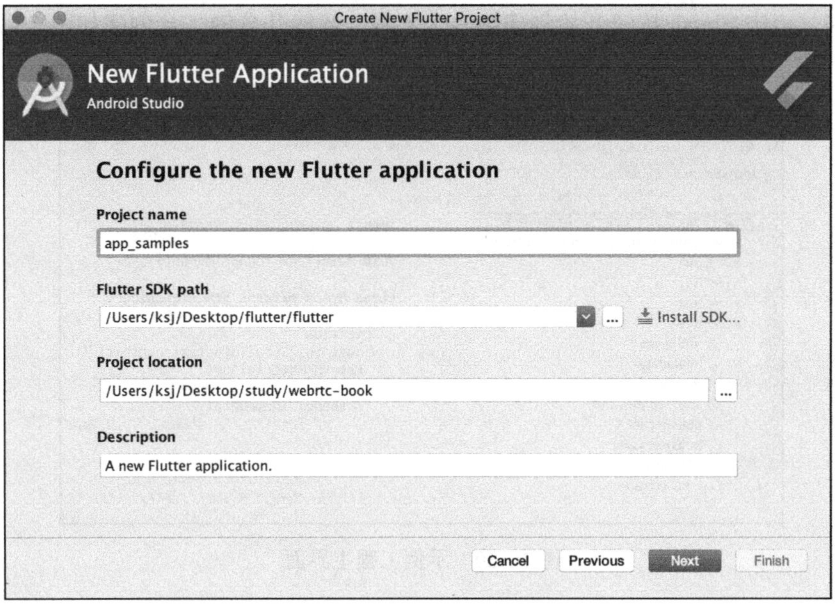

图 10-18　配置 Flutter 工程

步骤 3 点击 Next 按钮，打开包设置界面，在 Company domain 中填写域名，注意域名要反过来写，这样可以保证全球唯一，Platform channel language 下面的两个选项不需要勾选，如图 10-19 所示。

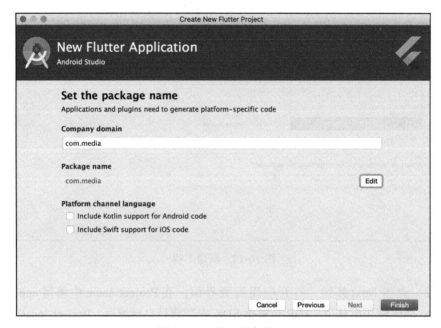

图 10-19　设置包名界面

步骤 4 点击 Finish 按钮开始创建第一个工程，等待几分钟，会创建如图 10-20 所示的工程。

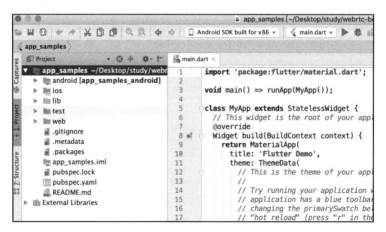

图 10-20　示例工程主界面

可以看到生成了 android、ios、web 三个目录，表示工程可以在这三个平台运行。

步骤 5 工程建好后，将工程目录名称 app_samples 改名为 app-samples，目的是统一示例工程名规范。然后再次打开工程，可以先运行一下看看根据官方创建的示例运行的效果，点击 Open Android Emulator 打开 Android 模拟器，具体操作如图 10-21 所示。

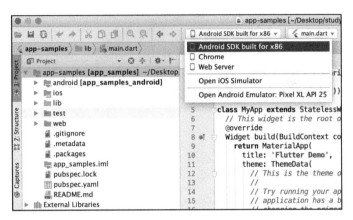

图 10-21　打开模拟器菜单示意图

步骤 6 等待几秒钟后会打开模拟器，如图 10-22 所示。

图 10-22　模拟器启动完成图

步骤 7 点击 debug（调试）按钮，启动官方示例程序，点击"＋"按钮，可以自动加 1，此示例是一个基于 Material Design 风格的应用程序，如图 10-23 所示。

图 10-23　官方示例运行效果图

步骤 8 接下来，打开工程目录下的 main.dart 文件，清空 main.dart 代码，如图 10-24 中箭头所指。

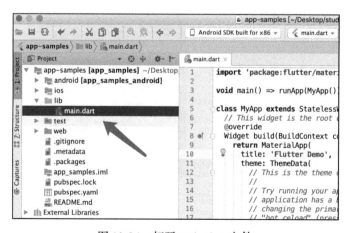

图 10-24　打开 main.dart 文件

步骤 9　把 Hello World 代码粘贴至 main.dart 文件里，完整代码如下所示。

```dart
import 'package:flutter/material.dart';

void main() => runApp(MyApp());

class MyApp extends StatelessWidget {
    @override
    Widget build(BuildContext context) {
        return MaterialApp(
            title: 'Welcome to Flutter',
            home: Scaffold(
                appBar: AppBar(
                    title: Text('Welcome to Flutter'),
                ),
                body: Center(
                    child: Text('Hello World'),
                ),
            ),
        );
    }
}
```

步骤 10　重新运行此程序，标题栏显示 Welcome to Flutter，页面中间显示 Hello World。这样，第一个 Flutter 程序就运行出来了，如图 10-25 所示。

图 10-25　Hello World 运行效果图

10.5　权限设置

由于应用程序需要请求访问移动设备的硬件，如摄像头、麦克风、蓝牙设备、扬声器等，所以需要设置权限。当应用首次打开请求权限时，点击"允许"即可。

10.5.1　iOS 平台设置

打开工程目录下的 **app-samples/ios/Runner/Info.plist** 文件，添加如下配置。

```
<key>NSCameraUsageDescription</key>
<string>$(PRODUCT_NAME) Camera Usage!</string>
<key>NSMicrophoneUsageDescription</key>
<string>$(PRODUCT_NAME) Microphone Usage!</string>
```

这些配置允许你的应用访问摄像头及麦克风。

10.5.2　Android 平台设置

打开工程目录下的 **app-samples/android/app/src/main/AndroidManifest.xml** 文件，添加如下配置。

```
<!--应用程序需要使用摄像头设备-->
<uses-feature android:name="android.hardware.camera" />
<!--应用程序用到摄像头的自动对焦功能-->
<uses-feature android:name="android.hardware.camera.autofocus" />
<!--允许访问摄像头进行拍照-->
<uses-permission android:name="android.permission.CAMERA" />
<!--通过手机或耳机的麦克风录制声音-->
<uses-permission android:name="android.permission.RECORD_AUDIO" />
<!--获取网络信息状态，如当前的网络连接是否有效-->
<uses-permission android:name="android.permission.ACCESS_NETWORK_STATE" />
<!--改变网络状态，如是否能联网-->
<uses-permission android:name="android.permission.CHANGE_NETWORK_STATE" />
<!--修改声音设置信息-->
<uses-permission android:name="android.permission.MODIFY_AUDIO_SETTINGS" />
```

然后打开 **app-samples/android/app/build.gradle** 文件，修改 defaultConfig 下的最低 SDK 版本 **minSdkVersion** 为 18，如下所示。

```
defaultConfig {
    applicationId "samples.app.app_samples"
    minSdkVersion 18
    targetSdkVersion 28
    versionCode flutterVersionCode.toInteger()
    versionName flutterVersionName
    testInstrumentationRunner "androidx.test.runner.AndroidJUnitRunner"
}
```

10.6　项目配置

Flutter 工具目录下有一个 pubspec.yaml 文件，此文件的主要配置如下所示。

❑ 工程名称
❑ 工程版本
❑ SDK 版本
❑ 引用库
❑ 图片资源
❑ 字体资源

app-samples 工程中需要引入第三方库及插件，如下所示。

❑ flutter_webrtc：WebRTC 插件。
❑ shared_preferences：本地共享变量库 App。
❑ shared_preferences_web：本地共享变量库 Web。
❑ http：HTTP 网络请求库。
❑ path_provider：MediaRecorder 使用的库。

其中，fluter_webrtc 为项目的核心插件，支持 iOS、Android 以及 Web 三端。shared_preferences 用于存取一些配置信息。HTTP 网络库用于请求后端接口。path_provider 用于在录制时进行路径处理。

提示　上面所列的库为开发中所必需的库，不是全部库。另外，引用的库是支持 iOS、Android 及 PC-Web 的。

打开 pubspec.yaml 文件并添加好配置后，在控制台里输入 flutter pub get 命令，更新引用库。配置内容如下所示。

```
#项目名称
name: app_samples
#项目描述
description: A new Flutter application.
#版本
version: 1.0.0+1

#环境
environment:
    sdk: ">=2.1.0 <3.0.0"

#依赖库
dependencies:
    flutter:
        sdk: flutter

    #icon图标库
```

```
    cupertino_icons: ^0.1.2
    #WebRTC插件
    flutter_webrtc: ^0.2.6
    #本地共享变量库App
    shared_preferences:
    #本地共享变量库Web
    shared_preferences_web:
    #HTTP网络请求库
    http: ^0.12.0+4

    #MediaRecorder使用的库
    path_provider:

#开发依赖库
dev_dependencies:
    flutter_test:
        sdk: flutter

flutter:
    #使用material风格
    uses-material-design: true
```

> **注意** 每次添加、删除库或修改库的版本后，一定要执行 flutter pub get 命令使其生效。

10.7 入口程序

每一个 Flutter 项目的 /lib 目录下都有一个 main.dart 文件，打开该文件，里面应该有一个 main() 函数。Flutter 使用 Dart 语言开发，而在 Dart 语言中，main() 函数是 Dart 程序的入口，也就是说，Flutter 程序在运行的时候，第一个执行的函数就是 main() 函数，如下面的代码所示。

```
void main() => runApp(Widget app);
```

如果你是第一次接触 Dart 语言，可能会对上面的语法感到陌生，这是 Dart 语言特有的速写形式，将其展开后，完整的代码如下所示。

```
void main() {
    return runApp(Widget app);
}
```

从上面的代码中可以看到，main() 函数中只调用 runApp() 函数，使用 runApp() 函数可以将给定的根组件填满整个屏幕。你可能会有疑问，为什么一定要使用 runApp() 函数？如果不调用 runApp() 函数，项目也可以正常执行，但是屏幕上什么都不会显示。Flutter 是 Dart 语言的移动应用框架，runApp() 函数就是 Flutter 框架的入口，如果不调用 runApp() 函数，那你执行的就是一个 Dart 控制台应用。

入口程序主要包含以下内容：

❑ MyApp：主组件、应用程序的根组件，runApp() 函数首先加载此组件。

❑ MaterialApp：Material 风格 App，决定了各个应用的风格。

❑ MySamples：示例列表页面。

❑ Scanffold：应用脚手架。

❑ AppBar：应用栏，包括顶部图标及标题。

❑ ListView：示例列表。

示例列表页面主要是为各个示例提供运行入口。入口程序可以参考前面的 helloworld 示例工程代码，打开 main.dart 文件添加如下完整代码。

```
import 'dart:core';
import 'package:flutter/material.dart';
import 'get_user_media.dart';

//入口程序
void main() => runApp(MyApp());

//主组件
class MyApp extends StatelessWidget {
    @override
    Widget build(BuildContext context) {
        //Material风格应用
        return MaterialApp(
            title: 'WebRTC示例',
            //主页面
            home: MySamples(),
        );
    }
}

//示例列表页面
class MySamples extends StatefulWidget {
    @override
    _MySamplesState createState() => _MySamplesState();
}

class _MySamplesState extends State<MySamples> {
    @override
    Widget build(BuildContext context) {
        //页面脚手架
        return Scaffold(
            //顶部应用栏
            appBar: AppBar(
                //标题
                title: Text('WebRTC示例'),
            ),
            //示例列表
            body: ListView(
```

```
        children: <Widget>[
            //列表项
            ListTile(
                //标题
                title: Text('GetUserMedia示例'),
                //点击处理
                onTap: () {
                    //路由跳转
                    Navigator.push(
                        context,
                        MaterialPageRoute(
                            builder: (BuildContext context) =>
                                //GetUserMediaUser示例
                                GetUserMediaSample()),
                    );
                }),
        ],
    ));
    }
}
```

这里是一个 Flutter 应用入口程序的基本组成结构。我们采用了架构自带的路由来跳转页面。其中 GetUserMediaSample() 为一个访问设备的示例页面。运行工程后，首页效果如图 10-26 所示。

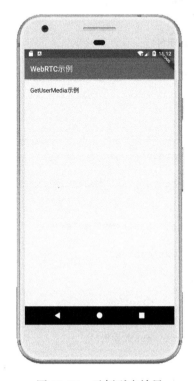

图 10-26　示例列表效果

App 音视频技术

示例工程建立好后，就可以添加各种示例来展示 WebRTC 在 App 上的技术实现。Flutter-WebRTC 库是根据 WebRTC 标准接口实现的，其使用方法参考 HTML5 标准即可。本章将详细阐述 WebRTC 在 App 上如何访问设备、控制设备、录制媒体、建立连接以及使用数据通道。

11.1 概述

前面的章节中我们详细讲解了 WebRTC 的 HTML5 标准接口以及使用方法，涉及访问设备、音视频设备、录制媒体以及连接建立等内容。本章不再过多阐述这些原理，更多的是讲解 WebRTC 标准在 App 上的具体应用。

Flutter-WebRTC 库是移动端的实现，没有像浏览器那样的平台差异。Flutter-WebRTC 的相关 API 如表 11-1 所示。

表 11-1 Flutter-WebRTC 相关 API

方法名	参数	说明
getUserMedia	定义约束对象，如是否调用音频，是否启用视频	采集摄像头或麦克风等设备
getDisplayMedia	定义约束对象，设置视频采集宽高、是否启用视频	捕获手机屏幕方法。注意 Android 系统可以捕获屏幕，iOS 系统不行
MediaStreamConstraints	video 表示视频，audio 表示音频	调用 getUserMedia 及 getDisplayMedia 方法使用的约束条件。video 为 true 时表示采集视频，为 false 时表示不采集视频。audio 为 true 时表示采集音频，为 false 时表示不采集音频

（续）

方法名	参数	说明
navigator.mediaDevices.enumerate-Devices	不传参数	此方法返回用户手机上的设备列表，如前后置摄像头，包括设备 Id、设备类型以及设备名称
RTCPeerConnection	RTCConfiguration 连接配置参数	RTCPeerConnection 接口代表一个由本地计算机到远端的 WebRTC 连接。该接口提供了创建、保持、监控、关闭连接的方法的实现。在创建时需要向其传入连接配置参数，即 ICE 配置信息
PC.createOffer	RTCOfferOptions 对象，可选参数	创建提议 Offer 方法，此方法会返回 SDP Offer 信息，即 RTCSessionDescription 对象
PC.setLocalDescription	RTCSessionDescription 对象	设置本地 SDP 描述信息
PC.setRemoteDescription	RTCSessionDescription 对象	设置远端 SDP 描述信息。即对方发过来的 SDP 数据
PC.createOffer	RTCAnswerOptions 对象。可选参数	创建应答 Answer 方法，此方法会返回 SDP Answer 信息，即 RTCSessionDescription 对象
RTCIceCandidate	无参数	WebRTC 网络信息，如 IP、端口等
PC.addIceCandidate	RTCIceCandidate 对象	PC 连接添加对方的 IceCandidate 信息，即添加对方的网络信息
PC.createDataChannel	label 通道名称	此方法可以创建一个发送任意数据的数据通道。传递一个便于理解的通道名称即可
RTCDataChannel	无参数	接口代表在两者之间建立了一个双向数据通道的连接
RTCDataChannel.send	data 参数	数据通道发送数据方法。数据参数可为 USVString、Blob、ArrayBuffer 等数据对象
RTCDataChannel.close	无参数	关闭数据通道方法
RTCVideoView	RTCVideoRender 对象	视频渲染组件，传入 RTCVideoRender 对象
RTCVideoRender	无参数	视频渲染器，通过纹理方式进行渲染。
RTCVideoViewObjectFit	无参数	视频渲染方式枚举值，有包含和平铺两种方式

11.2 GetUserMedia

Flutter-WebRTC 插件也是通过 getUserMedia 接口访问设备的，如访问摄像头及麦克风。调用方式如下面的代码所示。

```
navigator.getUserMedia(mediaConstraints).then((stream){
    ...
});
```

其中，mediaConstraints 参数为获取设备的约束条件，如是否启用音频、视频、视频尺寸等。在 Flutter 里采用一个 Map 对象定义即可，如下面的代码所示。

```
final Map<String, dynamic> mediaConstraints = {
```

```
    "audio": true,
    "video": { "width": 1280, "height": 720 }
};
```

如果调用成功，会返回一个 stream 对象，其类型为 MediaStream，即媒体流。把这个流与视频渲染对象绑定即可，如下面的代码所示。

```
_localRenderer.srcObject = _localStream;
```

其中，_localRenderer 为 RTCVideoRenderer 类型。它可以以纹理 Texture 方式进行渲染，从而获取较高的渲染速度。RTCVideoRenderer 有以下几个重要属性。

❑ textureId：纹理 Id。

❑ rotation：旋转。

❑ width：宽度。

❑ height：高度。

❑ aspectRatio：宽高比。

❑ mirror：反转。

❑ objectFit：填充模式。

有了这个渲染通道后，还可以以一个展示控件来呈现视频内容，如下面的代码所示。

```
RTCVideoView(_localRenderer)
```

RTCVideoView 即视频显示控件，可以通过 RTCVideoRenderer 的属性控制视频的宽度、高度、反转、填充模式等。

接下来编写一个示例来测试 getUserMedia 接口。具体步骤如下。

步骤 1　打开 app-samples 工程下的 lib 目录，添加 get_user_media.dart 文件。创建 GetUserMediaSample 组件，因为需要交互，所以需要继承自 StatefulWidget 有状态组件，如下面的代码所示。

```
class GetUserMediaSample extends StatefulWidget {
...
}
```

步骤 2　创建本地媒体流以及本地视频渲染对象，如下面的代码所示。

```
//本地媒体流
MediaStream _localStream;
//本地视频渲染对象
final _localRenderer = RTCVideoRenderer();
```

在组件状态初始化完成后，需要将 RTCVideoRenderer 初始化，如下面的代码所示，目的是创建插件方法通道，使得 Flutter 层与原生层可以通信。

```
await _localRenderer.initialize();
```

步骤 3　根据约束条件获取媒体流处理，并将本地视频渲染对象与流进行绑定。处理的关键代码如下所示。

```
navigator.getUserMedia(mediaConstraints).then((stream){
    _localStream = stream;
    _localRenderer.srcObject = _localStream;
});
```

步骤 4 添加释放资源处理，调用 MediaStream 的 dispose 方法，另外，将本地渲染对象的源置为空，如下面的代码所示。

```
await _localStream.dispose();
_localRenderer.srcObject = null;
```

步骤 5 添加界面渲染部分，包括 WebRTC 视频渲染控件。添加一个容器，设置好宽高，如下面的代码所示。

```
Container(
    ...
    width: MediaQuery.of(context).size.width,
    ...
    height: MediaQuery.of(context).size.height,
    //WebRTC视频渲染控件
    child: RTCVideoView(_localRenderer),
}
```

其中 MediaQuery.of(context).size 可以获取当前页面的宽高。示例建立居中显示，可以在容器外围再加一个 Center 组件。然后再添加交换按钮，打开关闭处理。完整的代码如下所示。

```
import 'package:flutter/material.dart';
import 'package:flutter_webrtc/webrtc.dart';
import 'dart:core';

/**
 * GetUserMedia示例
 */
class GetUserMediaSample extends StatefulWidget {
    static String tag = 'GetUserMedia示例';

    @override
    _GetUserMediaSampleState createState() => _GetUserMediaSampleState();
}

class _GetUserMediaSampleState extends State<GetUserMediaSample> {
    //本地媒体流
    MediaStream _localStream;
    //本地视频渲染对象
    final _localRenderer = RTCVideoRenderer();
    //是否打开
    bool _isOpen = false;
    @override
```

```
initState() {
    super.initState();
    //RTCVideoRenderer初始化
    initRenderers();
}

//在销毁dispose之前，会调用deactivate，可用于释放资源
@override
deactivate() {
    super.deactivate();
    //关闭处理
    if (_isOpen) {
        _close();
    }
    //释放资源并停止渲染
    _localRenderer.dispose();
}

initRenderers() async {
    //RTCVideoRenderer初始化
    await _localRenderer.initialize();
}

//打开设备，平台的消息是异步的，所以这里需要使用async
_open() async {
    //约束条件
    final Map<String, dynamic> mediaConstraints = {
        "audio": true,
        "video": { "width": 1280, "height": 720 }
    };

    try {
        //根据约束条件获取媒体流
        navigator.getUserMedia(mediaConstraints).then((stream){
            //将获取到的流stream赋给_localStream
            _localStream = stream;
            //将本地视频渲染对象与_localStream绑定
            _localRenderer.srcObject = _localStream;
        });
    } catch (e) {
        print(e.toString());
    }

    //判断状态是否初始化完成
    if (!mounted) return;

    //设置当前状态为打开状态
    setState(() {
        _isOpen = true;
    });
}

//关闭设备
```

```dart
_close() async {
    try {
        //释放本地流资源
        await _localStream.dispose();
        //将本地渲染对象源设置为空
        _localRenderer.srcObject = null;
    } catch (e) {
        print(e.toString());
    }
    //设置当前状态为关闭状态
    setState(() {
        _isOpen = false;
    });
}

@override
Widget build(BuildContext context) {
    return Scaffold(
        //标题
        appBar: AppBar(
            title: Text('GetUserMedia示例'),
        ),
        //根据手机旋转方向更新UI
        body: OrientationBuilder(
            builder: (context, orientation) {
                //居中
                return Center(
                    child: Container(
                        //设置外边距
                        margin: EdgeInsets.fromLTRB(0.0, 0.0, 0.0, 0.0),
                        //设置容器宽度为页面宽度
                        width: MediaQuery.of(context).size.width,
                        //设置容器高度为页面高度
                        height: MediaQuery.of(context).size.height,
                        //WebRTC视频渲染控件
                        child: RTCVideoView(_localRenderer),
                        //设置背景色
                        decoration: BoxDecoration(color: Colors.black54),
                    ),
                );
            },
        ),
        //右下角按钮
        floatingActionButton: FloatingActionButton(
            //打开或关闭处理
            onPressed: _isOpen ? _close : _open,
            //按钮图标
            child: Icon(_isOpen ? Icons.close : Icons.add),
        ),
    );
}
```

在 main.dart 里添加示例列表项及路由跳转代码。运行 app-samples 工程后，打开示例，首先模拟器会弹出请求权限对话框，如图 11-1 所示，点击 ALLOW 按钮即可。

图 11-1　请求音视频权限

点击 ALLOW 按钮后，表示允许应用使用摄像头及麦克风，允许后摄像头拍摄的画面呈现在页面上，如图 11-2 所示。可以看到一个色块在屏幕上飘来飘去，它是 Android 模拟器模拟摄像头的画面。再次点击右下角的按钮，此时可以关闭画面并释放资源。

 Flutter-WebRTC 测试 Android 平台可以使用 Android 模拟器或真机。iOS 平台需要使用真机，模拟器无法渲染出视频，但可以做 UI 方面的测试。

11.3　屏幕共享

手机屏幕共享功能可以将当前正在操作手机的动作及屏幕内容分享给其他人。如股票分析、手游操作画面、文档解读等场景。接口调用方式如下所示：

```
navigator.getDisplayMedia(mediaConstraints).
then((stream){
    ...
});
```

图 11-2　GetUserMedia 示例

其中，getDisplayMedia 接口用于获取屏幕数据流，返回 MediaStream 对象。约束条件同样使用 Map 对象，如下所示：

```
final Map<String, dynamic> mediaConstraints = {
    "audio": false,
    "video": true
};
```

接下来编写一个屏幕共享的示例来测试 getDisplayMedia 接口。具体步骤如下。

步骤 1 打开 app-samples 工程下的 lib 目录，添加 get_display_media.dart 文件。创建 GetDisplayMediaSample 组件，因为需要交互，所以需要继承自 StatefulWidget 有状态组件，如下面的代码所示。

```
class GetDisplayMediaSample extends StatefulWidget {
...
}
```

步骤 2 调用本地视频对象初始化方法，销毁方法，同时添加 UI 及视频渲染代码。这一部分请参考 11.2 节 GetUserMedia 的代码即可。

步骤 3 添加约束条件，开启视频，关闭音频，然后根据约束条件获取屏幕数据流。大致处理如下所示。

```
//约束条件
final Map<String, dynamic> mediaConstraints = {
    //关闭音频
    //开启视频
};

//根据约束条件获取媒体流
navigator.getDisplayMedia(mediaConstraints).then((stream){
    ...
    _localStream = stream;
    ...
    _localRenderer.srcObject = _localStream;
});
```

步骤 4 在 main.dart 里添加示例列表项及路由跳转代码，同时导入示例 dart 文件。完整的代码如下所示。

```
import 'package:flutter/material.dart';
import 'package:flutter_webrtc/webrtc.dart';
import 'dart:core';

/**
 * 屏幕共享示例
 */
class GetDisplayMediaSample extends StatefulWidget {
    static String tag = '屏幕共享示例';
```

```dart
    @override
    _GetDisplayMediaSampleState createState() => _GetDisplayMediaSampleState();
}

class _GetDisplayMediaSampleState extends State<GetDisplayMediaSample> {
    //本地媒体流
    MediaStream _localStream;
    //本地视频渲染对象
    final _localRenderer = RTCVideoRenderer();
    //是否打开
    bool _isOpen = false;

    @override
    initState() {
        super.initState();
        //RTCVideoRenderer初始化
        initRenderers();
    }

    //在销毁dispose之前，会调用deactivate，可用于释放资源
    @override
    deactivate() {
        super.deactivate();
        //关闭处理
        if (_isOpen) {
            _close();
        }
        //释放资源并停止渲染
        _localRenderer.dispose();
    }

    initRenderers() async {
        //RTCVideoRenderer初始化
        await _localRenderer.initialize();
    }

    //打开设备，平台的消息是异步的，所以这里需要使用async
    _open() async {
        //约束条件
        final Map<String, dynamic> mediaConstraints = {
            "audio": false,
            "video": true
        };

        try {
            //根据约束条件获取媒体流
            navigator.getDisplayMedia(mediaConstraints).then((stream){
                //将获取到的流stream赋给_localStream
                _localStream = stream;
                //将本地视频渲染对象与_localStream绑定
                _localRenderer.srcObject = _localStream;
            });
        } catch (e) {
```

```
            print(e.toString());
        }

        //判断状态是否初始化完成
        if (!mounted) return;

        //设置当前状态为打开状态
        setState(() {
            _isOpen = true;
        });
    }

    //关闭设备
    _close() async {
        try {
            //释放本地流资源
            await _localStream.dispose();
            //将本地渲染对象源设置为空
            _localRenderer.srcObject = null;
        } catch (e) {
            print(e.toString());
        }
        //设置当前状态为关闭状态
        setState(() {
            _isOpen = false;
        });
    }

    @override
    Widget build(BuildContext context) {
        return Scaffold(
            //标题
            appBar: AppBar(
                title: Text('屏幕共享示例'),
            ),
            //根据手机旋转方向更新UI
            body: OrientationBuilder(
                builder: (context, orientation) {
                    //居中
                    return Center(
                        child: Container(
                            //设置外边距
                            margin: EdgeInsets.fromLTRB(0.0, 0.0, 0.0, 0.0),
                            //设置容器宽度为页面宽度
                            width: MediaQuery.of(context).size.width,
                            //设置容器高度为页面高度
                            height: MediaQuery.of(context).size.height,
                            //WebRTC视频渲染控件
                            child: RTCVideoView(_localRenderer),
                            //设置背景色
                            decoration: BoxDecoration(color: Colors.black54),
                        ),
                    );
```

```
            },
        ),
        //右下角按钮
        floatingActionButton: FloatingActionButton(
            //打开或关闭处理
            onPressed: _isOpen ? _close : _open,
            //按钮图标
            child: Icon(_isOpen ? Icons.close : Icons.add),
        ),
    );
  }
}
```

运行 app-samples 工程后，打开示例并点击右下角按钮，首先模拟器会弹出请求权限对话框，如图 11-3 所示，允许通过即可。

点击 START NOW 按钮，表示允许捕获手机屏幕。此时可以看到手机的画面了，如图 11-4 所示。再次点击右下角的按钮，此时可以关闭画面并释放资源。

图 11-3　请求捕获屏幕权限

图 11-4　屏幕共享示例

 提示　示例图片中会出现一个套一个的画面，出现这种情况是因为程序在不断地捕获当前手机屏幕，而当前屏幕又处于打开示例程序的页面，这样就造成嵌套的现象。

11.4　控制设备

手机硬件中与音 / 视频相关的设备也很多，如前置摄像头、后置摄像头、麦克风、扬声器、听筒、蓝牙耳机等，根据不同的使用场景选择合适的设备才能发挥最佳效果。例如，你在进行自拍式直播时会选择前置摄像头，在开车时会考虑使用蓝牙耳机，在会议场景中还要考虑是否静音，是否禁用摄像头等。这些都需要通过控制手机设备来实现。

Flutter-WebRTC 插件可以控制设备，方法由 MediaStreamTrack 接口提供，如下所示。

❏ switchCamera：切换前后置摄像头。

❏ enableSpeakerphone：是否启用扬声器。

❏ enabled：如果是音频轨道，表示是否静音。如果是视频轨道，表示是否禁用摄像头。

获取媒体轨道需要调用 MediaStream 的两个方法，如下所示。

❏ getVideoTracks：获取所有视频轨道。

❏ getAudioTracks：获取所有音频轨道。

接下来通过一个示例来测试这些接口使用的方法，具体步骤如下。

步骤 1　打开 app-samples 工程下的 lib 目录，添加 control_device.dart 文件。创建 ControlDeviceSample 组件，因为需要交互，所以需要继承自 StatefulWidget 有状态组件，如下面的代码所示。

```
class ControlDeviceSample extends StatefulWidget {
...
}
```

步骤 2　调用本地视频对象初始化方法、销毁方法。根据约束条件获取本地音视频流。另外，添加 UI 及视频渲染代码。这一部分请参考前面 11.2 节 GetUserMedia 中的代码。

步骤 3　添加控制设备的方法，如切换前后置摄像头，是否静音，切换扬声器或听筒等，方法名如下所示。

```
//切换前后置摄像头
_switchCamera() {
  ...
}

//是否禁用摄像头
_turnCamera() {
  ...
}

//是否静音
_turnMicrophone() {
  ...
}

//切换扬声器或听筒
```

```
_switchSpeaker() {
    ...
}
```

步骤 4　在 UI 部分添加方法操作按钮 IconButton，根据状态值来切换按钮图标，代码如下所示。

```
IconButton(
    icon: Icon(_microphoneOff ? Icons.mic_off : Icons.mic),
    onPressed: (){
        ...
    },
),
```

步骤 5　在 main.dart 里添加示例列表项及路由跳转代码，同时导入示例 dart 文件。完整的代码如下所示。

```
import 'package:flutter/material.dart';
import 'package:flutter_webrtc/webrtc.dart';
import 'dart:core';

/**
 * 控制设备示例
 */
class ControlDeviceSample extends StatefulWidget {
    static String tag = '控制设备示例';

    @override
    _ControlDeviceSampleState createState() => _ControlDeviceSampleState();
}

class _ControlDeviceSampleState extends State<ControlDeviceSample> {
    //本地媒体流
    MediaStream _localStream;
    //本地视频渲染对象
    final _localRenderer = RTCVideoRenderer();
    //是否打开
    bool _isOpen = false;
    //是否关闭摄像头
    bool _cameraOff = false;
    //是否关闭麦克风
    bool _microphoneOff = false;
    //是否打开扬声器
    bool _speakerOn = true;

    @override
    initState() {
        super.initState();
        //RTCVideoRenderer初始化
        initRenderers();
    }
```

```
//在销毁dispose之前会调用deactivate，可用于释放资源
@override
deactivate() {
    super.deactivate();
    //关闭处理
    if (_isOpen) {
        _close();
    }
    //释放资源并停止渲染
    _localRenderer.dispose();
}

initRenderers() async {
    //RTCVideoRenderer初始化
    await _localRenderer.initialize();
}

//打开设备，平台的消息是异步的，所以这里需要使用async
_open() async {
    //约束条件
    final Map<String, dynamic> mediaConstraints = {
        "audio": true,
        "video": { "width": 1280, "height": 720 }
    };

    try {
        //根据约束条件获取媒体流
        navigator.getUserMedia(mediaConstraints).then((stream){
            //将获取到的流stream赋给_localStream
            _localStream = stream;
            //将本地视频渲染对象与_localStream绑定
            _localRenderer.srcObject = _localStream;
        });
    } catch (e) {
        print(e.toString());
    }

    //判断状态是否初始化完成
    if (!mounted) return;

    //设置当前状态为打开状态
    setState(() {
        _isOpen = true;
    });
}

//关闭设备
_close() async {
    try {
        //释放本地流资源
        await _localStream.dispose();
        //将本地渲染对象源设置为空
        _localRenderer.srcObject = null;
```

```
    } catch (e) {
        print(e.toString());
    }
    //设置当前状态为关闭状态
    setState(() {
        _isOpen = false;
    });
}


//切换前置和后置摄像头
_switchCamera() {
    //判断本地流及视频轨道长度
    if (_localStream != null && _localStream.getVideoTracks().length > 0) {
        //调用视频轨道的切换摄像头方法
        _localStream.getVideoTracks()[0].switchCamera();
    } else {
        print("不能切换摄像头");
    }
}


//是否禁用摄像头
_turnCamera() {
    //判断本地流及视频轨道长度
    if (_localStream != null && _localStream.getVideoTracks().length > 0) {
        var muted = !_cameraOff;
        setState(() {
            _cameraOff = muted;
        });
        //第一个视频轨道是否禁用
        _localStream.getVideoTracks()[0].enabled = !muted;
    } else {
        print("不能操作摄像头");
    }
}


//是否静音
_turnMicrophone() {
    //判断本地流及音频轨道长度
    if (_localStream != null && _localStream.getAudioTracks().length > 0) {
        var muted = !_microphoneOff;
        setState(() {
            _microphoneOff = muted;
        });
        //第一个音频轨道是否禁用
        _localStream.getAudioTracks()[0].enabled = !muted;

        if (muted) {
            print("已静音");
        } else {
            print("取消静音");
        }
    } else {}
}
```

```dart
//切换扬声器或听筒
_switchSpeaker() {
    this.setState(() {
        _speakerOn = !_speakerOn;
        //获取音频轨道
        MediaStreamTrack audioTrack = _localStream.getAudioTracks()[0];
        //调用音频轨道的设置是否启用扬声器方法
        audioTrack.enableSpeakerphone(_speakerOn);
        print("切换至:" + (_speakerOn ? "扬声器" : "听筒"));
    });
}

//重绘UI
@override
Widget build(BuildContext context) {
    return Scaffold(
        //标题
        appBar: AppBar(
            title: Text('控制设备示例'),
        ),
        //根据手机旋转方向更新UI
        body: OrientationBuilder(
            builder: (context, orientation) {
                //居中
                return Center(
                    child: Container(
                        //设置外边距
                        margin: EdgeInsets.fromLTRB(0.0, 0.0, 0.0, 0.0),
                        //设置容器宽度为页面宽度
                        width: MediaQuery.of(context).size.width,
                        //设置容器高度为页面高度
                        height: MediaQuery.of(context).size.height,
                        //WebRTC视频渲染控件
                        child: RTCVideoView(_localRenderer),
                        //设置背景色
                        decoration: BoxDecoration(color: Colors.black54),
                    ),
                );
            },
        ),
        //底部导航按钮
        bottomNavigationBar: BottomAppBar(
            //水平布局
            child: Row(
                mainAxisAlignment: MainAxisAlignment.spaceAround,
                children: <Widget>[
                    IconButton(
                        icon: Icon(_cameraOff ? Icons.videocam_off : Icons.videocam),
                        //是否禁用摄像头
                        onPressed: (){
                            this._turnCamera();
                        },
```

```
                    ),
                    IconButton(
                        icon: Icon(Icons.switch_camera),
                        //切换摄像头
                        onPressed: (){
                            this._switchCamera();
                        },
                    ),
                    IconButton(
                        icon: Icon(_microphoneOff ? Icons.mic_off : Icons.mic),
                        onPressed: (){
                            //是否静音
                            this._turnMicrophone();
                        },
                    ),
                    IconButton(
                        icon: Icon(_speakerOn ? Icons.volume_up : Icons.volume_down),
                        onPressed: (){
                            //切换扬声器或听筒
                            this._switchSpeaker();
                        },
                    ),
                ],
            ),
        ),
        //右下角按钮
        floatingActionButton: FloatingActionButton(
            //打开或关闭处理
            onPressed: _isOpen ? _close : _open,
            //按钮图标
            child: Icon(_isOpen ? Icons.close : Icons.add),
        ),
        //浮动按钮停靠方式
        floatingActionButtonLocation: FloatingActionButtonLocation.centerFloat,
    );
    }
}
```

运行 app-samples 工程后，首先点击中间的悬浮按钮，保证本地媒体流有数据，如图 11-5 所示。

出现如图 11-6 所示的图。点击底部第一个按钮，可以开启或关闭摄像头；点击第二个按钮，可以切换前后置摄像头；点击第三个按钮，可以开启或关闭麦克风，即是否静音；点击第四个按钮，可以切换扬声器和听筒。

💡提示　模拟器用了两个不同的动画来模拟前置和后置摄像头，如果画面切换了，则表示切换摄像头成功。图 11-6 中表示打开摄像头、静音以及启用扬声器状态。如果想使用更加丰富的功能，可以查看笔者编写的 Flutter 插件，网址为 https://github.com/kangshaojun/flutter-incall-manager。此插件可以提供如振铃、静音、开启扬声器以及保持屏幕激活等功能。

图 11-5　控制设备示例　　　　　　　　　图 11-6　切换摄像头

11.5　连接建立

Flutter-WebRTC 里也有 RTCPeerConnection、RTCSessionDescription、RTCIceCandidate
对象。连接建立的过程遵循 WebRTC 标准，连接建立的流程可以参考第 8 章。这里主要说
明一下与 HTML5 的区别及要注意的地方。

11.5.1　媒体约束

配置约束时需要创建媒体约束、连接约束以及 SDP 约束。如媒体约束主要控制是否采
集音频、视频以及视频的宽高帧率等。设置方法如下面的代码所示。

```
mediaConstraints = {
    //开启音频
    "audio": true,
    "video": {
        "mandatory": {
            //宽度
            "minWidth": '640',
            //高度
```

```
            "minHeight": '480',
            //帧率
            "minFrameRate": '30',
        },
        ...
    }
};
```

11.5.2　连接约束

连接约束主要用于创建 RTCPeerConnection 连接对象时使用的参数。如果要与浏览器互通，需要设置 DtlsSrtpKeyAgreement 为 true，如下面的代码所示。

```
"optional": [
    {"DtlsSrtpKeyAgreement": true},
],
```

11.5.3　SDP 约束

SDP 约束主要是 RTCPeerConnection 创建提议或应答时使用的参数，主要用来约束连接是否接收语音或视频数据。设置方法如下所示。

```
"mandatory": {
    //是否接收语音数据
    "OfferToReceiveAudio": true,
    //是否接收视频数据
    "OfferToReceiveVideo": true,
},
```

11.5.4　手机旋转方向

当连接建立后，本地及远端的视频都会呈现在用户面前。此时，用户可能会横屏使用或竖屏使用。可以通过 Flutter 的 OrientationBuilder 组件来判断方向，它的 orientation 属性有如下两个值。

❑ Orientation.portrait：竖屏方向。
❑ Orientation.landscape：横屏方向。

11.5.5　连接建立示例

接下来，通过一个示例来阐述建立连接的方法。具体步骤如下。

步骤 1　打开 app-samples 工程下的 lib 目录，添加 peer_connection.dart 文件。创建 PeerConnectionSample 组件，因为需要交互，所以需要继承自 StatefulWidget 有状态组件，代码如下所示。

```
class PeerConnectionSample extends StatefulWidget {
```

```
...
}
```

步骤 2 添加本地及远端需要用到的流、连接以及视频渲染对象，如下所示。

❑ _localStream：本地媒体流。

❑ _remoteStream：远端媒体流。

❑ _localConnection：本地连接。

❑ _remoteConnection：远端连接。

❑ _localRenderer：本地视频渲染对象。

❑ _remoteRenderer：远端视频渲染对象。

步骤 3 创建媒体约束、SDP 约束、连接约束以及 IceServers 配置。其中 Ice 服务器配置如下所示。

```
"iceServers": [
    {"url": "stun:stun.l.google.com:19302"},
]
```

步骤 4 根据约束获取本地媒体流，同时将本地媒体流与本地视频对象绑定，如下面的代码所示。

```
_localStream = await navigator.getUserMedia({...});
_localRenderer.srcObject = _localStream;
```

步骤 5 创建本地连接对象，添加本地 Candidate 事件、本地 Ice 连接状态事件，然后再将本地流添加至本地连接。处理代码大致如下所示。

```
_localConnection = await createPeerConnection(configuration, pc_constraints);
//添加事件监听 ...

_localConnection.addStream(_localStream);
```

步骤 6 创建远端连接对象，添加远端 Candidate 事件及远端 Ice 连接状态事件，另外还需要添加远端流到达监听事件。处理代码大致如下所示。

```
_remoteConnection = await createPeerConnection(configuration, pc_constraints);
...
_remoteConnection.onAddStream = _onRemoteAddStream;
```

其中，onAddStream 即远端视频流到达事件，通过此事件回调参数可以获取本地发送到远端的媒体，根据得到的媒体流再传递给远端视频对象即可。代码如下所示。

```
_remoteRenderer.srcObject = stream;
```

步骤 7 添加本地及远端连接在连接建立过程中所绑定的回调方法。方法定义如下所示。

```
_onLocalIceConnectionState(RTCIceConnectionState state) {
    ...
```

```
}

_onRemoteIceConnectionState(RTCIceConnectionState state) {
    ...
}

_onLocalCandidate(RTCIceCandidate candidate) {
    ...
}

_onRemoteCandidate(RTCIceCandidate candidate) {
    ...
}
```

其中, Candidate 的回调方法会获取到本地或远端的 IP 及端口信息, 然后告知对方即可。如当本地获取到 Candidate 数据后, 调用远端的 addCandidate 方法。代码如下所示。

```
_remoteConnection.addCandidate(candidate);
```

步骤 8　本地连接创建提议, 远端连接创建应答信息, 双方交换 SDP, 按以下顺序执行即可。

1）本地连接创建提议 Offer。

2）本地连接设置本地 SDP 信息。

3）远端连接设置远端 SDP 信息。

4）远端连接创建应答 Answer。

5）远端连接设置本地 SDP 信息。

6）本地连接设置远端 SDP 信息。

步骤 9　添加关闭处理, 销毁本地流、远端流, 关闭本地连接、远端连接, 将本地视频源设置为空, 将远端视频源设置为空。

步骤 10　在 UI 部分添加视频渲染代码, 根据手机旋转的方向设置不同的布局。在 main.dart 里添加示例列表项及路由跳转代码。同时导入示例 dart 文件。完整的示例代码如下所示。

```dart
import 'package:flutter/material.dart';
import 'package:flutter_webrtc/webrtc.dart';
import 'dart:core';
import 'dart:async';

/**
 * 连接建立示例
 */
class PeerConnectionSample extends StatefulWidget {

    static String tag = '连接建立示例';

    @override
```

```dart
        _PeerConnectionSampleState createState() => _PeerConnectionSampleState();
}


class _PeerConnectionSampleState extends State<PeerConnectionSample> {
    //本地媒体流
    MediaStream _localStream;
    //远端媒体流
    MediaStream _remoteStream;
    //本地连接
    RTCPeerConnection _localConnection;
    //远端连接
    RTCPeerConnection _remoteConnection;
    //本地视频渲染对象
    final _localRenderer = RTCVideoRenderer();
    //远端视频渲染对象
    final _remoteRenderer = RTCVideoRenderer();
    //是否连接
    bool _isConnected = false;

    //媒体约束
    final Map<String, dynamic> mediaConstraints = {
        //开启音频
        "audio": true,
        "video": {
            "mandatory": {
                //宽度
                "minWidth": '640',
                //高度
                "minHeight": '480',
                //帧率
                "minFrameRate": '30',
            },
            "facingMode": "user",
            "optional": [],
        }
    };

    Map<String, dynamic> configuration = {
        //使用Google的服务器
        "iceServers": [
            {"url": "stun:stun.l.google.com:19302"},
        ]
    };

    //SDP约束
    final Map<String, dynamic> sdp_constraints = {
        "mandatory": {
            //是否接收语音数据
            "OfferToReceiveAudio": true,
            //是否接收视频数据
            "OfferToReceiveVideo": true,
        },
        "optional": [],
```

```
};

//PeerConnection约束
final Map<String, dynamic> pc_constraints = {
    "mandatory": {},
    "optional": [
        //如果要与浏览器互通，则开启DtlsSrtpKeyAgreement，此处不开启
        {"DtlsSrtpKeyAgreement": false},
    ],
};

@override
initState() {
    super.initState();
    //初始化视频渲染对象
    initRenderers();
}

@override
deactivate() {
    super.deactivate();
    //挂断
    if (_isConnected) {
        _close();
    }
    //销毁本地视频渲染对象
    _localRenderer.dispose();
    //销毁远端视频渲染对象
    _remoteRenderer.dispose();
}

 //初始化视频渲染对象
initRenderers() async {
    await _localRenderer.initialize();
    await _remoteRenderer.initialize();
}

//本地Ice连接状态
_onLocalIceConnectionState(RTCIceConnectionState state) {
    print(state);
}

//远端Ice连接状态
_onRemoteIceConnectionState(RTCIceConnectionState state) {
    print(state);
}

//远端流添加成功后回调
_onRemoteAddStream(MediaStream stream) {
    print('Remote addStream: ' + stream.id);
    //得到远端媒体流
    _remoteStream = stream;
    //将远端视频渲染对象与媒体流绑定
```

```
        _remoteRenderer.srcObject = stream;
    }

    //本地Candidate数据回调
    _onLocalCandidate(RTCIceCandidate candidate) {
        print('LocalCandidate: ' + candidate.candidate);
        //将本地Candidate添加至远端连接
        _remoteConnection.addCandidate(candidate);
    }

    //远端Candidate数据回调
    _onRemoteCandidate(RTCIceCandidate candidate) {
        print('RemoteCandidate: ' + candidate.candidate);
        //将远端Candidate添加至本地连接
        _localConnection.addCandidate(candidate);
    }

    _open() async {

        //如果本地与远端连接创建成功，则返回
        if (_localConnection != null || _remoteConnection != null) return;

        try {
            //根据媒体约束获取本地媒体流
            _localStream = await navigator.getUserMedia(mediaConstraints);
            //将本地媒体流与本地视频对象绑定
            _localRenderer.srcObject = _localStream;

            //创建本地连接对象
            _localConnection = await createPeerConnection(configuration, pc_constraints);
            //添加本地Candidate事件监听
            _localConnection.onIceCandidate = _onLocalCandidate;
            //添加本地Ice连接状态事件监听
            _localConnection.onIceConnectionState = _onLocalIceConnectionState;


            //添加本地流至本地连接
            _localConnection.addStream(_localStream);
            //设置本地静音状态为false
            _localStream.getAudioTracks()[0].setMicrophoneMute(false);


            //创建远端连接对象
            _remoteConnection = await createPeerConnection(configuration, pc_constraints);
            //添加远端Candidate事件监听
            _remoteConnection.onIceCandidate = _onRemoteCandidate;
            //监听获取到远端视频流事件
            _remoteConnection.onAddStream = _onRemoteAddStream;
            //添加远端Ice连接状态事件监听
            _remoteConnection.onIceConnectionState = _onRemoteIceConnectionState;

            //本地连接创建提议Offer
            RTCSessionDescription offer = await _localConnection.createOffer(sdp_
```

```
constraints);
            print("offer:"+ offer.sdp);
            //本地连接设置本地SDP信息
            _localConnection.setLocalDescription(offer);
            //远端连接设置远端SDP信息
            _remoteConnection.setRemoteDescription(offer);

            //远端连接创建应答Answer
            RTCSessionDescription answer = await _remoteConnection.createAnswer(sdp_
constraints);
            print("answer:"+ answer.sdp);
            //远端连接设置本地SDP信息
            _remoteConnection.setLocalDescription(answer);
            //本地连接设置远端SDP信息
            _localConnection.setRemoteDescription(answer);

        } catch (e) {
            print(e.toString());
        }
        if (!mounted) return;

        //设置为连接状态
        setState(() {
            _isConnected = true;
        });
    }

    //关闭处理
    _close() async {
        try {
            //销毁本地流
            await _localStream.dispose();
            //销毁远端流
            await _remoteStream.dispose();
            //关闭本地连接
            await _localConnection.close();
            //关闭远端连接
            await _remoteConnection.close();
            //将本地连接设置为空
            _localConnection = null;
            //将远端连接设置为空
            _remoteConnection = null;
            //将本地视频源设置为空
            _localRenderer.srcObject = null;
            //将远端视频源设置为空
            _remoteRenderer.srcObject = null;
        } catch (e) {
            print(e.toString());
        }
        //设置连接状态为false
        setState(() {
            _isConnected = false;
        });
```

```
        }

        //重写 build方法
        @override
        Widget build(BuildContext context) {
            return
                //页面脚手架
                Scaffold(
                    //应用栏
                    appBar: AppBar(
                        //标题
                        title: Text('连接建立示例'),
                    ),
                    //旋转组件，可用于判断旋转方向
                    body: OrientationBuilder(
                        //orientation为旋转方向
                        builder: (context, orientation) {
                            //居中
                            return Center(
                                //容器
                                child: Container(
                                    decoration: BoxDecoration(color: Colors.white),
                                    child: Stack(
                                        children: <Widget>[
                                            Align(
                                            //判断是否为垂直方向
                                            alignment: orientation == Orientation.portrait
                                            ? const FractionalOffset(0.5, 0.1)
                                            : const FractionalOffset(0.0, 0.5),
                                            child: Container(
                                        margin: EdgeInsets.fromLTRB(0.0, 0.0, 0.0, 0.0),
                                                width: 320.0,
                                                height: 240.0,
                                                //本地视频渲染
                                                child: RTCVideoView(_localRenderer),
                                        decoration: BoxDecoration(color: Colors.black54),
                                            ),
                                            ),
                                            Align(
                                            //判断是否为垂直方向
                                            alignment: orientation == Orientation.portrait
                                            ? const FractionalOffset(0.5, 0.9)
                                            : const FractionalOffset(1.0, 0.5),
                                            child: Container(
                                        margin: EdgeInsets.fromLTRB(0.0, 0.0, 0.0, 0.0),
                                                width: 320.0,
                                                height: 240.0,
                                                //远端视频渲染
                                                child: RTCVideoView(_remoteRenderer),
                                        decoration: BoxDecoration(color: Colors.black54),
                                            ),
                                            ),
                                        ],
```

```
                ),
              ),
            );
          },
        ),
      ),
      //浮动按钮
      floatingActionButton: FloatingActionButton(
      onPressed: _isConnected ? _close : _open,
      child: Icon(_isConnected ? Icons.close : Icons.add),
      ),
    );

  }
}
```

　　运行 app-samples 工程后，点击右下角的悬浮按钮，可以看到本地及远端视频均呈现出来，如图 11-7 所示。可以尝试旋转手机查看视频渲染是否正常。

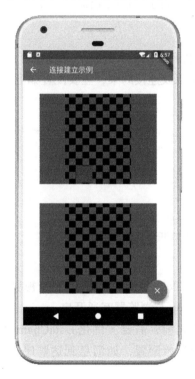

图 11-7　App 连接建立

11.6　数据通道

　　Flutter-WebRTC 里的数据通道接口是 RTCDataChannel，当本地与远端连接建立后，可以用来发送文本及二进制数据。数据通道遵循 WebRTC 标准，可参考第 9 章。主要接口如下所示。

❑ RTCDataChannelInit：数据通道初始化配置。

❑ RTCDataChannel：数据通道主要接口。

❑ RTCDataChannelMessage：数据通道消息接口，用于接收消息处理。

❑ RTCDataChannelState：数据通道连接状态。

如果想从本地向远端发送数据，首先需要建立起连接。这一过程参考第 8 章即可，再参考 9.2 节。接下来通过一个示例阐述移动端如何发送文本消息。具体步骤如下所示。

步骤 1 打开 app-samples 工程下的 lib 目录，添加 data_channel.dart 文件。创建 Data-ChannelSample 组件，因为需要交互，所以需要继承自 StatefulWidget 有状态组件，如下面的代码所示。

```
class DataChannelSample extends StatefulWidget {
...
}
```

步骤 2 参考第 8 章示例代码，保留其连接部分的代码，去掉本地及远端媒体流和视频渲染对象。需要修改 SDP 约束以及连接约束，主要配置如下所示。

```
sdp_constraints = {
    "mandatory": {
        "OfferToReceiveAudio": false,
        "OfferToReceiveVideo": false,
    },
};

pc_constraints = {
    "optional": [
        {"DtlsSrtpKeyAgreement": true},
    ],
};
```

由于是发送文本数据，所以这里设置成不接收音视频数据。另外，将 DtlsSrtpKey-Agreement 设置为 true，表示 App 与浏览器互通开启。

步骤 3 在创建发送通道之前，需要实例化 DataChannel 初始化对象。这里需要使用 RTCDataChannelInit 接口进行初始配置，如消息到达顺序、传输协议、最大重传次数等。创建代码如下所示。

```
//实例化DataChannel初始化对象
_dataChannelDict = RTCDataChannelInit();
...
//创建发送通道
_sendChannel = await _localConnection.createDataChannel('dataChannel', _
dataChannelDict);
```

步骤 4 接收端的 DataChannel 是通过监听远端连接的 onDataChannel 事件获取的，其

回调方法参数 dataChannel 即为接收数据通道。然后再监听 onMessage 事件，可收取发送的
消息数据。如下面的代码所示。

```
_onDataChannel(RTCDataChannel dataChannel) {
    //接收回调事件赋值
    _receiveChannel = dataChannel;
    //监听数据通道消息
    _receiveChannel.onMessage = this._onReceiveMessageCallback;
}
```

接收到的消息为 RTCDataChannelMessage 类型，此接口包含文本及二进制数据。

步骤 5　当发送及接收数据通道都建立好后，可以创建 UI 界面用于展示发送数据及接
收数据。此时如果要发送数据，同样要构造一个 RTCDataChannelMessage 类型对象，然后
调用 DataChannel 的 send 方法发送即可。如下面的代码所示。

```
_sendChannel.send(RTCDataChannelMessage('测试数据'));
```

步骤 6　在 main.dart 里添加示例列表项及路由跳转代码，同时导入示例 dart 文件。完
整代码如下所示。

```
import 'package:flutter/material.dart';
import 'package:flutter_webrtc/webrtc.dart';
import 'dart:core';

/**
 * 数据通道示例
 */
class DataChannelSample extends StatefulWidget {

    static String tag = '数据通道示例';

    @override
    _DataChannelSampleState createState() => _DataChannelSampleState();
}

class _DataChannelSampleState extends State<DataChannelSample> {
    //本地连接
    RTCPeerConnection _localConnection;
    //远端连接
    RTCPeerConnection _remoteConnection;
    RTCDataChannelInit _dataChannelDict = null;
    //发送通道
    RTCDataChannel _sendChannel;
    //接收通道
    RTCDataChannel _receiveChannel;
    //是否连接
    bool _isConnected = false;
    //接收到的消息
    String _message = '';
```

```dart
Map<String, dynamic> configuration = {
    //使用Google的服务器
    "iceServers": [
        {"url": "stun:stun.l.google.com:19302"},
    ]
};

//SDP约束
final Map<String, dynamic> sdp_constraints = {
    "mandatory": {
        //不接收语音数据
        "OfferToReceiveAudio": false,
        //不接收视频数据
        "OfferToReceiveVideo": false,
    },
    "optional": [],
    };

    //PeerConnection约束
    final Map<String, dynamic> pc_constraints = {
        "mandatory": {},
        "optional": [
            //如果要与浏览器互通，开启DtlsSrtpKeyAgreement
            {"DtlsSrtpKeyAgreement": true},
        ],
};

@override
initState() {
    super.initState();
}

@override
deactivate() {
    super.deactivate();
    //挂断
    if (_isConnected) {
        _close();
    }
}

_open() async {

    //如果本地与远端连接创建成功，则返回
    if (_localConnection != null || _remoteConnection != null) return;

    try {
        //创建本地连接对象
        _localConnection = await createPeerConnection(configuration, pc_constraints);
        //添加本地Candidate事件监听
        _localConnection.onIceCandidate = _onLocalCandidate;
        //添加本地Ice连接状态事件监听
        _localConnection.onIceConnectionState = _onLocalIceConnectionState;
```

```
        //实例化DataChannel初始化对象
        _dataChannelDict = RTCDataChannelInit();
        //创建RTCDataChannel对象时设置的通道的唯一Id
        _dataChannelDict.id = 1;
        //表示通过RTCDataChannel的信息的到达顺序需要和发送顺序一致
        _dataChannelDict.ordered = true;
        //最大重传时间
        _dataChannelDict.maxRetransmitTime = -1;
        //最大重传次数
        _dataChannelDict.maxRetransmits = -1;
        //传输协议
        _dataChannelDict.protocol = "sctp";
        //是否由用户代理或应用程序协商频道
        _dataChannelDict.negotiated = false;
        //创建发送通道
        _sendChannel = await _localConnection.createDataChannel('dataChann
el', _dataChannelDict);

        //创建远端连接对象
        _remoteConnection = await createPeerConnection(configuration, pc_constraints);
        //添加远端Candidate事件监听
        _remoteConnection.onIceCandidate = _onRemoteCandidate;
        //添加远端Ice连接状态事件监听
        _remoteConnection.onIceConnectionState = _onRemoteIceConnectionState;
        //远端DataChannel回调事件
        _remoteConnection.onDataChannel = _onDataChannel;

        //本地连接创建提议Offer
        RTCSessionDescription offer = await _localConnection.createOffer(sdp_constraints);
        print("offer:"+ offer.sdp);
        //本地连接设置本地SDP信息
        _localConnection.setLocalDescription(offer);
        //远端连接设置远端SDP信息
        _remoteConnection.setRemoteDescription(offer);

        //远端连接创建应答Answer
        RTCSessionDescription answer = await _remoteConnection.createAnswer
(sdp_constraints);
        print("answer:"+ answer.sdp);
        //远端连接设置本地SDP信息
        _remoteConnection.setLocalDescription(answer);
        //本地连接设置远端SDP信息
        _localConnection.setRemoteDescription(answer);

    } catch (e) {
        print(e.toString());
    }
    if (!mounted) return;

    //设置为连接状态
    setState(() {
        _isConnected = true;
```

```dart
    });
}

//关闭处理
_close() async {
    try {
        //关闭本地连接
        await _localConnection.close();
        //关闭远端连接
        await _remoteConnection.close();
        //将本地连接设置为空
        _localConnection = null;
        //将远端连接设置为空
        _remoteConnection = null;
    } catch (e) {
        print(e.toString());
    }
    //设置连接状态为false
    setState(() {
        _isConnected = false;
    });
}

//本地Ice连接状态
_onLocalIceConnectionState(RTCIceConnectionState state) {
    print(state);
}

//远端Ice连接状态
_onRemoteIceConnectionState(RTCIceConnectionState state) {
    print(state);
}

//本地Candidate数据回调
_onLocalCandidate(RTCIceCandidate candidate) {
    print('LocalCandidate: ' + candidate.candidate);
    //将本地Candidate添加至远端连接
    _remoteConnection.addCandidate(candidate);
}

//远端Candidate数据回调
_onRemoteCandidate(RTCIceCandidate candidate) {
    print('RemoteCandidate: ' + candidate.candidate);
    //将远端Candidate添加至本地连接
    _localConnection.addCandidate(candidate);
}

//远端DataChannel回调事件
_onDataChannel(RTCDataChannel dataChannel) {
    //接收回调事件赋值
    _receiveChannel = dataChannel;
    //监听数据通道消息
    _receiveChannel.onMessage = this._onReceiveMessageCallback;
```

```
        //监听数据通道状态改变
        _receiveChannel.onDataChannelState = this._onDataChannelStateCallback;

}

//接收消息回调方法
_onReceiveMessageCallback(RTCDataChannelMessage message){
    print(message.text.toString());
    this.setState((){
        _message = message.text;
    });
}

//数据通道状态改变回调方法
_onDataChannelStateCallback(RTCDataChannelState state){
    print(state.toString());
}

//发送消息
_sendMessage(){
    //此处发送的是文本数据
    this._sendChannel.send(RTCDataChannelMessage('测试数据'));
}

//重写 build方法
@override
Widget build(BuildContext context) {
    return
        //页面脚手架
        Scaffold(
            //应用栏
            appBar: AppBar(
                //标题
                title: Text('数据通道示例'),
            ),
            //旋转组件，可用于判断旋转方向
            body: OrientationBuilder(
                //orientation为旋转方向
                builder: (context, orientation) {
                    //居中
                    return Center(
                        //容器
                        child: Column(
                            mainAxisAlignment: MainAxisAlignment.center,
                            children: <Widget>[
                                Text(
                                    '接收到的消息:' + _message,
                                ),
                                RaisedButton(
                                    child: Text('点击发送文本'),
                                    onPressed: (){
                                        this._sendMessage();
                                    },
```

```
                        ),
                      ],
                    ),
                  );
              },
            ),
            //浮动按钮
            floatingActionButton: FloatingActionButton(
                onPressed: _isConnected ? _close : _open,
                child: Icon(_isConnected ? Icons.close : Icons.add),
            ),
          );
      }
    }
```

　　运行 app-samples 工程后。点击右下角的悬浮按钮，首先建立起连接，然后再点击"点击发送文本"按钮发送"测试数据"，此时会收到一个文本数据并展示在界面上，如图 11-8 所示。

图 11-8　App 数据通道示例

第三篇 *Part 3*

综合案例

一对一视频通话总体架构

掌握了获取媒体流、连接建立等知识后，还不能建立起真正意义上的通话。要想使得远程的两端互传音视频数据，还需要搭建信令服务器和 STUN 服务器。从本章开始，我们将逐步建立一对一视频通话系统。本章将详细阐述一对一视频通话案例的总体技术架构以及其实现原理。

12.1　通话流程

在第 8 章中，我们学习了 A 与 B 连接建立的过程，但没有加入信令服务器及 STUN 服务器，所以当两端不在同一台计算机上时，二者是无法通信的。

首先来看一下完整的通话流程，如图 12-1 所示。

整个通话流程看起来还是比较复杂的，我们需要了解一些基本概念，然后再拆分流程，这样就容易理解了。参与会话的两端及服务器的作用如下。

- ❏ A：作为会话的发起方，由其创建提议 Offer。
- ❏ B：作为会话的应答方，当接收到 A 发过来的 Offer 后创建应答 Answer。
- ❏ 信令服务器：A 和 B 使用 Socket 与其建立连接，双方互相转发的 SDP 及 Candidate 信息由其转发完成。
- ❏ STUN 服务器：STUN 服务器用于接收 A 及 B 的 ICE 请求，从而获取各自的 Candidate 信息，然后再通过信令服务器转发至对方。一般 STUN 服务器也具有转发媒体数据的功能，当 P2P 打不通时，可由其转发音视频数据。

以 A 向 B 发起呼叫后，双方建立起连接，然后传输语音视频为例。详细的流程分解如下所示。

❑ A 及 B 分别使用 WebSocket 连接信令服务器。此时信令服务器连接成功。

❑ A 及 B 分别创建 PeerConnection，然后添加本地媒体流。

❑ A 创建提议并设置本地 SDP 描述，然后将 Offer 信息通过信令服务器发送至 B。B 设置远端 SDP 描述。

❑ B 创建应答并设置本地 SDP 描述，然后将 Answer 信息通过信令服务器发送至 A。A 设置远端 SDP 描述。此时提议 / 应答流程完成，即媒体协商完成。

❑ A 发起 ICE 请求至 STUN 服务器，服务器返回 Candidate 至 A，然后 A 通过信令服务器将 Candidate 发送至 B。B 将 Candidate 添加至 B 的连接对象里。

❑ B 发起 ICE 请求至 STUN 服务器，服务器返回 Candidate 至 B。然后 B 通过信令服务器将 Candidate 发送至 A。A 将 Candidate 添加至 A 的连接对象里。此时网络协商完成，双方建立起连接。

❑ 当双方建立起连接后，会收到双方发过来的流。A 会收到 B 的媒体流，同样 B 也会收到 A 的媒体流。此时完成真正的语音视频通话。

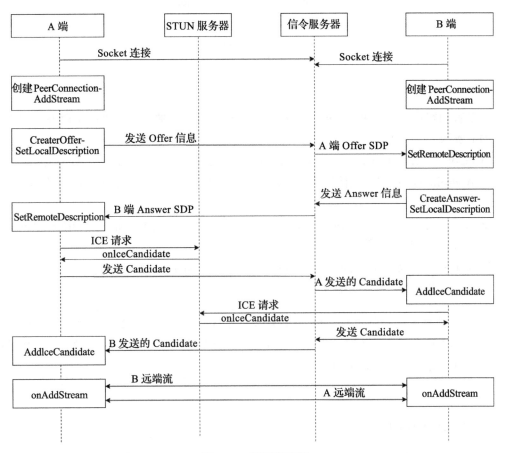

图 12-1   通话流程图

12.2　技术框架

音视频项目的技术选型非常重要。如果选型不当，可能导致某一块技术点久攻不下，甚至不能实现，这样就无法完成产品开发。这里的一对一视频通话案例中，我们主要实现四块内容，如图 12-2 所示。

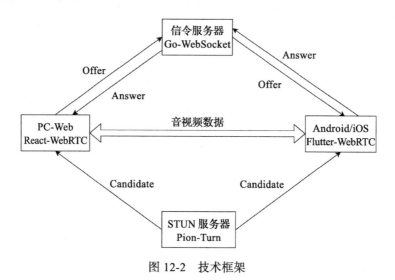

图 12-2　技术框架

可以看到客户端分为 PC-Web、Android 和 iOS。服务器端需要提供两个服务。使用的技术如下所示。

- ❑ PC-Web：使用 React 框架及 WebRTC 的 HTML5 标准接口，信令使用 WebSocket 技术。
- ❑ Android/iOS：移动端使用的是 Flutter 跨平台技术，使用 flutter-webrtc 插件实现音 / 视频功能。
- ❑ 信令服务器：使用 Golang 的 WebSocket 技术实现信令功能，如转发 Offer、Answer、Candidate 等数据。
- ❑ STUN 服务器：使用的是 Golang 开源技术 Pion/Turn 项目，同时具备 STUN 及 TURN 媒体数据中转功能。

> 🎯 提示　Pion 项目是一个使用 Golang 语言编写的可以中转媒体数据的服务器，同时提供客户端和服务器端的 API。另外，Pion 同时具备 STUN 及 TURN 两项功能。其访问网址是 https://github.com/pion/turn。

12.3　WebSocket

WebSocket 是 HTML5 开始提供的一种在单个 TCP 连接上进行全双工通信的协议。

WebSocket 使得客户端和服务器之间的数据交换变得更加简单，允许服务器端主动向客户端推送数据。在 WebSocket API 中，浏览器和服务器只需要完成一次握手，两者之间就可以直接创建持久性的连接，并进行双向数据传输。

现在很多网站为了实现推送技术，所用的技术都是 Ajax 轮询。轮询是在特定的时间间隔（如 1 秒）内，由浏览器对服务器发出 HTTP 请求，然后由服务器返回最新的数据给客户端的浏览器。这种传统的模式带来很明显的缺点，即浏览器需要不断地向服务器发出请求，然而 HTTP 请求可能包含较长的头部，其中真正有效的数据可能只是很小的一部分，显然这样会浪费很多的带宽等资源。

HTML5 定义的 WebSocket 协议，能更好地节省服务器资源和带宽，并且能够更实时地进行通信。Ajax 轮询和 WebSocket 两种数据交互如图 12-3 所示。

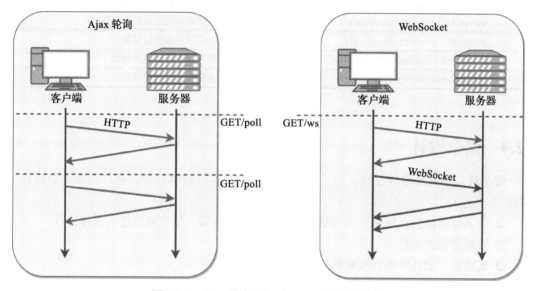

图 12-3　Ajax 轮询和 WebSocket 通信示意图

WebSocket 协议本质上是一个基于 TCP 的协议。

为了建立一个 WebSocket 连接，客户端浏览器首先要向服务器发起一个 HTTP 请求，这个请求和通常的 HTTP 请求不同，包含了一些附加头信息，其中附加头信息 "Upgrade: WebSocket" 表明这是一个申请协议升级的 HTTP 请求，服务器端解析这些附加的头信息，然后产生应答信息返回给客户端，客户端和服务器端的 WebSocket 连接就建立起来了，双方就可以通过这个连接通道自由地传递信息，并且这个连接会持续存在，直到客户端或者服务器端的某一方主动关闭连接。

WebSocket 请求头信息相关字段如表 12-1 所示。在 React 中直接使用 WebSocket 进行连接即可。在 Flutter 中还需要升级 HTTP 请求，在请求头里添加表中的字段值。

表 12-1　请求头相关字段

字段名	说明
Connection: Upgrade	标识该 HTTP 请求是一个协议升级请求
Upgrade: WebSocket	协议升级为 WebSocket 协议
Sec-WebSocket-Version: 13	客户端支持 WebSocket 的版本
Sec-WebSocket-Key: jONIMu4nFOf0iwNnc2cihg==	客户端采用 base64 编码的 24 位随机字符序列

建立连接后，可在客户端使用相关的 WebSocket API。相关的实现接口如表 12-2 所示。

表 12-2　WebSocket 实现接口

实现方式	说明
new WebSocket("ws://host:port/")	发起与服务器建立 WebSocket 连接的对象
websocket.onopen()=function(){}	接收连接成功建立的响应函数
websocket.onerror()=function(){}	接收异常信息的响应函数
websocket.onmessage()=functionm{}	接收服务器返回的消息函数
websocket.onclose()=function(){}	接收连接关闭的响应函数

12.4　信令设计

信令就是协调通信的过程，为了建立一个 WebRTC 的通信过程，客户端需要交换如下信息：

❑ 会话控制信息，用来开始和结束通话，即开始视频、结束视频这些操作指令。

❑ 处理错误的消息。

❑ 元数据，如各自的音视频解码方式、带宽。

❑ 网络数据，对方的公网 IP、端口、内网 IP 及端口。

信令处理过程需要客户端能够来回传递消息，这个过程在 WebRTC 里面是没有实现的，需要自己创建，这里我们使用 WebSocket 实现。

一旦信令服务器建立好，两个客户端之间建立了连接，理论上它们就可以进行点对点通信了，这样可以减轻信令服务器的压力和消息传递的延迟。

因为信令是我们自己定义的，所以安全性问题与 WebRTC 无关，需要自己处理。一旦攻击者掌握了你的信令，就能控制会话的开始、结束、重定向等。最重要的因素在信令安全中还是要靠安全协议保证，如 HTTPS、WSS，它们能确保未加密的消息不能被截取。

根据一对一视频通话场景，前后端信令交互设计如下。

❑ offer：提议 SDP。

❑ answer：应答 SDP。

❑ candidate：ICECandidate 网络信息。

❑ updateUserList：更新房间所有成员信息。

❑ joinRoom：某成员进入房间。

❑ leaveRoom：某成员离开消息。

❑ hangUp：某成员主动挂断消息。

❑ heartPackage：保持激活消息，接收服务器端发送过来的心跳包。

> **注意**　设计好信令交互消息类型后，各个端包括 PC-Web、App、Server 端程序，必须统一消息类型以及消息数据格式，否则会遇到接收不到某消息或解析消息数据失败的情况。

设计好前后端信令交互后，可以根据消息类型以及 WebSocket 的连接状态在前端设计信令状态。这样做的作用是，根据发送或接收的不同消息类型来设置当前的信令状态值。如下面的代码所示，这些枚举值定义了不同的信令状态。

```
//状态
enum P2PState {
    //新建
    CallStateJoinRoom,
    //挂断
    CallStateHangUp,
    //连接打开
    ConnectionOpen,
    //连接关闭
    ConnectionClosed,
    //连接错误
    ConnectionError,
}
```

上面的代码为 Flutter 端的信令状态，应用层会根据这些状态值进行不同的 UI 渲染。如当状态处理挂断 CallStateHangUp 时，当前视频通话界面需要关闭，结束会话。

服务器端实现

一对一视频通话服务主要包括三种：信令服务、STUN 服务和 TURN 服务。其中，信令服务使用 WebSocket 实现，STUN 与 TURN 服务合为一个项目。本章将重点介绍信令服务器端的实现，STUN 与 TURN 服务只要会配置即可。

13.1　Go 开发环境搭建

一对一视频通话信令服务器只需要实现 WebSocket 即可，所以技术选型可以选择 Node.js、Golang、Java 等。这里我们选择 Golang 的原因是，信令服务器及 TURN 中转服务均采用 Golang 编写，这样可以尽量缩小技术范围，减少学习及维护成本。

13.1.1　Windows 环境搭建

1. 下载 Windows 安装包并安装

从官网 https://golang.org/ 或 https://golang.google.cn/ 下载 Windows 安装包，如 go1.13.4.windows-amd64.msi。

双击安装包进行安装，默认安装至路径 C:\Go\ 下。

安装包自动在"环境变量"中添加如下系统变量：

❑ GOROOT：C:\Go\

❑ Path：C:\Go\bin

安装包自动在"环境变量"中添加如下用户变量：

❑ GOPATH：%USERPROFILE%\go

❑ Path：%GOPATH%\bin

其中，环境变量查看方式及 %USERPROFILE% 值如下所示：

❑ 环境变量查看方法如下：右击"我的电脑"→"属性"，选择"高级系统设置"→"高
级"，点击"环境变量"。

❑ %USERPROFILE% 值：在命令窗口（cmd）中输入 echo %USERPROFILE%，可以
获取值，如 C:\Users\Administrator。

2. 修改工作路径环境变量

假设你以后编写 Go 代码的工作路径为 D:\golang，则找到"环境变量"→"用户变量"
中的 GOPATH，修改其值为 D:\ golang。

3. 安装 Git

从 https://www.git-scm.com/download/ 网站下载 64 位的 Windows 安装包，并进行安装。

13.1.2　MacOS 环境搭建

1. 下载 MacOS 安装包并安装

从官网 https://golang.org/ 或 https://golang.google.cn/ 下载 MacOS 安装包，如
go1.13.4.darwin-amd64.pkg。双击安装包进行安装。

2. 设置环境变量

打开 MacOS 控制台，输入 vim ~/.bash_profile 命令，打开环境变量配置文件，输入如
下内容。

```
#工作目录
export GOPATH=/Users/ksj/Desktop/golang
export GOBIN=$GOPATH/bin
export PATH=$PATH:$GOBIN

#开启Mod
export GO111MODULE=on
#设置代理
export GOPROXY=https://goproxy.io
#export GOPROXY=https://mirrors.aliyun.com/goproxy
```

其中，更改 GOPATH 可以改变你的工作目录。将 GO111MODULE 设置为 on 表示开启
Mod，GOMODULE 是 Go 语言的一种依赖管理方式。GOPROXY 表示 Go 访问代理，也可
以设置成阿里云的镜像地址。

设置完成后在控制台输入 source ~/.bash_profile 并执行命令，配置即可生效。此时输入
go version 命令，可以查看是否安装成功。输出如下内容表示安装成功。

```
go version go1.13.4 darwin/amd64
```

3. 安装 Git

从 https://www.git-scm.com/download/ 网站下载 64 位的 MacOS 安装包，并进行安装。

13.2 开发工具

Go 的开发工具众多，主要有 Goland 及 VSCode。这里我们以 VSCode 为例，说明如何安装及使用。关于 VSCode 的安装，请参考 3.1.2 节。

安装好 VSCode 后，打开左侧工具条上的插件按钮，然后输入 go 搜索 Go 相关插件，点击第一个插件安装即可，如图 13-1 所示。

图 13-1　Go 插件安装

安装好插件后，就可以新建工程编写 Go 应用程序了。

13.3 后端工程介绍

后端工程均使用 Go 语言编写，使用 go mod 管理项目，就不需要把项目放到 GOPATH 指定目录下了，你可以在磁盘的任何位置新建一个项目。后端总共有两个工程，作用如下所示。

❑ p2p-server：信令服务，主要用来转发 Offer、Answer、Candidate 信息以及维护用户列表、房间管理等。

❑ turn-server：用来提供 IceServer 信息以及音视频数据中转服务。

13.3.1　TURN 服务器运行

这里重点阐述 p2p-server 工程，turn-server 只要会运行即可。进入 turn-server 目录。执行 go run main.go 命令并查看控制台输出内容，如下所示。

```
//启动服务
go run main.go
//启动成功
Golang Turn Server listening on: 0.0.0.0:9000
```

可以看到监听的 IP 及端口，此时系统提示是否允许接入外网，点击"允许"按钮即可，如图 13-2 所示。

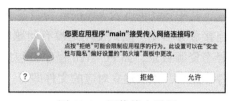

首次执行 go run man.go 命令会下载依赖的包，请确保网络通畅。当 TURN 服务正常启动后，可以使用如下地址进行访问。

图 13-2　网络接入设置

```
https://192.168.2.168:9000/api/turn?service=turn&username=sample
```

这里使用的是 HTTPS 安全连接，由于是自签名的，首次打开连接需要点击"继续访问"。将 IP 地址替换成本地 IP 地址即可。浏览器输出内容如下所示。

```
{
username: "1592293315:sample",
password: "Dow6L6SWa4ToLeZl3MAa4NKQRUw",
ttl: 86400,
uris: [
"turn:127.0.0.1:19302?transport=udp"
]
}
```

可以看到输出了 turn-server 的用户名、密码以及 uris 等重要信息。

13.3.2　信令服务器目录

信令服务主要采用 Socket 技术来实时转发两端交互所产生的信息。在你的计算机中任意位置建立 p2p-server 目录，项目的目录结构及文件组成如下所示。

```
├── README.md（项目说明文件）
├── configs（项目配置目录）
│   ├── certs（证书文件）
│   │   ├── cert.pem
│   │   └── key.pem
│   └── config.ini（配置文件）
├── go.mod（项目依赖）
├── go.sum（依赖库的版本和散列值）
├── html（静态页面目录）
├── main.go（程序入口）
├── pkg（源码）
│   ├── room（房间相关）
│   │   ├── room.go（房间管理）
│   │   └── user.go（用户管理）
│   ├── server（服务）
│   │   ├── conn.go（Socket连接）
```

```
|    |         └── server.go（启动服务）
|    └── util（工具包）
|         ├── logger.go（日志文件）
|         └── util.go（工具文件）
```

其中 cert.pem 及 key.pem 为自签名证书文件，加载此文件后可以使用 HTTPS 及 WSS 连接服务器端。测试使用是没有问题的，只是在浏览器上会有红色警告提示。html 目录为静态资源目录，如 PC-Web 程序打包好后，可以放到此目录下。了解到项目目录结构和文件作用后，依次建立对应的文件即可。

13.4 依赖库管理

go.mod 是 Golang 1.11 版本中新引入的官方包管理工具，用于解决之前没有地方记录依赖包具体版本的问题，方便依赖包的管理。p2p-server 项目需要添加的依赖库如下所示。

- ❑ 事件发射器：用于事件派发处理，如 Socket 关闭事件派发。
- ❑ websocket：用于提供 Socket 服务、转发信令等。
- ❑ 日志：用于输出并记录程序运行产生的日志信息。
- ❑ 配置文件：用于加载并读取程序配置文件。

go.mod 文件除了要管理依赖库外，还需要指定项目的模块名称以及指定 go 版本等。打开此文件，添加如下完整配置信息。

```
//模块名称
module p2p-server

//go版本
go 1.12

//依赖库
require (
    //事件发射器
    github.com/chuckpreslar/emission v0.0.0-20170206194824-a7ddd980baf9
    //WebSocket
    github.com/gorilla/websocket v1.4.1
    //日志处理
    github.com/rs/zerolog v1.18.0
    //配置文件
    gopkg.in/ini.v1 v1.51.1
)
```

当指定了 module p2p-server 模块的名称后，在编写代码时如果需要引入项目里的其他文件，需要在前面加上这个名称。如下代码引入了 server.go 以及 util.go 文件。

```
"p2p-server/pkg/server"
"p2p-server/pkg/util"
```

提示　v1.4.1 及 v1.18.0 为依赖库版本号，修改版本时需要注意版本的差异。

13.5　工具库

工具库主要包含日志处理以及 Json 格式数据处理。其中日志主要用来记录程序运行以及调试中输出的提示及错误信息，便于调试后维护。首先在 p2p-server/pkg/util 目录下添加 logger.go 文件。

日志需要划分成一些等级，用于区分日志的重要程度，如下所示。

❏ InfoLevel：正常输出信息。

❏ WarnLevel：警告信息。

❏ ErrorLevel：错误信息。

❏ FatalLevel：严重错误信息。

❏ PanicLevel：程序异常。

❏ NoLevel：没有等级。

❏ Disabled：禁用。

划分好等级后，每个等级需要提供一个对应的函数来供使用者调用。接下来需要初始化日志，设置日志等级以及日志时间格式，如下面的代码所示。

```
//初始设置为调试信息
zerolog.SetGlobalLevel(zerolog.DebugLevel)
//创建控制台输出对象，指定时间格式
output := zerolog.ConsoleWriter{Out: os.Stdout, TimeFormat: time.RFC3339}
```

在开发过程中，建议将日志等级设置为调试。logger.go 的完整代码如下所示。

```
package util

import (
    "os"
    "time"
    "github.com/rs/zerolog"
)
//创建日志变量
var log zerolog.Logger
//定义日志等级
type Level uint8

const (
    //调试信息，iota为常量计数器，初始值为0
    DebugLevel Level = iota
    //正常输出信息
    InfoLevel
    //警告信息
```

```go
    WarnLevel
    //错误信息
    ErrorLevel
    //严重错误信息
    FatalLevel
    //程序异常
    PanicLevel
    //没有等级
    NoLevel
    //禁用
    Disabled
)

//初始化
func init() {
    //初始设置为调试信息
    zerolog.SetGlobalLevel(zerolog.DebugLevel)
    //创建控制台输出对象，指定时间格式
    output := zerolog.ConsoleWriter{Out: os.Stdout, TimeFormat: time.RFC3339}
    //实例化日志对象
    log = zerolog.New(output).With().Timestamp().Logger()
    //设置调试等级
    SetLevel(DebugLevel)
}

//根据传入的值设置等级
func SetLevel(l Level) {
    zerolog.SetGlobalLevel(zerolog.Level(l))
}

//正常输出日志信息
func Infof(format string, v ...interface{}) {
    log.Info().Msgf(format, v...)
}

//输出调试日志信息
func Debugf(format string, v ...interface{}) {
    log.Debug().Msgf(format, v...)
}

//输出警告日志信息
func Warnf(format string, v ...interface{}) {
    log.Warn().Msgf(format, v...)
}

//输出错误日志信息
func Errorf(format string, v ...interface{}) {
    log.Error().Msgf(format, v...)
}

//输出异常日志信息
func Panicf(format string, v ...interface{}) {
    log.Panic().Msgf(format, v...)
```

```
}
```

接下来在 p2p-server/pkg/util 目录下添加 util.go 文件，用于处理 Json 格式数据，其中主要提供两个方法，作用如下所示。

❏ Marshal：将数据 map[string]interface{} 编码成 Json 字符串。

❏ Unmarshal：将 Json 字符串解码到相应的数据结构 map[string]interface{}。

可以看到该文件的作用是处理 Json 字符串与 Map 互转，完整的代码如下所示。

```go
package util

import (
    "encoding/json"
)
//将数据map[string]interface{}编码成Json字符串
func Marshal(m map[string]interface{}) string {
    if byt, err := json.Marshal(m); err != nil {
        Errorf(err.Error())
        return ""
    } else {
        return string(byt)
    }
}
//将Json字符串解码到相应的数据结构map[string]interface{}
func Unmarshal(str string) (map[string]interface{}, error) {
    var data map[string]interface{}
    if err := json.Unmarshal([]byte(str), &data); err != nil {
        Errorf(err.Error())
        return nil, err
    }
    return data, nil
}
```

13.6　项目配置文件

服务器端需要提供 HTTP 以及 WebSocket 服务，需要绑定 IP 及端口。这里我们加上配置文件的作用是便于安装部署时更改。其中，configs/certs 目录下的 cert.pem 及 key.pem 文件为证书配置文件。进行本地测试时可以使用自签名文件，生产环境下需要使用正式签名文件。

打开 configs/config.ini 文件，添加如下配置。

```ini
[general]
cert=configs/certs/cert.pem
key=configs/certs/key.pem
bind=0.0.0.0
port=8000
html_root=html
```

其中 bind 为 0.0.0.0 表示本机，可改为你的运行机器下的 IP 地址。html_root 为静态文件根目录，可以将前端 React 打包后生成的文件放在 html 文件夹下。

13.7　入口程序

信令服务器 p2p-server 的入口程序为 main.go 文件下的 main 函数。程序启动后首先调用此函数。此函数主要完成以下几个功能。

- ❑ 加载配置文件。
- ❑ 读取配置。
- ❑ 设置配置。
- ❑ 实例化房间管理。
- ❑ 创建 P2P 服务。

接下来详细介绍一下具体实现步骤。

步骤 1　首先使用 ini.v1 库加载 configs/config.ini 文件，如果加载失败则退出应用程序。加载代码如下所示。

```
cfg, err := ini.Load("configs/config.ini")
```

步骤 2　创建房间管理对象及 P2P 服务。其中房间管理用来管理多个房间，如添加、删除、获取房间等。P2PServer 用来启动并监听 HTTP 服务以及 WebSocket 服务。代码如下所示。

```
//实例化房间管理
roomManager := room.NewRoomManager()
//创建一个P2P服务
wsServer := server.NewP2PServer(roomManager.HandleNewWebSocket)
```

这两块代码并未实现，先把逻辑结构定义出来即可。

步骤 3　读取配置文件值并设置 P2PServerConfig 对象值，然后调用 P2PServer 的绑定方法。此时开始监听来自客户发起的请求。大致处理如下所示。

```
//读取证书Cert配置
sslCert := cfg.Section("general").Key("cert").String()
...
//读取IP地址配置
bindAddress := cfg.Section("general").Key("bind").String()

//读取监听端口
port, err := cfg.Section("general").Key("port").Int()
...
//实例化P2PServerConfig对象
config := server.DefaultConfig()
...
//绑定配置
```

```
wsServer.Bind(config)
```

将以上步骤代码串起来后，导入依赖库即可。完整的代码如下所示。

```go
package main

import (
    "os"
    "p2p-server/pkg/server"
    "p2p-server/pkg/util"
    "gopkg.in/ini.v1"
    "p2p-server/pkg/room"
)

//程序入口
func main() {
    //加载配置文件
    cfg, err := ini.Load("configs/config.ini")
    //加载出错，打印错误信息
    if err != nil {
        util.Errorf("读取文件失败: %v", err)
        os.Exit(1)
    }

    //实例化房间管理
    roomManager := room.NewRoomManager()
    //创建一个P2P服务
    wsServer := server.NewP2PServer(roomManager.HandleNewWebSocket)

    //读取证书Cert配置
    sslCert := cfg.Section("general").Key("cert").String()
    //读取证书Key配置
    sslKey := cfg.Section("general").Key("key").String()
    //读取IP地址配置
    bindAddress := cfg.Section("general").Key("bind").String()

    //读取监听端口
    port, err := cfg.Section("general").Key("port").Int()
    //读取失败，设置默认端口
    if err != nil {
        port = 8000
    }
    //读取HTML根路径配置
    htmlRoot := cfg.Section("general").Key("html_root").String()

    //实例化P2PServerConfig对象
    config := server.DefaultConfig()
    //主机地址
    config.Host = bindAddress
    //端口
    config.Port = port
    //Cert文件
    config.CertFile = sslCert
```

```
//Key文件
config.KeyFile = sslKey
//HTML根路径
config.HTMLRoot = htmlRoot
//绑定配置
wsServer.Bind(config)
}
```

13.8 Socket 服务

Socket 服务主要是用来接收并转发前端发过来的消息的，它是消息转发处理的基础库，封装了 WebSocket 的读写消息方法。有以下几个主要方法。

❑ ReadMessage：读取消息。

❑ Send：发送消息。

❑ Close：关闭 WebSocket 连接。

Socket 服务文件为 p2p-server/pkg/server/conn.go。接下来详细阐述实现的步骤及需要注意的细节。

步骤 1 定义 WebSocket 连接数据类型，除了最重要的 socket 对象外，还加入了事件派发器、互斥锁以及 socket 是否关闭等。代码如下所示。

```
//定义WebSocket连接
type WebSocketConn struct {
    //事件派发器
    emission.Emitter
    //socket连接
    socket *websocket.Conn
    //互斥锁
    mutex  *sync.Mutex
    //是否关闭
    closed bool
}
```

其中，事件派发器主要用来通知上层使用者，如 socket 关闭了。当定义好连接数据类型后，再编写一个实例化 WebSocket 连接函数即可。

步骤 2 编写读取 socket 消息的方法。这里需要创建一个消息通道，把 socket 读取到的消息放入通道即可，然后循环接收通道数据并使用事件将其派发给上层调用者使用。通道处理的代码结构如下所示。

```
//创建一个读取消息的通道
in := make(chan []byte)
...
//实例化一个Ping对象
pingTicker := time.NewTicker(pingPeriod)
```

```
//获取到socket对象
var c = conn.socket
go func() {
    for {
        //读取socket数据
        _, message, err := c.ReadMessage()
        ...
        //将消息放入通道
        in <- message
    }
}()

//循环接收通道数据
for {
    select {
        case _ = <-pingTicker.C:
            util.Infof("发送心跳包...")
            ...
        //使用通道接收数据
        case message := <-in:{
            ...
            //将接收到的数据派发出去，消息类型为message
            conn.Emit("message", []byte(message))
        }
    case <-stop:
        return
    }
}
```

通过上面的代码可以看到，服务器端主动向客户端发送心跳包，这样做的目的是保持连接状态不会断开。间隔 3 秒、5 秒或 8 秒发送一个空包即可。

步骤 3 接下来实现发送消息的方法。发送消息时直接调用 WebSocket 的 WriteMessage 方法即可，如下面的代码所示。

```
websocket.TextMessage, []byte(message)
```

然后添加一个 Close 方法，用于主动关闭 WebSocket 连接。最后导入相关依赖库，添加如下完整代码。

```
package server

import (
    "errors"
    "github.com/chuckpreslar/emission"
    "github.com/gorilla/websocket"
    "net"
    "p2p-server/pkg/util"
    "sync"
    "time"
)
```

```go
//发送心跳包的间隔时间为5秒
const pingPeriod = 5 * time.Second

//定义WebSocket连接
type WebSocketConn struct {
    //事件派发器
    emission.Emitter
    //socket连接
    socket *websocket.Conn
    //互斥锁
    mutex  *sync.Mutex
    //是否关闭
    closed bool
}

//实例化WebSocket连接
func NewWebSocketConn(socket *websocket.Conn) *WebSocketConn {
    //定义连接变量
    var conn WebSocketConn
    //实例化事件触发器
    conn.Emitter = *emission.NewEmitter()
    //socket连接
    conn.socket = socket
    //实例化互斥锁
    conn.mutex = new(sync.Mutex)
    //打开状态
    conn.closed = false
    //socket连接关闭回调函数
    conn.socket.SetCloseHandler(func(code int, text string) error {
        //输出日志
        util.Warnf("%s [%d]", text, code)
        //派发关闭事件
        conn.Emit("close", code, text)
        //设置为关闭状态
        conn.closed = true
        return nil
    })
    //返回连接
    return &conn
}

//读取消息
func (conn *WebSocketConn) ReadMessage() {
    //创建一个读取消息的通道
    in := make(chan []byte)
    //创建一个关闭通道
    stop := make(chan struct{})
    //实例化一个Ping对象
    pingTicker := time.NewTicker(pingPeriod)

    //获取到socket对象
    var c = conn.socket
    go func() {
```

```go
    for {
        //读取socket数据
        _, message, err := c.ReadMessage()
        //错误处理
        if err != nil {
            //输出日志
            util.Warnf("获取到错误: %v", err)
            //关闭错误
            if c, k := err.(*websocket.CloseError); k {
                //派发关闭事件
                conn.Emit("close", c.Code, c.Text)
            } else {
                //读写错误
                if c, k := err.(*net.OpError); k {
                    //派发关闭事件
                    conn.Emit("close", 1008, c.Error())
                }
            }
            //关闭通道
            close(stop)
            break
        }
        //将消息放入通道
        in <- message
    }
}()

//循环接收通道数据
for {
    select {
    case _ = <-pingTicker.C:
        util.Infof("发送心跳包...")
        //发送空包
        heartPackage := map[string]interface{}{
            //消息类型
            "type": "heartPackage",
            //空数据包
            "data": "",
        }
        //发送心跳包给当前发送消息的Peer
        if err := conn.Send(util.Marshal(heartPackage)); err != nil {
            util.Errorf("发送心跳包错误")
            //停止
            pingTicker.Stop()
            return
        }
    //使用通道接收数据
    case message := <-in:
        {
            util.Infof("接收到的数据: %s", message)
            //将接收到的数据派发出去，消息类型为message
            conn.Emit("message", []byte(message))
        }
```

```
            case <-stop:
                return
        }
    }
}

//发送消息
func (conn *WebSocketConn) Send(message string) error {
    util.Infof("发送数据: %s", message)
    //连接加锁
    conn.mutex.Lock()
    //延迟执行连接解锁
    defer conn.mutex.Unlock()
    //判断连接是否关闭
    if conn.closed {
        return errors.New("websocket: write closed")
    }
    //发送消息
    return conn.socket.WriteMessage(websocket.TextMessage, []byte(message))
}

//关闭WebSocket连接
func (conn *WebSocketConn) Close() {
    //连接加锁
    conn.mutex.Lock()
    //延迟执行连接解锁
    defer conn.mutex.Unlock()
    if conn.closed == false {
        util.Infof("关闭WebSocket连接 : ", conn)
        //关闭WebSocket连接
        conn.socket.Close()
        //设置关闭状态为true
        conn.closed = true
    } else {
        util.Warnf("连接已关闭 :", conn)
    }
}
```

13.9 P2P 信令服务

当读取了配置文件并实现了基础的 WebSocket 服务后，就可以提供 P2P 信令服务了。这里我们首先需要回顾一个知识点。WebSocket 协议本质上是一个基于 TCP 的协议。为了建立一个 WebSocket 连接，客户端向服务器发起一个 HTTP 请求。服务器端需要将 HTTP 升级为长连接，因为 HTTP 请求是短连接的，但 WebSocket 要求是长连接。

打开 p2p-server/pkg/server/server.go 文件，实现 P2P 信令服务的步骤如下所示。

步骤 1　定义 P2P 服务配置文件 P2PServerConfig，配置项如下所示。

❑ Host：主机 IP 地址。

❑ 端口：Port。

❑ Cert 文件：CertFile。

❑ Key 文件：KeyFile。

❑ HTML：根目录 HTMLRoot。

❑ WebSocket 路径：WebSocketPath。

其中 WebSocketPath 默认为"/ws"。前端在请求时需要在端口后面加上此后缀，如下面的代码所示。

```
https://192.168.2.168:8000/ws
```

定义好配置文件后，再添加一个默认配置方法 DefaultConfig 即可。

步骤 2　定义 P2P 服务以及提供实例化 P2P 服务的方法。定义 P2P 服务，需要指定一个 WebSocket 的绑定函数，即由谁来处理 WebSocket 的具体消息。定义提供实例化 P2P 服务的方法，需要定义 WebSocket 升级对象。定义的数据结构如下所示。

```
type P2PServer struct {
    //WebSocket绑定函数，由信令服务处理
    handleWebSocket  func(ws *WebSocketConn, request *http.Request)
    //WebSocket升级为长连接
    upgrader websocket.Upgrader
}
```

实例化 **P2PServer** 时主要是要处理跨域问题，默认返回 true。如下面的代码所示。

```
websocket.Upgrader{
    //解决跨域问题
    CheckOrigin: func(r *http.Request) bool {
        return true
    },
}
```

步骤 3　接下来将 WebSocket 升级为长连接，并开始读取消息。大致处理如下所示。

```
func (server *P2PServer) handleWebSocketRequest(writer http.ResponseWriter,
request *http.Request) {
    ...
    //升级为长连接
    socket, err := server.upgrader.Upgrade(writer, request, responseHeader)
    ...
    //实例化一个WebSocketConn对象
    wsTransport := NewWebSocketConn(socket)
    ...
    wsTransport.ReadMessage()
}
```

其中，ReadMessage 为 WebSocket 基础实现里的读取 Socket 消息函数。

步骤 4　当前面的数据类型及回调方法都定义好后，可以将 HTTP 请求与具体的回调绑定起来并执行监听。大致处理如下所示。

```go
func (server *P2PServer) Bind(cfg P2PServerConfig) {
    //WebSocket回调函数
    http.HandleFunc(cfg.WebSocketPath, server.handleWebSocketRequest)
    //HTML绑定
    http.Handle("/", "Html路径")
    ...
    //启动并监听安全连接
    http.ListenAndServeTLS("IP:PORT", "证书Cert", "证书Key", nil)
}
```

可以看到 WebSocket 服务本质上就是启动并监听了一个安全的连接。最后导入相关依
赖库，添加如下完整代码。

```go
package server

import (
    "net/http"
    "p2p-server/pkg/util"
    "strconv"
    "github.com/gorilla/websocket"
)

//服务配置
type P2PServerConfig struct {
    //IP
    Host           string
    //端口
    Port           int
    //Cert文件
    CertFile       string
    //Key文件
    KeyFile        string
    //HTML根目录
    HTMLRoot       string
    //WebSocket路径
    WebSocketPath  string
}

//默认WebSocket服务配置
func DefaultConfig() P2PServerConfig {
    return P2PServerConfig{
        //IP
        Host: "0.0.0.0",
        //端口
        Port: 8000,
        //HTML根目录
        HTMLRoot: "html",
        //WebSocket路径
        WebSocketPath: "/ws",
    }
}

//P2P服务
```

```go
type P2PServer struct {
    //WebSocket绑定函数，由信令服务处理
    handleWebSocket  func(ws *WebSocketConn, request *http.Request)
    //WebSocket升级为长连接
    upgrader websocket.Upgrader
}

//实例化一个P2P服务
func NewP2PServer(wsHandler func(ws *WebSocketConn, request *http.Request))
*P2PServer {
    //创建P2PServer对象
    var server = &P2PServer{
        //绑定WebSocket
        handleWebSocket:  wsHandler,
    }
    //指定WebSocket连接
    server.upgrader = websocket.Upgrader{
        //解决跨域问题
        CheckOrigin: func(r *http.Request) bool {
            return true
        },
    }
    //返回server
    return server
}

//WebSocket请求处理
func (server *P2PServer) handleWebSocketRequest(writer http.ResponseWriter,
request *http.Request) {
    //返回头
    responseHeader := http.Header{}
    //responseHeader.Add("Sec-WebSocket-Protocol", "protoo")
    //升级为长连接
    socket, err := server.upgrader.Upgrade(writer, request, responseHeader)
    //输出错误日志
    if err != nil {
        util.Panicf("%v", err)
    }
    //实例化一个WebSocketConn对象
    wsTransport := NewWebSocketConn(socket)
    //处理具体的请求消息
    server.handleWebSocket(wsTransport, request)
    //WebSocketConn开始读取消息
    wsTransport.ReadMessage()
}

//绑定
func (server *P2PServer) Bind(cfg P2PServerConfig) {
    //WebSocket回调函数
    http.HandleFunc(cfg.WebSocketPath, server.handleWebSocketRequest)
    //HTML绑定
    http.Handle("/", http.FileServer(http.Dir(cfg.HTMLRoot)))
    //输出日志
```

```
    util.Infof("P2P Server listening on: %s:%d", cfg.Host, cfg.Port)
    //启动并监听安全连接
    panic(http.ListenAndServeTLS(cfg.Host+":"+strconv.Itoa(cfg.Port), cfg.
CertFile, cfg.KeyFile, nil))
}
```

13.10 用户和会话信息

每个终端代表一个用户，每个 Socket 连接表示一个会话。定义的数据结构如下所示。

❏ User：用户，包含用户信息及 WebSocket 连接对象。

❏ UserInfo：用户信息，包含用户 Id 及用户名称。

❏ Session：会话信息，包含会话 Id、消息来源以及消息要发送的目标用户。

打开 p2p-server/pkg/room/user.go 文件，添加如下代码实现上述定义。

```
package room

import (
    "p2p-server/pkg/server"
)

//用户信息
type UserInfo struct {
    ID          string `json:"id"`//Id
    Name        string `json:"name"`//名称
}

//用户
type User struct {
    //用户信息
    info UserInfo
    //连接对象
    conn *server.WebSocketConn
}

//会话信息
type Session struct {
    //会话Id
    id string
    //消息来源
    from User
    //消息要发送的目标
    to User
}
```

13.11 房间管理及信令处理

房间管理及信令处理是整个信令服务的核心逻辑，主要进行信令转发处理。代码位于

p2p-server/pkg/room/room.go 文件中。具体的处理过程如下。

13.11.1　房间管理

由于是多房间，因此这里需要编写一个房间管理方法来管理房间。房间管理（RoomManager）、房间（Room）以及用户（User）的关系如图 13-3 所示。

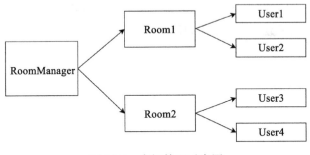

图 13-3　房间管理示意图

首先定义房间数据结构 Room，其中包含房间 Id、该房间下的所有用户以及所有会话，如下面的代码所示。

```
type Room struct {
    //所有用户
    users map[string]User
    //所有会话
    sessions  map[string]Session
    ID string
}
```

然后定义房间管理数据结构 RoomManager，包含所有房间对象即可。房间管理由以下几个方法组成。

❑ 创建房间

❑ 删除房间

❑ 获取房间

房间下的用户可以通过房间管理获取某房间，然后再迭代其下的所有用户即可，所以这里不必提供获取用户的函数。

13.11.2　信令处理

信令处理即接收终端发过来的消息，经过处理后再转发给目标终端的处理过程。具体的消息类型如下面的代码所示。

```
const (
    JoinRoom      = "joinRoom"        //加入房间
    Offer         = "offer"           //Offer消息
```

```
Answer          = "answer"             //Answer消息
Candidate       = "candidate"          //Candidate消息
HangUp          = "hangUp"             //挂断
LeaveRoom       = "leaveRoom"          //离开房间
UpdateUserList  = "updateUserList"     //更新房间用户列表
)
```

有了这些消息类型后，编写一个接收 WebSocket 消息的方法并进行处理，将其命名为 HandleNewWebSocket，它即为信令最终处理的函数。这里我们可以使用分支语句将不同的消息分发至各自的处理函数。代码结构如下所示。

```
//判断消息类型
switch request["type"] {
case JoinRoom:
    onJoinRoom(...);
    break
//提议Offer消息
case Offer:
    //直接执行下一个case并转发消息
    fallthrough
//应答Answer消息
case Answer:
    //直接执行下一个case并转发消息
    fallthrough
//网络信息Candidate
case Candidate:
    onCandidate(...);
    break
//挂断消息
case HangUp:
    onHangUp(...)
    break
}
```

当收到终端发过来的数据后，可以通过工具库的 Unmarshal 方法将 Json 数据转换成 Map 对象，然后再读取其数据。

> 注意　fallthrough 表示直接执行下一个 case 语句，这里 Offer、Answer 以及 Candidate 三个信令共用了同一个处理函数 onCandidate。

1. 加入房间处理函数

加入房间处理函数 onJoinRoom。首先创建一个新的 User 对象，然后将这个对象放入当前房间的用户数组里即可，最后通过 notifyUsersUpdate() 方法通知所有终端更新用户列表。此通知方法的实现大致如下所示。

```
func (roomManager *RoomManager) notifyUsersUpdate(conn *server.WebSocketConn,
users map[string]User) {
    //更新信息
```

```
    infos := []UserInfo{}
    //迭代所有的User
    for _, userClient := range users {
        //添加至数组
        ...
    }
    //创建发送消息的数据结构
    ...
    //迭代所有的User
    for _, user := range users {
        //将Json数据发送给每一个User
        ...
    }
}
```

可以看到，更新好信息后，会迭代此房间下的所有用户并发送更新数据给他们。

2. Offer/Answer/Candidate 消息处理

这三个消息处理主要是用来交换提议/应答/网络信息的。处理过程只需要做转发即可，不需要额外加工。如下面的代码所示。

```
//读取目标to的属性值
to := data["to"].(string)
//查找User对象
...
//发送信息给目标user
user.conn.Send(util.Marshal(request))
```

3. 挂断 / 关闭处理

挂断（HangUp）及关闭（Close）是两个不同的概念。不同点是挂断是由某一方主动发起的结束通话操作，关闭是可能某一方关闭终端（如关掉浏览器）或网络断开导致通话结束。相同点是最终的结果都会导致此次通话结束。

挂断函数 HangUp() 只需要给自己及对方发送一个挂断消息即可。处理的关键代码如下所示。

```
hangUp := map[string]interface{}{
    //消息类型
    "type": HangUp,
    //数据
    "data": map[string]interface{}{
        //0表示自己，1表示对方
        "to":        ids[0],
        //会话Id
        "sessionId": sessionID,
    },
}
user.conn.Send(util.Marshal(hangUp))
```

这里的 ids 表示自己和对方的 Id，由会话 Id 拆分而来，0 表示自己，1 表示对方。

对于关闭，处理起来就麻烦一些。首先要根据 WebSocket 底层派发的 close 事件获取到关闭对象的连接对象 WebSocketConn。然后迭代所有房间下的所有用户进行比对，这样才能查找到具体的关闭用户。找到之后再向终端发送一个 LeaveRoom 消息即可。查找比对的算法，如下面的代码所示。

```
for _, room := range roomManager.rooms {
    for _, user := range room.users {
        //判断是不是当前连接对象
        if user.conn == conn {
            userId = user.info.ID;
            roomId = room.ID;
            break
        }
    }
}
```

13.11.3 合并逻辑并测试

当处理好房间管理和信令管理逻辑代码后，可以将二者合并至 room.go 文件里。添加相关依赖后，完整的代码如下所示。

```
package room

import (
    "net/http"
    "p2p-server/pkg/server"
    "p2p-server/pkg/util"
    "strings"
)

const (
    JoinRoom = "joinRoom"                    //加入房间
    Offer = "offer"                          //Offer消息
    Answer = "answer"                        //Answer消息
    Candidate = "candidate"                  //Candidate消息
    HangUp = "hangUp"                        //挂断
    LeaveRoom = "leaveRoom"                  //离开房间
    UpdateUserList = "updateUserList"        //更新房间用户列表
)

//定义房间
type RoomManager struct {
    rooms map[string]*Room
}

//实例化房间管理对象
func NewRoomManager() *RoomManager {
    var roomManager = &RoomManager{
        rooms: make(map[string]*Room),
    }
```

```
        return roomManager
}

//定义房间
type Room struct {
    //所有用户
    users map[string]User
    //所有会话
    sessions   map[string]Session
    ID string
}

//实例化房间对象
func NewRoom(id string) *Room {
    var room = &Room{
        users: make(map[string]User),
        sessions: make(map[string]Session),
        ID: id,
    }
    return room
}

//获取房间
func (roomManager *RoomManager) getRoom(id string) *Room {
    return roomManager.rooms[id]
}

//创建房间
func (roomManager *RoomManager) createRoom(id string) *Room {
    roomManager.rooms[id] = NewRoom(id)
    return roomManager.rooms[id]
}

//删除房间
func (roomManager *RoomManager) deleteRoom(id string) {
    delete(roomManager.rooms, id)
}

//WebSocket消息处理
func (roomManager *RoomManager) HandleNewWebSocket(conn *server.WebSocketConn,
request *http.Request) {
    util.Infof("On Open %v", request)
    //监听消息事件
    conn.On("message", func(message []byte) {
        //解析Json数据
        request, err := util.Unmarshal(string(message))
        //错误日志输出
        if err != nil {
            util.Errorf("解析Json数据Unmarshal错误 %v", err)
            return
        }
        //定义数据
        var data map[string]interface{} = nil
```

```go
    //拿到具体数据
    tmp, found := request["data"]
    //如果没有找到数据输出日志
    if !found {
        util.Errorf("没有发现数据!")
        return
    }
    data = tmp.(map[string]interface{})

    roomId := data["roomId"].(string)
    util.Infof("房间Id: %v", roomId)

    //根据roomId获取房间
    room := roomManager.getRoom(roomId);
    //如果查询不到房间，则创建一个
    if room == nil {
        room = roomManager.createRoom(roomId)
    }

    //判断消息类型
    switch request["type"] {
    case JoinRoom:
        onJoinRoom(conn,data,room, roomManager);
        break
    //提议Offer消息
    case Offer:
        //直接执行下一个case并转发消息
        fallthrough
    //应答Answer消息
    case Answer:
        //直接执行下一个case并转发消息
        fallthrough
    //网络信息Candidate
    case Candidate:
        onCandidate(conn,data,room, roomManager,request);
        break
    //挂断消息
    case HangUp:
        onHangUp(conn,data,room, roomManager,request)
        break
    default:
        {
            util.Warnf("未知的请求 %v", request)
        }
        break
    }
})

    //连接关闭事件处理
    conn.On("close", func(code int, text string) {
        onClose(conn, roomManager)
    })
}
```

```go
func onJoinRoom(conn *server.WebSocketConn, data map[string]interface{},room
*Room, roomManager *RoomManager)  {
    //创建一个User
    user := User{
        //连接
        conn: conn,
        //User信息
        info: UserInfo{
            ID:     data["id"].(string),//ID值
            Name:   data["name"].(string),//名称
        },
    }
    //把User放入数组
    room.users[user.info.ID] = user;
    //通知所有的User更新
    roomManager.notifyUsersUpdate(conn, room.users)
}

//Offer/Answer/Candidate消息处理
func onCandidate(conn *server.WebSocketConn, data map[string]interface{},room
*Room, roomManager *RoomManager,request map[string]interface{})  {
    //读取目标to的属性值
    to := data["to"].(string)
    //查找User对象
    if user, ok := room.users[to]; !ok {
        util.Errorf("没有发现用户[" + to + "]")
        return
    } else {
        //发送信息给目标User
        user.conn.Send(util.Marshal(request))
    }
}

func onHangUp(conn *server.WebSocketConn, data map[string]interface{},room *Room,
roomManager *RoomManager,request map[string]interface{})  {
    //拿到sessionId属性值，并转换成字符串
    sessionID := data["sessionId"].(string)
    //使用-分割字符串
    ids := strings.Split(sessionID, "-")

    //根据Id查找User
    if user, ok := room.users[ids[0]]; !ok {
        util.Warnf("用户 [" + ids[0] + "] 没有找到")
        return
    } else {
        //挂断消息
        hangUp := map[string]interface{}{
            //消息类型
            "type": HangUp,
            //数据
            "data": map[string]interface{}{
                //0表示自己，1表示对方
```

```go
                    "to":              ids[0],
                    //会话Id
                    "sessionId": sessionID,
                },
            }
            //发送信息给目标User，即自己[0]
            user.conn.Send(util.Marshal(hangUp))
        }

    //根据Id查找User
    if user, ok := room.users[ids[1]]; !ok {
        util.Warnf("用户 [" + ids[1] + "] 没有找到")
        return
    } else {
        //挂断消息
        hangUp := map[string]interface{}{
            //消息类型
            "type": HangUp,
            //数据
            "data": map[string]interface{}{
                //0表示自己，1表示对方
                "to": ids[1],
                //会话Id
                "sessionId": sessionID,
            },
        }
        //发送信息给目标User，即对方[1]
        user.conn.Send(util.Marshal(hangUp))
    }
}

func onClose(conn *server.WebSocketConn, roomManager *RoomManager,)  {
    util.Infof("连接关闭 %v", conn)
    var userId string = "";
    var roomId string = "";

    //遍历所有的房间，找到退出的用户
    for _, room := range roomManager.rooms {
        for _, user := range room.users {
            //判断是不是当前连接对象
            if user.conn == conn {
                userId = user.info.ID;
                roomId = room.ID;
                break
            }
        }
    }

    if roomId == "" {
        util.Errorf("没有查找到退出的房间及用户");
        return
    }
```

```go
        util.Infof("退出的用户roomId %v userId %v",roomId,userId);

        //循环遍历所有的User
        for _, user := range roomManager.getRoom(roomId).users {
            //判断是不是当前连接对象
            if user.conn != conn {
                leave := map[string]interface{}{
                    "type": LeaveRoom,
                    "data": userId,
                }
                user.conn.Send(util.Marshal(leave));
            }
        }
        util.Infof("删除User", userId)
        //根据Id删除User
        delete(roomManager.getRoom(roomId).users, userId)

        //通知所有User更新数据
        roomManager.notifyUsersUpdate(conn, roomManager.getRoom(roomId).users)
}

//通知所有用户更新
func (roomManager *RoomManager) notifyUsersUpdate(conn *server.WebSocketConn,
users map[string]User) {
    //更新信息
    infos := []UserInfo{}
    //迭代所有User
    for _, userClient := range users {
        //添加至数组
        infos = append(infos, userClient.info)
    }
    //创建发送消息数据结构
    request := make(map[string]interface{})
    //消息类型
    request["type"] = UpdateUserList
    //数据
    request["data"] = infos
    //迭代所有User
    for _, user := range users {
        //将Json数据发送给每一个User
        user.conn.Send(util.Marshal(request))
    }
}
```

至此，P2P 信令服务编写完成。进入 p2p-server 根目录，执行 go run main.go 命令，然后允许网络连接。此时服务正式启动完成。可以看到控制台中输出如下信息。

```
go run main.go
P2P Server listening on: 0.0.0.0:8000
```

Web 端实现

信令服务、STUN 服务、TURN 服务准备好后。就可以实现终端应用了。主流的终端设备包含计算机、手机、平板等。本章我们将实现 PC-Web 端的一对一视频通话，即使用浏览器访问 WebRTC 应用。

14.1 登录组件

对于 PC-Web 端，这里采用的是 React 技术，所以直接在 h5-samples 工程目录下创建一个案例即可。登录组件是视频通话程序的入口，需要用户输入用户名及房间号。

接下来将详细阐述登录组件的创建过程，具体步骤如下。

步骤 1 首先在 h5-samples/src 目录下新建 p2p 目录，然后在里面添加 P2PLogin.jsx 文件。另外，在 h5-samples/styles/css 目录下新建 p2p.scss 样式文件。

步骤 2 创建登录组件 P2PLogin 并添加渲染方法，然后导出此组件。如下面的代码所示。

```
class P2PLogin extends React.Component {
    ...
    render() {
        ...
    }
}
//导出组件
export default P2PLogin;
```

步骤 3 添加提交表单方法，获取到用户名及房间号后通过 loginHandler 方法将其传递给它的父组件，如下面的代码所示。

```
loginHandler(values.userName,values.roomId);
```

最后，导入相关的组件及库，添加用户名及房间号输入框以及登录按钮。完整的代码如下所示。

```
import React from "react";
import { Form,Input, Button } from "antd";
/**
 * 登录
 */
class P2PLogin extends React.Component {

    //提交表单
    handleSubmit = (values) => {
        console.log(values);
        this.props.loginHandler(values.userName,values.roomId);
    };

    render() {
        return (
            <Form onFinish={this.handleSubmit}  className="login-form">
                <Form.Item  name="userName">
                    <Input placeholder="请输入用户名"/>
                </Form.Item>
                <Form.Item name="roomId">
                    <Input placeholder="请输入房间号"/>
                </Form.Item>
                <Form.Item>
                    <Button type="primary" htmlType="submit" className="login-join-button">
                        登录
                    </Button>
                </Form.Item>
            </Form>
        );
    }
}
//导出组件
export default P2PLogin;
```

将以上几步串起来，然后在 src 目录下的 App.jsx 及 Samples.jsx 里加上链接及路由绑定，这里参考第 3 章即可。登录框效果如图 14-1 所示。

图 14-1　登录框

14.2　本地视频组件

一对一视频通话视频渲染分为本地视频组件以及远端视频组件。通常本地视频使用小视频界面，远端视频使用大视频界面。

接下来将详细阐述本地视频组件实现的过程，具体步骤如下。

步骤 1 在 p2p 目录下添加 LocalVideoView.jsx 文件，然后创建 LocalVideoView 组件。该组件需要接收两个属性，一个为 Id，另一个为媒体流 stream。如下面的代码所示。

```
//媒体流
stream: PropTypes.any.isRequired,
//Id
id: PropTypes.string,
```

步骤 2 当组件加载完成后，指定视频组件 video 的源为 stream 属性。如下面的代码所示。

```
video.srcObject = this.props.stream;
```

步骤 3 设置视频样式，其中重要的属性如下所示。

❑ width：视频宽。

❑ height：视频高。

❑ zIndex：设置此属性可以使视频在最上层。

步骤 4 在 render 方法里添加 video 组件，并设置其填充模式为 cover，表示可以平铺整个视频。video 组件代码如下所示。

```
<video autoPlay playsInline muted={true}
style={{ width: '100%', height: '100%', objectFit: 'cover', }} />
```

最后再为组件添加一个视频禁用的图标，当本地视频关闭时起提示作用。完整的代码如下所示。

```
import React, { Component } from 'react'
import PropTypes from "prop-types";
import VideocamOffIcon from "mdi-react/VideocamOffIcon";
/**
 * 本地视频组件
 */
export default class LocalVideoView extends Component {

    //组件加载完成
    componentDidMount = () => {
        //获取到视频对象
        let video = this.refs[this.props.id];
        //指定视频的源为stream
        video.srcObject = this.props.stream;
        //当获取到MetaData数据后开始播放
        video.onloadedmetadata = (e) => {
            video.play();
        };
    }

    render() {
        //本地小视频样式
        const small = {
            display:'flex',
```

```
                  justifyContent: 'center',
                  alignItems: 'center',
                  //绝对定位
                  position: 'absolute',
                  //指定宽
                  width: '192px',
                  //指定高
                  height: '108px',
                  //底部
                  bottom: '60px',
                  //右侧
                  right: '10px',
                  //边框宽度
                  borderWidth: '2px',
                  //边框样式
                  borderStyle: 'solid',
                  //边框颜色
                  borderColor: '#ffffff',
                  //溢出隐藏
                  overflow: 'hidden',
                  //设置此属性可以使得视频在最上层
                  zIndex: 99,
                  //边框弧度
                  borderRadius: '4px',
              };
              //禁止视频图标样式
              const videoMuteIcon = {
                  position: 'absolute',
                  color:'#fff',
                }

          return (
              <div key={this.props.id}
                  //小视频样式
                  style={small}>
                  {/* 设置ref及id值，视频自动播放，objectFit为cover模式时可以平铺整个视频 */}
                  <video ref={this.props.id} id={this.props.id}
                  autoPlay playsInline muted={true}
                  style={{ width: '100%', height: '100%', objectFit: 'cover', }} />
                  {
                      //判断禁止视频属性值
                      this.props.muted? <VideocamOffIcon style={videoMuteIcon}/> : null
                  }
              </div>
          )
      }
}
//组件属性
LocalVideoView.propTypes = {
    //媒体流
    stream: PropTypes.any.isRequired,
    //Id
    id: PropTypes.string,
}
```

14.3 远端视频组件

远端视频为大视频界面，所以要放在本地视频的下面，将其 zIndex 属性设置为 0 即可。接下来将详细阐述远端视频组件实现的过程，具体步骤如下。

步骤 1 在 p2p 目录下添加 RemoteVideoView.jsx 文件，然后创建 RemoteView 组件。组件需要接收两个属性，一个为 Id，另一个为媒体流 stream。如下面的代码所示。

```
//媒体流
stream: PropTypes.any.isRequired,
//Id
id: PropTypes.string,
```

步骤 2 当组件加载完成后，指定视频组件 video 的源为 stream 属性。如下面的代码所示。

```
video.srcObject = this.props.stream;
```

步骤 3 设置视频样式，其中重要的属性如下所示。

❑ left：视频最左边的位置。

❑ right：视频最右边的位置。

❑ top：视频最上边的位置。

❑ bottom：视频最下边的位置。

❑ zIndex：设置此属性可以使视频在最底层。

步骤 4 在 render 方法里添加 video 组件，并设置其填充模式为 contain，表示可以展示整个视频内容。video 组件如下面的代码所示。

```
<video autoPlay playsInline
style={{ width: '100%', height: '100%', objectFit:contain, }} />
```

大视频采用 contain 以后，视频会根据宽高比展示，上下左右会有黑色填充，这样做的好处是视频展示的内容完整，不会被裁剪。

将以上步骤中所有内容串起来。完整的代码如下所示。

```
import React, { Component } from 'react'
import PropTypes from "prop-types";
/**
 * 远端视频组件
 */
export default class RemoteVideoView extends Component {
    //组件加载完成
    componentDidMount = () => {
        //获取到视频对象
        let video = this.refs[this.props.id];
        //指定视频的源为stream
        video.srcObject = this.props.stream;
        //当获取到MetaData数据后开始播放
```

```
            video.onloadedmetadata = (e) => {
                video.play();
            };
        }

        render() {
            //视频容器样式
            const style = {
                //绝对定位
                position: 'absolute',
                //上下左右为0px表示撑满整个容器
                left: '0px',
                right: '0px',
                top:'0px',
                bottom: '0px',
                //背景色
                backgroundColor: '#323232',
                //远端大视频放在底部
                zIndex: 0,
            }

            return (
                <div key={this.props.id} style={style}>
                    {/* 设置ref及id值，视频自动播放 */}
                    <video ref={this.props.id} id={this.props.id}
                    autoPlay playsInline
                    style={{ width: '100%', height: '100%', objectFit: 'contain' }} />
                </div>
            )
        }
}
//组件属性
RemoteVideoView.propTypes = {
    //媒体流
    stream: PropTypes.any.isRequired,
    //Id
    id: PropTypes.string.isRequired,
}
```

14.4 信令实现

　　PC-Web 信令程序属于 Web 客户端 SDK 范畴，主要用来与信令服务器交换 Offer、Answer、SDP 等信息。它可以单独抽取出来作为一个库使用。另外，还需要实现获取本地流、派发事件给上层应用等。总结起来，信令部分要实现如下功能。

　　❑ ICE 配置：通过访问 TURN 服务器提取信息。

　　❑ WebSocket 连接：使用 WebSocket 连接信令服务器。

　　❑ WebSocket 消息处理：进行 Offer、Answer、Candidate、更新用户列表、心跳包、加入房间、离开房间等消息处理。

- ❑ 获取本地媒体流：获取本地音视频及桌面流。
- ❑ 发送消息处理：将本地的 Offer、Answer、Candidate 等消息发送至对方处理。
- ❑ 挂断处理：使用 WebSocket 发送挂断消息，将做停止本地流及关闭连接处理。
- ❑ 创建提议 / 应答：创建 Offer 及 Answer 信息处理。
- ❑ 响应提议 / 应答：接收 Offer 及 Answer 信息处理。
- ❑ 创建 PeerConnection：创建本地或远端 RTCPeerConnection 连接处理，同时监听添加及移除流事件处理。
- ❑ 创建及接收网络协商信息：创建及接收 Candidate 网络协商信息处理。
- ❑ 事件通知处理：当接收到某一消息并处理后，通过事件通知的方式告知上层。如当接收到挂断消息后，上层会做出界面上的变化，返回到用户列表页面。

可以看到在信令部分还是要实现很多内容的，其设计的好坏直接决定了 SDK 的应用接口是否好用。接下来我们分步讲解其实现过程。具体步骤如下所示。

步骤 1　在 p2p 目录下新建 P2PVideoCall.js 文件，然后定义一个 P2PVideoCall 的类，继承至 EventEmitter，这样就具备事件派发的能力了。如下面的代码所示。

```
export default class P2PVideoCall extends events.EventEmitter{
    ...
}
```

步骤 2　在类的构造里，需要定义一些本地变量，如下面的代码所示。

```
//Socket
this.socket = null;
//所有PeerConnection
this.peerConnections = {};
//会话Id
this.sessionId = '000-111';
//自己的Id
this.userId = 0;
//用户名
this.name = name;
//房间号
this.roomId = roomId;
//信令服务器url
this.p2pUrl = p2pUrl;
//中转服务器url
this.turnUrl = turnUrl;
//本地媒体流
this.localStream;
```

其中，P2P 信令服务器地址、TURN 服务器地址、用户名以及房间号由上层传递过来。另外，这里的会话 Id 比较特殊，sessionId 由两部分组成：自己的 Id+ 对方的 Id，中间用 "–"连接起来。

步骤 3　浏览器兼容性处理。RTCPeerConnection、RTCSessionDescription 以及 navigator.getUserMedia 在主流浏览器上有些差异，为了统一调用，需要做一些判断处理。如下面的代码所示。

```
//RTCPeerConnection兼容性处理
RTCPeerConnection = window.RTCPeerConnection || window.mozRTCPeerConnection ||
window.webkitRTCPeerConnection || window.msRTCPeerConnection;
//RTCSessionDescription兼容性处理
RTCSessionDescription = window.RTCSessionDescription || window.
mozRTCSessionDescription || window.webkitRTCSessionDescription || window.
msRTCSessionDescription;
//getUserMedia兼容性处理
navigator.getUserMedia = navigator.getUserMedia || navigator.mozGetUserMedia ||
navigator.webkitGetUserMedia || navigator.msGetUserMedia;
```

步骤 4　由于我们提供了 TURN 服务器，其具备 STUN 及 TURN 两项功能，所以在连接信令服务器之前可以先访问 TURN 服务器。大致处理如下所示。

```
//ICE配置
configuration = { "iceServers": [{ "url": "stun:stun.1.google.com:19302" }] };

//访问TURN服务器
Axios.get(this.turnUrl, {}).then(res => {
    ...
    //uris username password
    ...
    }
})
```

可以看到通过 Axios 库访问 turn-server 服务器，服务器会返回地址、用户名及密码等信息。

步骤 5　初始化 Socket，打开 Socket 以及 Socket 消息处理。代码结构如下所示。

```
//初始化WebSocket
this.socket = new WebSocket(this.p2pUrl);

//连接打开
this.socket.onopen = () => {
    ...
};

//Socket消息处理
this.socket.onmessage = (e) => {
    ...
};
//Socket连接错误
this.socket.onerror = (e) => {
    console.log('onerror::' + e.data);
}
//Socket连接关闭
this.socket.onclose = (e) => {
    console.log('onclose::' + e.data);
}
```

当接收到 p2p-server 信令服务器转发过来的消息后，可以通过 switch…case 语句对不同的消息做出不同的处理。结构如下所示。

```
switch (parsedMessage.type) {
        case 'offer':
            ...
        case 'answer':
            ...
        case 'candidate':
            ...
        case 'updateUserList':
            ...
        case 'leaveRoom':
            ...
        case 'hangUp':
            ...
        case 'heartPackage':
            ...
}
```

可以看到消息类型的设计是和信令服务器是一一对应的，如果消息类型不匹配，则无法正确处理。

步骤 6　获取本地媒体流，这里需要做一个类型判断——是获取视频流还是获取桌面流。如下面的代码所示。

```
//设置约束条件
var constraints = { audio: true, video: (type === 'video') ? { width: 1280,
height: 720 } : false };

//调用getDisplayMedia接口获取桌面流
navigator.mediaDevices.getDisplayMedia({ video: true }).then((mediaStream)
//调用getUserMedia接口获取音/视频流
navigator.mediaDevices.getUserMedia(constraints).then((mediaStream)
```

> 提示　可以看到这里的采集尺寸为 1280×720，即 720P。此值不能给得太小，否则采集到的桌面画面不清晰。

步骤 7　接下来进行媒体商处理。这一步的处理过程和第 8 章的基本原理是一样的，只不过多加了一道服务器转发处理。创建 Offer 的处理过程如下所示。

```
createOffer = (pc, id, media) => {
        //创建提议
        pc.createOffer((desc) => {
            //设置本地描述
            pc.setLocalDescription(desc, () => {
                //消息
                ...
                //发送消息
                this.send(message);
```

```
                },...);
        },...);
}
```

当创建好 Offer，设置好本地 SDP 描述后，使用 WebSocket 发送至信令服务器。信令
服务器收到消息后，会将 Offer 信息转发给对方，对方收到消息后再生成应答 Answer 信
息。如下所示。

```
onOffer = (message) => {
        //获取数据
        ...
        //应答方获取本地媒体流
        this.getLocalStream(media).then((stream) => {
            ...
            //应答方创建连接PeerConnection
            var pc = this.createPeerConnection(...);

            pc.setRemoteDescription(new RTCSessionDescription(data.description), () => {
                    //生成应答信息
                    pc.createAnswer((desc) => {
                            //应答方法设置本地会话描述SDP
                            pc.setLocalDescription(desc, () => {
                                ...
                                //发送消息
                                this.send(message);
                            },...);
                    },...);
            },...);

        });
}
```

可以看到提议方发过来的 Offer 处理步骤较多，首先应答方获取本地媒体流，然后创建
应答方的 PeerConnection，之后设置应答方的远端 SDP 媒体信息。设置好后再创建应答信
息，设置应答方本地 SDP 媒体信息，最后通过 Socket 发送至信令服务器。

当提议方收到应答方发过来的应答信息后，将其设置到提议方的远端描述信息里即可。
如下面的代码所示。

```
onAnswer = (message) => {
        //提取数据
        var data = message.data;
        ...
        //提议方设置远端描述信息SDP
        pc.setRemoteDescription(new RTCSessionDescription(data.description), () => {
            ...
        },...);
}
```

步骤 8　接下来处理网络协商处理。这一步的处理过程和第 8 章的基本原理也是一
样的，只不过也是多加了一道服务器转发处理。想获得网络 Candidate 信息，首先要创建

RTCPeerConnection 对象，方法定义如下所示。

```
createPeerConnection = (id, media, isOffer, localstream)
```

方法的参数说明如下所示。

❑ id：对方 Id。

❑ media：媒体类型。

❑ isOffer：为 true 表示提议方；为 false 表示应答方。

❑ localstream：本地媒体流。

📖 **注意** 这里使用对方的 Id 作为 key 放在 PeerConnection 集合里。当要获取某个 PC 对象时，需要注意 Id 的对应关系。

当有 PC 对象后可以监听其 onicecandidate 事件，收集 Candidate 信息，然后将其发送至对方。对方收到信息后，再将其添加到 PC 对象里即可。大致处理如下所示。

```
//收集到Candidate信息
pc.onicecandidate = (event) => {
    if (event.candidate) {
        //消息
        ...
        //发送消息
        this.send(message);
    }
};


//接收到对方发过来的Candidate信息
onCandidate = (message) => {
        var data = message.data;
        ...
        //添加Candidate到PC对象中
        if (pc && data.candidate) {
            pc.addIceCandidate(new RTCIceCandidate(data.candidate));
        }
}
```

步骤 9 媒体协商和网络协商完成后，当一方添加了本地流，对方就可以接收到此流。事件及方法如下所示。

```
//远端流到达
pc.onaddstream = (event) => {
    ...
};
//远端流移除
pc.onremovestream = (event) => {
    ...
};
//添加本地流至PC
```

```
pc.addStream(localstream);
```

步骤 10　通过以上步骤，通话可以真正建立起来。最后再加上挂断、离开以及关闭流
处理。方法如下所示。

❑ onLeave：对方网络断开或关闭终端处理。

❑ onHangUp：对方主动挂断处理。

❑ closeMediaStream：关闭媒体流处理。

把以上所有步骤串起来，就可以提供一个完整的信令服务了。完整的代码如下所示。

```
import * as events from 'events';
import Axios from 'axios';
//PeerConnection连接
var RTCPeerConnection;
//会话描述
var RTCSessionDescription;
//连接配置
var configuration;
/**
 * 信令类
 */
export default class P2PVideoCall extends events.EventEmitter {
    //构造函数
    constructor(p2pUrl,turnUrl,name,roomId) {
        super();
        //Socket
        this.socket = null;
        //所有PeerConnection
        this.peerConnections = {};
        //会话Id
        this.sessionId = '000-111';
        //自己的Id
        this.userId = 0;
        //用户名
        this.name = name;
        //房间号
        this.roomId = roomId;
        //信令服务器url
        this.p2pUrl = p2pUrl;
        //中转服务器url
        this.turnUrl = turnUrl;
        //本地媒体流
        this.localStream;

        //RTCPeerConnection兼容性处理
        RTCPeerConnection = window.RTCPeerConnection || window.mozRTCPeerConnection
|| window.webkitRTCPeerConnection || window.msRTCPeerConnection;
        //RTCSessionDescription兼容性处理
        RTCSessionDescription = window.RTCSessionDescription || window.
mozRTCSessionDescription || window.webkitRTCSessionDescription || window.
msRTCSessionDescription;
```

```javascript
//getUserMedia兼容性处理
navigator.getUserMedia = navigator.getUserMedia || navigator.mozGetUserMedia
|| navigator.webkitGetUserMedia || navigator.msGetUserMedia;

//ICE配置
configuration = { "iceServers": [{ "url": "stun:stun.l.google.com:19302" }] };

//访问TURN服务器
Axios.get(this.turnUrl, {}).then(res => {
    if(res.status === 200){
        let _turnCredential = res.data;
        configuration = { "iceServers": [
            {
                "url":  _turnCredential['uris'][0],
                'username': _turnCredential['username'],
                'credential': _turnCredential['password']
            }
        ]};
        console.log("configuration:" + JSON.stringify(configuration));
    }
}).catch((error)=>{
    console.log('网络错误：请求不到TurnServer中转服务器');
});

//初始化WebSocket
this.socket = new WebSocket(this.p2pUrl);
//连接打开
this.socket.onopen = () => {
    console.log("WebSocket连接成功...");
    //获取随机数作为Id
    this.userId = this.getRandomUserId();
    //定义消息
    let message = {
        //加入房间
        'type':'joinRoom',
        //数据
        'data':{
            //用户名
            name: this.name,
            //用户Id
            id: this.userId,
            //房间Id
            roomId:this.roomId,
        }
    }
    //发送消息
    this.send(message);
};

//Socket消息处理
this.socket.onmessage = (e) => {
    //解析JSON消息
    var parsedMessage = JSON.parse(e.data);
```

```
                console.info('收到的消息: {\n type = ' + parsedMessage.type + ', \n
data = ' + JSON.stringify(parsedMessage.data) + '\n}');
                //判断条件为消息类型
                switch (parsedMessage.type) {
                    case 'offer':
                        this.onOffer(parsedMessage);
                        break;
                    case 'answer':
                        this.onAnswer(parsedMessage);
                        break;
                    case 'candidate':
                        this.onCandidate(parsedMessage);
                        break;
                    case 'updateUserList':
                        this.onUpdateUserList(parsedMessage);
                        break;
                    case 'leaveRoom':
                        this.onLeave(parsedMessage);
                        break;
                    case 'hangUp':
                        this.onHangUp(parsedMessage);
                        break;
                    case 'heartPackage':
                        console.log('服务器发送心跳包!');
                        break;
                    default:
                        console.error('未知消息', parsedMessage);
                }
            };
            //Socket连接错误
            this.socket.onerror = (e) => {
                console.log('onerror::' + e.data);
            }
            //Socket连接关闭
            this.socket.onclose = (e) => {
                console.log('onclose::' + e.data);
            }
        }

    //获取本地媒体流
    getLocalStream = (type) => {
        return new Promise((pResolve, pReject) => {
            //设置约束条件
            var constraints = { audio: true, video: (type === 'video') ? { width:
1280, height: 720 } : false };
            //屏幕类型
            if (type == 'screen') {
                //调用getDisplayMedia接口获取桌面流
                navigator.mediaDevices.getDisplayMedia({ video: true }).then
((mediaStream) => {
                    pResolve(mediaStream);
                }).catch((err) => {
                    console.log(err.name + ": " + err.message);
```

```
                        pReject(err);
                    }
                );
            }else{
                //调用getUserMedia接口获取音视频流
                navigator.mediaDevices.getUserMedia(constraints).then((mediaStream) =>{
                    pResolve(mediaStream);
                }).catch((err) => {
                    console.log(err.name + ": " + err.message);
                    pReject(err);
                }
                );
        }
    });
}

//获取6位随机Id
getRandomUserId() {
    var num = "";
    for (var i = 0; i < 6; i++) {
        num += Math.floor(Math.random() * 10);
    }
    return num;
}

//发送消息，将消息转成Json串后发送
send = (data) => {
    this.socket.send(JSON.stringify(data));
}

/**
 * 发起会话
 * remoteUserId为被呼叫的Id
 * media为会话类型，如音频、视频、共享桌面
 */
startCall = (remoteUserId, media) => {
    //本地Id+远端Id组成
    this.sessionId = this.userId + '-' + remoteUserId;
    //获取本地媒体流
    this.getLocalStream(media).then((stream) => {
        //取得到本地的媒体流
        this.localStream = stream;
        //提议方创建连接PeerConnection
        this.createPeerConnection(remoteUserId, media, true, stream);
        //派发本地流事件
        this.emit('localstream', stream);
        //派发新的呼叫事件
        this.emit('newCall', this.userId, this.sessionId);
    });
}

//挂断处理
hangUp = () => {
```

```
        //定义消息
        let message = {
            //消息类型
            type: 'hangUp',
            //数据
            data:{
                //当前会话Id
                sessionId: this.sessionId,
                //消息发送者
                from: this.userId,
                //房间Id
                roomId:this.roomId,
            }
        }
        //发送消息
        this.send(message);
}

/**
 * 创建提议Offer
 * pc:PeerConnection对象
 * id:对方Id
 * media:媒体类型
 */
createOffer = (pc, id, media) => {
    //创建提议
    pc.createOffer((desc) => {
        console.log('createOffer: ', desc.sdp);
        //设置本地描述
        pc.setLocalDescription(desc, () => {
            console.log('setLocalDescription', pc.localDescription);
            //消息
            let message = {
                //消息类型为offer
                type: 'offer',
                //数据
                data:{
                    //对方Id
                    to: id,
                    //本地Id
                    from:this.userId,
                    //SDP信息
                    description: {'sdp':desc.sdp,'type':desc.type},
                    //会话Id
                    sessionId: this.sessionId,
                    //媒体类型
                    media: media,
                    //房间Id
                    roomId:this.roomId,
                }
            }
            //发送消息
            this.send(message);
```

```
            }, this.logError);
        }, this.logError);
    }

    /**
     * 创建PeerConnection
     * id:对方Id
     * media:媒体类型
     * isOffer:为true表示提议方，为false表示应答方
     * localstream:本地媒体流
     */
    createPeerConnection = (id, media, isOffer, localstream) => {
        console.log("创建PeerConnection...");
        //创建连接对象
        var pc = new RTCPeerConnection(configuration);
        //将PC对象放入集合里
        this.peerConnections["" + id] = pc;
        //收集到Candidate数据
        pc.onicecandidate = (event) => {
            console.log('onicecandidate', event);
            if (event.candidate) {
                //消息
                let message = {
                    //Candidate消息类型
                    type: 'candidate',
                    //数据
                    data:{
                        //对方Id
                        to: id,
                        //自己的Id
                        from:this.userId,
                        //Candidate数据
                        candidate: {
                            'sdpMLineIndex': event.candidate.sdpMLineIndex,
                            'sdpMid': event.candidate.sdpMid,
                            'candidate': event.candidate.candidate,
                        },
                        //会话Id
                        sessionId: this.sessionId,
                        //房间Id
                        roomId:this.roomId,
                    }
                }
                //发送消息
                this.send(message);
            }
        };

        pc.onnegotiationneeded = () => {
            console.log('onnegotiationneeded');
        }

        pc.oniceconnectionstatechange = (event) => {
```

```
            console.log('oniceconnectionstatechange', event);
        };
        pc.onsignalingstatechange = (event) => {
            console.log('onsignalingstatechange', event);
        };
        //远端流到达
        pc.onaddstream = (event) => {
            console.log('onaddstream', event);
            //通知应用层处理流
            this.emit('addstream', event.stream);
        };
        //远端流移除
        pc.onremovestream = (event) => {
            console.log('onremovestream', event);
            //通知应用层移除流
            this.emit('removestream', event.stream);
        };

        //添加本地流至PC
        pc.addStream(localstream);
        //如果是提议方创建Offer
        if (isOffer){
            this.createOffer(pc, id, media);
        }
        return pc;
}

//更新用户列表
onUpdateUserList = (message) => {
    var data = message.data;
    console.log("users = " + JSON.stringify(data));
    //通知应用层渲染成员列表
    this.emit('updateUserList', data, this.userId);
}

//提议方发过来的Offer处理
onOffer = (message) => {
    //获取数据
    var data = message.data;
    //读取发送方Id
    var from = data.from;
    console.log("data:" + data);
    //媒体类型为视频
    var media = 'video';//data.media;
    //读取会话Id
    this.sessionId = data.sessionId;
    //通知应用层有新的呼叫
    this.emit('newCall', from, this.sessionId);

    //应答方获取本地媒体流
    this.getLocalStream(media).then((stream) => {
        //获取到本地媒体流
        this.localStream = stream;
```

```
        //通知应用层有本地媒体流
        this.emit('localstream', stream);
        //应答方创建连接PeerConnection
        var pc = this.createPeerConnection(from, media, false, stream);

        if (pc && data.description) {
            //应答方法设置远端会话描述SDP
            pc.setRemoteDescription(new RTCSessionDescription(data.description),
() => {
                if (pc.remoteDescription.type == "offer"){
                    //生成应答信息
                    pc.createAnswer((desc) => {
                        console.log('createAnswer: ', desc);
                        //应答方法设置本地会话描述SDP
                        pc.setLocalDescription(desc, () => {
                            console.log('setLocalDescription', pc.localDescription);
                            //消息
                            let message = {
                                //应答消息类型
                                type: 'answer',
                                //数据
                                data:{
                                    //对方Id
                                    to: from,
                                    //自己的Id
                                    from:this.userId,
                                    //SDP信息
                                    description: {'sdp':desc.sdp, 'type':desc.
type},

                                    //会话Id
                                    sessionId: this.sessionId,
                                    //房间Id
                                    roomId:this.roomId,
                                }
                            };
                            //发送消息
                            this.send(message);
                        }, this.logError);
                    }, this.logError);
                }
            }, this.logError);
        }
    });
}

//处理应答方发过来的Answer
onAnswer = (message) => {
    //提取数据
    var data = message.data;
    //对方Id
    var from = data.from;
    var pc = null;
    //迭代所有PC对象
```

```
      if (from in this.peerConnections) {
          //根据Id找到提议方的PC对象
          pc = this.peerConnections[from];
      }
      if (pc && data.description) {
          //提议方设置远端描述信息SDP
          pc.setRemoteDescription(new RTCSessionDescription(data.description),
() => {
          }, this.logError);
      }
  }

//接收到对方发过来的Candidate信息
onCandidate = (message) => {
    var data = message.data;
    var from = data.from;
    var pc = null;
    //根据对方Id找到PC对象
    if (from in this.peerConnections) {
        pc = this.peerConnections[from];
    }
    //添加Candidate到PC对象中
    if (pc && data.candidate) {
        pc.addIceCandidate(new RTCIceCandidate(data.candidate));
    }
}

onLeave = (message) => {
    var id = message.data;
    console.log('leave', id);
    var peerConnections = this.peerConnections;
    var pc = peerConnections[id];
    if (pc !== undefined) {
        pc.close();
        delete peerConnections[id];
        this.emit('leave', id);
    }
    if (this.localStream != null) {
        this.closeMediaStream(this.localStream);
        this.localStream = null;
    }
}

//挂断处理
onHangUp = (message) => {
    var data = message.data;
    //sessionId由自己和远端Id组成，使用下划线连接
    var ids = data.sessionId.split('_');
    var to = data.to;
    console.log('挂断:sessionId:', data.sessionId);
    //获取到两个PC对象
    var peerConnections = this.peerConnections;
    var pc1 = peerConnections[ids[0]];
```

```javascript
        var pc2 = peerConnections[ids[1]];
        //关闭pc1
        if (pc1 !== undefined) {
            console.log("关闭视频");
            pc1.close();
            delete peerConnections[ids[0]];
        }
        //关闭pc2
        if (pc2 !== undefined) {
            console.log("关闭视频");
            pc2.close();
            delete peerConnections[ids[1]];
        }
        //关闭媒体流
        if (this.localStream != null) {
            this.closeMediaStream(this.localStream);
            this.localStream = null;
        }
        //发送结束会话至上层应用
        this.emit('hangUp', to, this.sessionId);
        //将会话Id设置为初始值000-111
        this.sessionId = '000-111';
    }

    logError = (error) => {
        console.log("logError", error);
    }

    //关闭媒体流
    closeMediaStream = (stream) => {
        if (!stream)
            return;
        //获取所有轨道
        let tracks = stream.getTracks();
        //循环迭代所有轨道并停止
        for (let i = 0, len = tracks.length; i < len; i++) {
            tracks[i].stop();
        }
    }
}
```

14.5　P2P 客户端

　　P2P 客户端主要是将登录、用户列表以及视频通话组件串起来的一个组件，是这几个组件的父组件。其界面操作流程是：用户登录→进入房间→访问用户列表→开始呼叫→进行视频通话→结束通话→返回用户列表。

　　接下来将详细阐述 P2P 客户端实现的过程。具体步骤如下所示。

　　步骤 1　打开 p2p 目录，添加 P2PClient.jsx 文件，创建 P2PClient 组件。首先定义一些

状态，如下所示。

❑ users：用户数组。

❑ userId：本地用户 Id。

❑ userName：本地用户名。

❑ roomId：房间号。

❑ isVideoCall：是否正在进行视频通话。

❑ isLogin：是否登录房间。

❑ localStream：本地媒体流。

❑ remoteStream：远端媒体流。

❑ audioMuted：禁用音频。

❑ videoMuted：禁用视频。

步骤 2　连接信令服务器及中转服务器。初始化信令 P2PVideoCall 对象，然后监听其派发的事件。处理过程如下所示。

```
connectServer = () => {
        //初始化信令
         this.p2pVideoCall = new P2PVideoCall("信令服务器url","中转服务器url","用户名
","房间号");
        //监听更新用户列表事件updateUserList
        ...
        //监听新的呼叫事件newCall
        ...
        //监听新本地流事件localstream
        ...
        //监听新远端流添加事件addstream
        ...
        //监听远端流移除事件removestream
        ...
        //监听会话结束事件hangUp
        ...
        //监听离开事件leave
}
```

步骤 3　添加界面操作绑定的方法，如开始呼叫、挂断处理、静音处理、禁用视频处理等。方法名称如下所示。

```
//呼叫对方参与会话handleStartCall
...
//挂断处理handleUp
...
//打开/关闭本地视频onVideoOnClickHandler
...
//打开/关闭本地音频onAudioClickHandler
```

步骤 4　界面渲染部分分为登录组件、用户列表、视频通话界面以及会话操控按钮这几部分。首先看看登录部分，登录时需要判断登录状态值，如果为 false，则加载登录组

件。如下面的代码所示，可以看到其中有一个 loginHandler 属性，这是一个回调方法。当在登录组件中输入用户名和房间号后，点击登录按钮，用户名和房间号会通过此方法传入 P2PLogin 组件中。

```
<P2PLogin loginHandler={this.loginHandler}/>
```

房间用户列表是通过迭代此房间下的 users 对象来渲染所有用户的，如下面的代码所示。

```
//迭代所有用户
this.state.users.map((user, i) => {
    //渲染用户列表
});
```

接下来在视频通话界面渲染本地及远端视频。通过 localStream 及 remoteStream 状态值来判断是否要渲染视频。

```
<div>
  {
    //渲染本地视频
    this.state.remoteStream != null ? <RemoteVideoView stream={this.state.
remoteStream} id={'remoteview'} /> : null
  }
  {
    //渲染远端视频
    this.state.localStream != null ? <LocalVideoView stream={this.state.
localStream} muted={this.state.videoMuted} id={'localview'} /> : null
  }
</div>
```

最后加上挂断、静音以及禁用视频操作按钮即可。将以上几步串起来，然后在 src 目录下的 App.jsx 及 Samples.jsx 里加上链接及路由绑定，这里请参考第 3 章即可。完整的代码如下所示。

```
import React from 'react';
import { List, Button } from "antd";
import HangupIcon from "mdi-react/PhoneHangupIcon";
import VideoIcon from "mdi-react/VideoIcon";
import VideocamOffIcon from "mdi-react/VideocamOffIcon";
import MicrophoneIcon from "mdi-react/MicrophoneIcon";
import MicrophoneOffIcon from "mdi-react/MicrophoneOffIcon";
import LocalVideoView from './LocalVideoView';
import RemoteVideoView from './RemoteVideoView';
import P2PVideoCall from './P2PVideoCall';
import P2PLogin from './P2PLogin';
import '././../../styles/css/p2p.scss';
/**
 * 一对一客户端
 */
class P2PClient extends React.Component {
```

```
constructor(props) {
    super(props);
    //信令对象
    this.p2pVideoCall = null;
    //初始状态值
    this.state = {
        //Users数组
        users: [],
        //自己的Id
        userId: null,
        //用户名
        userName:'',
        //房间号
        roomId:'111111',
        //是否正在进行视频通话
        isVideoCall: false,
        //是否登录房间
        isLogin:false,
        //本地流
        localStream: null,
        //远端流
        remoteStream: null,
        //禁用音频
        audioMuted: false,
        //禁用视频
        videoMuted: false,
    };
}

connectServer = () => {
    //WebSocket连接url
    var p2pUrl = 'wss://' + window.location.hostname + ':8000/ws';
    var turnUrl = 'https://' + window.location.hostname + ':9000/api/turn?se
rvice=turn&username=sample';
    console.log("信令服务器地址:" +p2pUrl);
    console.log("中转服务器地址:" +turnUrl);
    //初始化信令 传入url及名称
    this.p2pVideoCall = new P2PVideoCall(p2pUrl,turnUrl,this.state.
userName,this.state.roomId);
    //监听更新用户列表事件
    this.p2pVideoCall.on('updateUserList', (users, self) => {
        this.setState({
            users:users,
            userId: self,
        });
    });
    //监听新的呼叫事件
    this.p2pVideoCall.on('newCall', (from, sessios) => {
        this.setState({ isVideoCall: true });
    });
    //监听新的本地流事件
    this.p2pVideoCall.on('localstream', (stream) => {
```

```
            this.setState({ localStream: stream });
        });
        //监听新的远端流添加事件
        this.p2pVideoCall.on('addstream', (stream) => {
            this.setState({ remoteStream: stream });
        });
        //监听远端流移除事件
        this.p2pVideoCall.on('removestream', (stream) => {
            this.setState({ remoteStream: null });
        });
        //监听会话结束事件
        this.p2pVideoCall.on('hangUp', (to, session) => {
            this.setState({
                isVideoCall: false,
                localStream: null,
                remoteStream: null
            });
        });
        //监听离开事件
        this.p2pVideoCall.on('leave', (to) => {
            this.setState({ isVideoCall: false, localStream: null, remoteStream: null });
        });
    }

    //呼叫对方参与会话
    handleStartCall = (remoteUserId, type) => {
        this.p2pVideoCall.startCall(remoteUserId, type);
    }

    //挂断处理
    handleUp = () => {
        this.p2pVideoCall.hangUp();
    }

    //打开/关闭本地视频
    onVideoOnClickHandler = () => {
        let videoMuted = !this.state.videoMuted;
        this.onToggleLocalVideoTrack(videoMuted);
        this.setState({ videoMuted });
    }

    onToggleLocalVideoTrack = (muted) => {
        //获取所有视频轨道
        var videoTracks = this.state.localStream.getVideoTracks();
        if (videoTracks.length === 0) {
            console.log("没有本地视频。");
            return;
        }
        console.log("打开/关闭本地视频。");
        //循环迭代所有轨道
        for (var i = 0; i < videoTracks.length; ++i) {
            //设置每个轨道的enabled值
            videoTracks[i].enabled = !muted;
        }
```

```
        }

        //打开/关闭本地音频
        onAudioClickHandler = () => {
            let audioMuted = !this.state.audioMuted;
            this.onToggleLocalAudioTrack(audioMuted);
            this.setState({audioMuted:audioMuted});
        }

        onToggleLocalAudioTrack = (muted) => {
            //获取所有音频轨道
            var audioTracks = this.state.localStream.getAudioTracks();
            if(audioTracks.length === 0){
                console.log("没有本地音频");
                return;
            }
            console.log("打开/关闭本地音频.");
            //循环迭代所有轨道
            for(var i = 0; i<audioTracks.length; ++i){
                //设置每个轨道的enabled值
                audioTracks[i].enabled = !muted;
            }
        }
    }

    loginHandler = (userName,roomId) =>{
        this.setState({
            isLogin:true,
            userName:userName,
            roomId:roomId,
        });
        this.connectServer();
    }

    render() {
        return (
            <div className="main-layout">
                {/* 判断打开状态 */}
                {!this.state.isLogin ?
                    <div className="login-container">
                        <h2>一对一视频通话案例</h2>
                        <P2PLogin loginHandler={this.loginHandler}/>
                    </div>
                    :
                    !this.state.isVideoCall ?
                    <List bordered header={"一对一视频通话案例"} footer={"终端列表
(Web/Android/iOS)"}>
                        {
                            //迭代所有用户
                            this.state.users.map((user, i) => {
                                return (
                                    <List.Item key={user.id}>
                                        <div className="list-item">
                                            {user.name + user.id}
                                            {user.id !== this.state.userId &&
```

```
                            <div>
                                <Button type="link" onClick={() =>
this.handleStartCall (user.id, 'video')}>视频</Button>
                                <Button type="link" onClick={() =>
this.handleStartCall (user.id, 'screen')}>共享桌面</Button>
                            </div>
                            }
                        </div>
                    </List.Item>
                )
            })
        }
        </List>
        :
        <div>
            <div>
                {
                    //渲染本地视频
                    this.state.remoteStream != null ? <RemoteVideoView
stream= {this.state.remoteStream} id={'remoteview'} /> : null
                }
                {
                    //渲染远端视频
                    this.state.localStream != null ? <LocalVideoView stream=
{this.state.localStream} muted={this.state.videoMuted} id={'localview'} /> : null
                }
            </div>
            <div className="btn-tools">
                {/* 打开/关闭视频 */}
                <Button className="button" ghost size="large" shape=
"circle"
                    icon={this.state.videoMuted ? <VideocamOffIcon /> :
<VideoIcon />}
                    onClick={this.onVideoOnClickHandler}
                >
                </Button>
                {/* 挂断 */}
                <Button className="button" ghost size="large" shape=
"circle"
                    icon={<HangupIcon />}
                    onClick={this.handleUp}
                >
                </Button>
                {/* 打开/关闭音频 */}
                <Button ghost size="large" shape="circle"
                    icon={this.state.audioMuted ? <MicrophoneOffIcon /> :
<MicrophoneIcon />}
                    onClick={this.onAudioClickHandler}
                >
                </Button>
            </div>
        </div>
    }
```

```
            </div>
        );
    }
}
//导出组件
export default P2PClient;
```

14.6　视频通话测试

当 PC-Web 端、p2p-server 以及 p2p-turn 实现后，就可以测试前后端视频通话是否正常了。

首先进入 p2p-server 目录，运行 go run main.go 命令，启动信令服务。然后进入 turn-server 目录，运行 go run main.go 命令，启动中转服务，并允许这两个服务接入互联网。

接下来进入 h5-samples 工程目录，执行 npm start 命令。点击"一对一视频通话案例"进入登录页面。在测试之前，首先要在浏览器里输入以下地址，点击继续访问即可。

```
https://0.0.0.0:8000/ws
https://0.0.0.0:9000/api/turn?service=turn&username=sample
```

> 注意 WebSocket 连接原本为 wss://0.0.0.0:8000/ws，但要放在浏览器里使用，以 https 开头才能正常访问。

在登录页面输入用户名及房间号后，开始连接 p2p-server 及 turn-server 服务器。控制台会输出以下内容。

```
{userName: "alex", roomId: "111"}
P2PClient.jsx:51 信令服务器地址:wss://0.0.0.0:8000/ws
P2PClient.jsx:52 中转服务器地址:https://0.0.0.0:9000/api/turn?service=turn&username
=sample
P2PVideoCall.js:56 configuration:{"iceServers":[{"url":"turn:127.0.0.1:19302?tran
sport=udp","username":"1592474571:sample","credential":"p6r2XHDxuRmyPDbD+4QGmnAy
Xmk"}]}
P2PVideoCall.js:66 WebSocket连接成功...
P2PVideoCall.js:91 收到的消息: {
    type = updateUserList,
    data = [{"id":"080123","name":"alex"}]
}
P2PVideoCall.js:330 users = [{"id":"080123","name":"alex"}]
P2PVideoCall.js:91 收到的消息: {
    type = heartPackage,
    data = ""
}
```

可以看到此时信令服务器已经连接成功，同时中转服务器也返回了 ICE 信息。另外，收到了信令服务器发送的更新用户列表数据以及心跳包。

再登录一个用户号，使用相同的房间号。可以看到房间用户列表下有两个用户了，如图 14-2 所示。

用户列表里提供了两种呼叫，一个是视频呼叫，一个是共享桌面呼叫。点击呼叫按钮后进入视频通话页面，如图 14-3 所示。

点击共享桌面按钮后，发起方会采集桌面流，对方会采集本地音视频，如图 14-4 所示。

可以看到共享桌面流传输到远端并渲染出来。另外，可以测试静音、禁用视频以及挂断通话等操作按钮。

图 14-2　用户列表

图 14-3　视频通话效果图

图 14-4　共享桌面效果

第 15 章 *Chapter 15*

App 端实现

实现一对一视频通话的 App 部分，使用的是 Flutter-WebRTC 方案。这样做的好处是可以同时在两端跨系统实现视频通话。本章主要从以下几个方面详细阐述其实现过程。

❑ 登录组件
❑ 约束条件
❑ ICE 配置
❑ 请求 TurnServer
❑ 封装 WebSocket
❑ 信令实现
❑ 整体测试

15.1 登录组件

App 端采用的是 Flutter 技术，所以直接在 app-samples 工程目录下创建一个案例即可。用户需要在登录组件中输入用户名及房间号。

接下详细阐述登录组件实现的过程，具体步骤如下所示。

步骤 1 在 app-samples/lib/ 目录中新建 p2p 目录，然后添加 p2p_login.dart 文件，创建 P2PLogin 组件。如下面的代码所示。

```
class P2PLogin extends StatefulWidget {
    ...
}
```

步骤 2 定义用户名及房间号变量，然后添加点击登录方法。如下面的代码所示。

```
String _userName;//用户名
String _roomId;//房间号

//点击登录
handleJoin(){
    //跳转至P2PClient
    ...
}
```

步骤 3 登录页面布局处理，添加用户名及房间号输入框，然后添加登录按钮。完整的代码如下所示。

```
import 'package:flutter/material.dart';
import 'package:app_samples/p2p/p2p_client.dart';
//一对一视频通话登录页面
class P2PLogin extends StatefulWidget {
    @override
    _P2PLoginState createState() => _P2PLoginState();
}

class _P2PLoginState extends State<P2PLogin> {
    String _userName;//用户名
    String _roomId;//房间号

    //点击登录
    handleJoin(){
        //跳转至P2PClient
        Navigator.push(
            context,
            MaterialPageRoute(
                builder: (BuildContext context) => P2PClient(this._userName,this._
roomId)),
        );
    }

    @override
    Widget build(BuildContext context) {
        //页面脚手架
        return Scaffold(
            appBar: AppBar(
                //标题
                title: Text('一对一视频通话案例'),
            ),
            body: Center(
                //垂直布局
                child: Column(
                    crossAxisAlignment: CrossAxisAlignment.center,
                    mainAxisAlignment: MainAxisAlignment.center,
                    children: <Widget>[
                        SizedBox(
                            width: 260.0,
                            child: TextField(
                                //键盘类型为文本
                                keyboardType: TextInputType.text,
```

```
                    textAlign: TextAlign.center,
                    decoration: InputDecoration(
                        contentPadding: EdgeInsets.all(10.0),
                        hintText: '请输入用户名',
                    ),
                    onChanged: (value) {
                        setState(() {
                            _userName = value;
                        });
                    },
                )),
            SizedBox(
                width: 260.0,
                child: TextField(
                    //键盘类型为数字
                    keyboardType: TextInputType.phone,
                    textAlign: TextAlign.center,
                    decoration: InputDecoration(
                        contentPadding: EdgeInsets.all(10.0),
                        hintText: '请输入房间号',
                    ),
                    onChanged: (value) {
                        setState(() {
                            _roomId = value;
                        });
                    },
                ),
            ),
            SizedBox(
                width: 260.0,
                height: 48.0,
            ),
            SizedBox(
                width: 260.0,
                height: 48.0,
                //登录按钮
                child: RaisedButton(
                    child: Text(
                        '登录',
                    ),
                    onPressed: () {
                        if (_roomId != null) {
                            handleJoin();
                            return;
                        }
                    },
                ),
            ),
        ),
      ]),
    ),
  );
  }
}
```

其中，将用户名的键盘类型设置为文本，房间号的键盘类型设置为数字。运行示例后可以看到登录界面如图 15-1 所示。

图 15-1　App 登录页面

15.2　生成 Id

项目中有多处要用到 Id，如用户 Id、房间 Id、会话 Id。这些 Id 可以通过一个固定长度的随机数生成。

在 app-samples/lib/utils 目录下新建一个 utils.dart 工具类。导入 dart:math 包，然后编写一个生成随机数的方法。代码如下所示。

```
import 'dart:math';
//产生随机数
String randomNumeric(int length) {
    String start = '123456789';
    String center = '0123456789';
    String result = '';
    for (int i = 0; i < length; i++) {
        if (i == 1) {
            result = start[Random().nextInt(start.length)];
        } else {
```

```
        result = result + center[Random().nextInt(center.length)];
      }
    }
    return result;
}
```

使用时传入要产生的随机数长度，例如 6 位，即可生成一个随机字符串。

15.3　约束条件

约束条件为获取本地媒体数据，创建 RTCPeerConnection 及创建提议应答时使用的参数配置，如下所示。

- ❑ MEDIA_CONSTRAINTS：媒体约束条件。使用 getUserMedia 或 getDisplayMedia 时使用。
- ❑ PC_CONSTRAINTS：PeerConnection 约束。使用 createPeerConnection 创建 PC 对象时使用。
- ❑ SDP_CONSTRAINTS：SDP 约束。使用 createOffer 创建提议或 createAnswer 创建应答时使用。

接下来在 p2p 目录下新建 p2p_constraints.dart 文件，添加如下代码。

```
/**
 * 约束条件
 */
class P2PConstraints {

    //Media约束条件
    static const Map<String, dynamic> MEDIA_CONSTRAINTS = {
        //开启音频
        "audio": true,
        "video": {
            "mandatory": {
                //宽度
                "minWidth": '640',
                //高度
                "minHeight": '480',
                //帧率
                "minFrameRate": '30',
            },
            "facingMode": "user",
            "optional": [],
        }
    };

    //PeerConnection约束
    static const Map<String, dynamic> PC_CONSTRAINTS = {
        'mandatory': {},
        'optional': [
```

```
            //如果要与浏览器互通，开启DtlsSrtpKeyAgreement
            {'DtlsSrtpKeyAgreement': true},
        ],
    };

    //SDP约束
    static const Map<String, dynamic> SDP_CONSTRAINTS = {
        'mandatory': {
            //是否接收语音数据
            'OfferToReceiveAudio': true,
            //是否接收视频数据
            'OfferToReceiveVideo': true,
        },
        'optional': [],
    };
}
```

15.4　请求 TurnServer

Flutter 端请求只需要向 turn-server 发起一个 HTTP 请求即可。这里使用 HttpClient 对象发起请求，请求的 url 如下所示。

```
https://0.0.0.0:9000/api/turn?service=turn&username=sample
```

这里为了方便测试，需要允许其使用自签名证书，处理代码如下所示。

```
client.badCertificateCallback = (X509Certificate cert, String host, int port) {
    print('getTurnCredential: 允许自签名证书 => $host:$port. ');
    return true;
};
```

badCertificateCallback 返回 true 表示强行信任。接下来打开 p2p 目录，添加 p2p_turn. dart 文件，添加 getTurnCredential 方法。代码如下所示。

```
import 'dart:convert';
import 'dart:async';
import 'dart:io';
//请求TurnServer
Future<Map> getTurnCredential(String host, int port) async {
    //创建HttpClient对象
    HttpClient client = HttpClient(context: SecurityContext());
    client.badCertificateCallback = (X509Certificate cert, String host, int port) {
        print('getTurnCredential: 允许自签名证书 => $host:$port. ');
        return true;
    };
    //请求url
    var url = 'https://$host:$port/api/turn?service=turn&username=sample';
    print('url:' + url);
    //发起请求
    var request = await client.getUrl(Uri.parse(url));
```

```
    //关闭请求
    var response = await request.close();
    //获取返回的数据
    var responseBody = await response.transform(Utf8Decoder()).join();
    print('getTurnCredential:返回数据 => $responseBody.');
    //使用Json解码数据
    Map data = JsonDecoder().convert(responseBody);
    //返回数据
    return data;
}
```

turn-server 服务器返回的是 Json 数据，当接收到数据后需要用 JsonDecoder 解码后才能使用。

15.5　ICE 配置

ICE 配置是创建 RTCPeerConnection 时使用的重要参数，它可以通过 turn-server 获取。返回的数据如下所示。

```
'iceServers': [
    {'url': 'stun:stun.l.google.com:19302'},
    /*
    {
        'url': 'turn:123.45.67.89:3478',
        'username': 'change_to_real_user',
        'credential': 'change_to_real_secret'
    },
    */
]
```

可以看到返回的数据有 url、用户名以及证书。打开 p2p 目录，添加 p2p_ice_servers. dart 文件，再添加如下代码。

```
import 'package:app_samples/p2p/p2p_turn.dart';

//TURN服务器返回数据
var _turnCredential;

class P2PIceServers{

    //主机地址
    String _host;
    //端口
    int _turnPort;

    //ICE服务器信息
    Map<String, dynamic> IceServers = {
        'iceServers': [
            {'url': 'stun:stun.l.google.com:19302'},
```

```
            /*
            {
                'url': 'turn:123.45.67.89:3478',
                'username': 'change_to_real_user',
                'credential': 'change_to_real_secret'
            },
            */
        ]
    };

    //构造函数
    P2PIceServers(String host,int turnPort){
        this._host = host;
        this._turnPort = turnPort;
    }

    //初始化
    init(){
        this._requestIceServers(this._host,this._turnPort);
    }

    //发起请求
    Future _requestIceServers(String host,int turnPort) async{
        if (_turnCredential == null) {
            try {
                //请求中转服务器
                _turnCredential = await getTurnCredential(host, turnPort);
                IceServers = {
                    'iceServers': [
                        {
                            'url': _turnCredential['uris'][0],
                            'username': _turnCredential['username'],
                            'credential': _turnCredential['password']
                        },
                    ]
                };
            } catch (e) {}
        }
        return IceServers;
    }

}
```

这里主要是封装了 p2p_turn.dart 里的 getTurnCredential 请求方法。传入主机地址及端口即可。

15.6 封装 WebSocket

WebSocket 用于发送及接收信令消息，可以对其封装出以下几个接口。

❑ 开始连接

- ❑ 关闭连接
- ❑ 发送数据
- ❑ 接收消息

接下来将详细阐述具体的封装过程，步骤如下所示。

步骤 1　打开 p2p 目录，添加 p2p_socket.dart 文件。添加 P2PSocket 类。首先定义几个回调函数，如下面的代码所示。

```
//打开回调函数
OnOpenCallback onOpen;
//消息回调函数
OnMessageCallback onMessage;
//关闭回调函数
OnCloseCallback onClose;
```

其中，onOpen 为打开回调函数，onClose 为关闭回调函数，onMessage 为消息回调函数，可以接收来自服务器端转发的消息。

步骤 2　由于需要使用 WSS 安全连接，并且用的是自签名证书，所以要做强制信任处理，代码如下所示。

```
client.badCertificateCallback = (X509Certificate cert, String host, int port) {
    print('P2PSocket: 允许自签名证书 => $host:$port. ');
    //返回true, 强行被信任
    return true;
};
```

步骤 3　在 Flutter 中还需要升级 HTTP 请求，在请求头里添加表中字段值，如协议升级请求、WebSocket 版本等，具体参数可参考表 12-1。处理的关键代码如下所示。

```
//标识该HTTP请求是一个协议升级请求
request.headers.add('Connection', 'Upgrade');
//协议升级为WebSocket协议
request.headers.add('Upgrade', 'websocket');
//客户端支持WebSocket的版本
request.headers.add('Sec-WebSocket-Version', '13');
//客户端采用base64编码的24位随机字符序列
request.headers.add('Sec-WebSocket-Key', key.toLowerCase());
```

步骤 4　最后封装连接、关闭以及发送数据方法。完整的代码如下所示。

```
import 'dart:io';
import 'dart:math';
import 'dart:convert';
import 'dart:async';

//定义消息回调函数
typedef void OnMessageCallback(dynamic msg);
//定义关闭回调函数
typedef void OnCloseCallback(int code, String reason);
//定义打开回调函数
```

```dart
typedef void OnOpenCallback();

//WebSocket封装
class P2PSocket {
    //连接url
    String _url;
    //Socket对象
    var _socket;
    //打开回调函数
    OnOpenCallback onOpen;
    //消息回调函数
    OnMessageCallback onMessage;
    //关闭回调函数
    OnCloseCallback onClose;
    //构造函数
    P2PSocket(this._url);

    //开始连接
    connect() async {
        try {
            print(_url);
            //自签名验证连接
            _socket = await _connectForSelfSignedCert(_url);
            //打开连接回调
            this?.onOpen();
            //监听Socket消息
            _socket.listen((data) {
                this?.onMessage(data);
            }, onDone: () {
                //连接关闭回调
                this?.onClose(_socket.closeCode, _socket.closeReason);
            });
        } catch (e) {
            //连接关闭回调
            this.onClose(500, e.toString());
        }
    }

    //发送数据
    send(data) {
        if (_socket != null) {
            _socket.add(data);
            print('发送: $data');
        }
    }

    //关闭Socket
    close() {
        if (_socket != null)
            _socket.close();
    }

    Future<WebSocket> _connectForSelfSignedCert(url) async {
```

```
    try {
        //随机数
        Random r = Random();
        //生成key
        String key = base64.encode(List<int>.generate(8, (_) => r.nextInt(255)));
        HttpClient client = HttpClient(context: SecurityContext());
        //证书强行被信任
        client.badCertificateCallback = (X509Certificate cert, String host, int port) {
            print('P2PSocket: 允许自签名证书 => $host:$port. ');
            //返回true，强行被信任
            return true;
        };

        //发起请求
        HttpClientRequest request = await client.getUrl(Uri.parse(url));
        //标识该HTTP请求是一个协议升级请求
        request.headers.add('Connection', 'Upgrade');
        //将协议升级为WebSocket协议
        request.headers.add('Upgrade', 'websocket');
        //客户端支持的WebSocket的版本
        request.headers.add('Sec-WebSocket-Version', '13');
        //客户端采用base64编码的24位随机字符序列
        request.headers.add('Sec-WebSocket-Key', key.toLowerCase());
        //关闭请求
        HttpClientResponse response = await request.close();

        //分离出Socket
        Socket socket = await response.detachSocket();
        //通过一个已升级的Socket创建WebSocket
        var webSocket = WebSocket.fromUpgradedSocket(
            socket,
            protocol: 'signaling',
            serverSide: false,
        );
        //返回webSocket
        return webSocket;
    } catch (e) {
        throw e;
    }
  }
}
```

> 提示　P2PSocket 是自己根据 Dart 基础 I/O 库封装的，你也可以使用第三方 WebSocket 库来收发消息。

15.7　定义状态

视频通话状态主要用于定义呼叫及连接所处理的状态，如加入房间、挂断、连接关闭等。打开 p2p 目录，添加 p2p_state.dart 文件，添加如下枚举值。

```
//状态
enum P2PState {
    //加入房间
    CallStateJoinRoom,
    //挂断
    CallStateHangUp,
    //连接打开
    ConnectionOpen,
    //连接关闭
    ConnectionClosed,
    //连接错误
    ConnectionError,
}
```

这里定义的是最主要的状态，当然定义得越细越好，你可以在此基础上加入更多状态，如接受请求、拒绝请求、离开房间等。

15.8 信令实现

App 信令程序属于移动客户端 SDK 范畴，主要用于与信令服务器交换 Offer、Answer、SDP 等信息。它可以单独抽取出来作为一个库使用。信令类型遵循 12.4 节。总结起来，信令部分要实现如下功能。

❑ ICE 配置：通过访问 TURN 服务器提取信息。

❑ WebSocket 连接关闭：使用 WebSocket 连接及关闭信令服务器。

❑ WebSocket 消息处理：进行 Offer、Answer、Candidate、更新用户列表、心跳包、加入房间、离开房间等消息处理。

❑ 获取本地媒体流：获取本地音视频及手机桌面流。

❑ 发送消息处理：将本地的 Offer、Answer、Candidate 等消息以及挂断消息发送至对方处理。

❑ 提议/应答：创建 Offer 及 Answer 信息处理，接受 Offer 及 Answer 信息处理。

❑ 创建 PeerConnection：创建本地或远端 RTCPeerConnection 连接处理，同时监听添加及移除流事件处理。

❑ 创建及接收网络协商信息：创建及接收 Candidate 网络协商信息处理。

❑ 回调处理：信令层的某个状态通过回调函数的方式通知上层，如挂断、用户列表更新。

App 的信令接口和 Web 部分大体一致，只是将 JavaScript 语言转成 Dart 语言即可。接下来我们分步讲解其实现过程。具体步骤如下所示。

步骤 1 在 p2p 目录下新建 p2p_video_call.dart 文件，然后定义一个 P2PVideoCall 的

类，代码如下所示。

```
class P2PVideoCall{...}
```

步骤 2　在类的构造里，需要定义一些本地变量，如下面的代码所示。

```
//自己的Id
String _userId = '';
//用户名
String _userName = 'FlutterApp';
//房间Id
String _roomId = '111111';
//WebSocket对象
P2PSocket _socket;
//会话Id
var _sessionId;
//IP地址
var _host;
//信令服务器端口
var _p2pPort = 8000;
//TURN服务器端口
var _turnPort = 9000;
//PeerConnection集合
var _peerConnections = Map<String, RTCPeerConnection>();
//远端Candidate数组
var _remoteCandidates = [];
//获取ICE服务信息
P2PIceServers _p2pIceServers;
//本地媒体流
MediaStream _localStream;
```

其中 P2P 信令服务器地址、TURN 服务器地址、用户名以及房间号由上层传递过来。另外，这里的会话 Id 比较特殊，sessionId 由自己的 Id+ 对方的 Id 组成，中间用 "－" 连接起来，这和 Web 端生成是一样的。

信令类的构造函数直接初始化一些必要参数，如下面的代码所示。

```
P2PVideoCall(this._host,this._p2pPort,this._turnPort,this._userId,this._userName,this._roomId);
```

步骤 3　定义信令类回调函数，如信令状态回调函数、本地流状态回调函数、远端流状态回调函数以及更新用户列表回调函数等。如下面的代码所示。

```
//定义信令状态回调函数
typedef void SignalingStateCallback(P2PState state);
//定义媒体流状态回调函数
typedef void StreamStateCallback(MediaStream stream);
//定义用户列表更新回调函数
typedef void UsersUpdateCallback(dynamic event);
```

提示　App 与 Web 通知上层的方式不同。Web 是通过事件的方式通知，App 则是通过回调函数通知。App 如果要采用事件的方式，可以使用 event_bus 库。

步骤4 App 端需要获取 ICE 信息，可以使用 P2PIceServers 类。处理代码如下所示。

```
_p2pIceServers = P2PIceServers(this._host,this._turnPort);
_p2pIceServers.init();
```

步骤5 初始化 Socket，打开 Socket 以及 Socket 消息处理。由于是异步处理，所以要加 async/await 关键字。代码结构如下所示。

```
void connect() async {
    //使用Socket连接信令服务器
    _socket = P2PSocket(url);
    ...
    //socket打开
    _socket.onOpen = () {
        ...
    };

    //socket接收消息
    _socket.onMessage = (message) {
        ...
    };

    //socket连接关闭
    _socket.onClose = (int code, String reason) {
        ...
    };

    //执行连接
    await _socket.connect();
}
```

当接收到 p2p-server 信令服务器转发过来的消息后，可以通过 switch…case 语句对不同的消息做出不同的处理。结构如下所示。

```
switch (mapData['type']) {
    //成员列表
    case 'updateUserList':
        ...
    //提议Offer消息
    case 'offer':
        ...
    //应答Answer信息
    case 'answer':
        ...
    //网络Candidate信息
    case 'candidate':
        ...
    //离开房间消息
    case 'leaveRoom':
        ...
    //挂断消息
    case 'hangUp':
```

```
        ...
    case 'heartPackage':
        ...
}
```

可以看到消息类型的设计是和信令服务器一一对应的,如果消息类型不匹配,则无法正确处理。

步骤 6　获取本地媒体流,这里需要做一个类型判断——是获取视频流还是获取手机桌面流。如下面的代码所示。

```
Future<MediaStream> createStream(media, user_screen) async {
    ...
}
```

返回的是一个媒体流 MediaStream 对象,Future 表示一个异步对象。

步骤 7　接下来进行媒体商处理。这一步的处理过程和第 8 章的基本原理是一样的,只不过增加了服务器转发处理。创建 Offer 的处理如下所示。

```
_createOffer(String id, RTCPeerConnection pc, String media) async {
    //返回SDP信息
    RTCSessionDescription s = await pc.createOffer(P2PConstraints.SDP_CONSTRAINTS);
    //设置本地描述信息
    pc.setLocalDescription(s);
    //发送Offer至对方
    _send(...);
}
```

当创建好 Offer,设置好本地 SDP 描述后,使用 WebSocket 发送至信令服务器。信令服务器收到消息后,会将 Offer 信息转发给对方,对方收到消息后再生成应答 Answer 信息。如下所示。

```
//获取数据
...
//应答方创建PeerConnection
var pc = await _createPeerConnection(id, media, false);
...
//应答方PC设置远端SDP描述
await pc.setRemoteDescription(RTCSessionDescription(description['sdp'],
description['type']));
//应答方创建应答信息
await _createAnswer(id, pc, media);
```

可以看到提议方发过来的 Offer 处理步骤较多,首先应答方获取本地媒体流,然后创建应答方的 PeerConnection,之后设置应答方的远端 SDP 媒体信息。设置好后再创建应答信息,设置应答本地 SDP 媒体信息,最后通过 Socket 发送至信令服务器。方法如下所示。

```
_createAnswer(String id, RTCPeerConnection pc, media) async {
    //返回SDP信息
    RTCSessionDescription s = await pc.createAnswer(P2PConstraints.SDP_CONSTRAINTS);
```

```
        //设置本地描述信息
        pc.setLocalDescription(s);
        //发送Answer至对方
        _send(...);
    }
```

当提议方收到应答方发过来的应答信息后，将其设置到提议方的远端描述信息里即可。如下面的代码所示。

```
//SDP描述
...
//提议方PC设置远端SDP描述
await pc.setRemoteDescription(RTCSessionDescription(description['sdp'],
description['type']));
```

步骤8 接下来进行网络协商处理。这一步的处理过程和第 8 章的基本原理也是一样的，只不过也是增加了服务器转发处理。想获得网络 Candidate 信息，首先要创建 RTCPeerConnection 对象，方法定义如下所示。

```
_createPeerConnection(id, media, isScreen) async {
    ...
}
```

方法的参数说明如下。

❑ id：对方的 Id。

❑ media：媒体类型。

❑ isScreen：是否为共享屏幕。

> 📷 **注意** 这里也是使用对方的 Id 作为 key 放在 PeerConnection 集合里。当要获取某个 PC 对象时，注意 Id 的对应关系。

当有 PC 对象后可以监听其 onIceCandidate 事件，收集 Candidate 信息，然后将其发送至对方。对方收到信息后，再将其添加到 PC 对象里即可。大致处理如下所示。

```
//收集到Candidate信息
pc.onIceCandidate = (candidate) {
    //发送至对方
    _send('candidate', {
        ...
    });
};

//接收到对方发过来的Candidate信息
//生成Candidate对象
RTCIceCandidate candidate = RTCIceCandidate(...);
if (pc != null) {
    //将对方发过来的Candidate添加至PC对象
    await pc.addCandidate(candidate);
} else {
```

```
        //当应答方PC还未建立时，将Candidate数据暂时缓存起来
        _remoteCandidates.add(candidate);
}
```

这里有个细节需要注意一下，发起会话的是提议方，此时应答方的 PC 连接可能还没有创建起来，需要把 Candidate 先缓存起来，等应答方 PC 对象创建好后，再将其添加至 PC 对象里即可。应答方收到 Offer 信息后，处理代码如下所示。

```
if (this._remoteCandidates.length > 0) {
        //如果有Candidate缓存数据，将其添加至应答方PC对象里
        _remoteCandidates.forEach((candidate) async {
            await pc.addCandidate(candidate);
        });
        //添加完成后清空数组
        _remoteCandidates.clear();
}
```

步骤 9　媒体协商和网络协商完成后，当一方添加本地流后，对方就可以接收到此流。事件及方法如下所示。

```
//远端流到达
pc.onAddStream = (stream) {
        ...
};

//远端流移除
pc.onRemoveStream = (stream) {
        ...
};
```

步骤 10　完成以上步骤后，通话可以真正建立起来了。最后再加上挂断、切换摄像头等方法。方法如下所示。

❑ startCall：开始呼叫。

❑ hangUp：主动挂断处理。

❑ switchCamera：手机切换前后置摄像头。

❑ muteMicrophone：麦克风静音。

把以上所有步骤串起来，就可以提供一个完整的信令服务了。完整的代码如下所示。

```
import 'dart:convert';
import 'dart:async';
import 'package:flutter_webrtc/webrtc.dart';
import 'package:app_samples/p2p/p2p_state.dart';
import 'package:app_samples/p2p/p2p_constraints.dart';
import 'package:app_samples/p2p/p2p_ice_servers.dart';
import 'package:app_samples/p2p/p2p_socket.dart';

//定义信令状态回调函数
typedef void SignalingStateCallback(P2PState state);
//定义媒体流状态回调函数
```

```
typedef void StreamStateCallback(MediaStream stream);
//定义用户列表更新回调函数
typedef void UsersUpdateCallback(dynamic event);
/**
 * 信令类
 */
class P2PVideoCall {
    //Json编码
    JsonEncoder _encoder = JsonEncoder();
    //Json解码
    JsonDecoder _decoder = JsonDecoder();
    //自己的Id
    String _userId = '';
    //用户名
    String _userName = 'FlutterApp';
    //房间Id
    String _roomId = '111111';
    //WebSocket对象
    P2PSocket _socket;
    //会话Id
    var _sessionId;
    //IP地址
    var _host;
    //信令服务器端口
    var _p2pPort = 8000;
    //TURN服务器端口
    var _turnPort = 9000;
    //PeerConnection集合
    var _peerConnections = Map<String, RTCPeerConnection>();
    //远端Candidate数组
    var _remoteCandidates = [];
    //获取ICE服务信息
    P2PIceServers _p2pIceServers;
    //本地媒体流
    MediaStream _localStream;
    //信令状态回调函数
    SignalingStateCallback onStateChange;
    //媒体流状态回调函数，本地流
    StreamStateCallback onLocalStream;
    //媒体流状态回调函数，远端流添加
    StreamStateCallback onAddRemoteStream;
    //媒体流状态回调函数，远端流移除
    StreamStateCallback onRemoveRemoteStream;
    //所有成员更新回调函数
    UsersUpdateCallback onUsersUpdate;

    //信令类构造函数
    P2PVideoCall(this._host,this._p2pPort,this._turnPort,this._userId,this._
userName,this._roomId);

    //信令关闭
    close() {
    //销毁本地媒体流
```

```
    if (_localStream != null) {
        _localStream.dispose();
        _localStream = null;
    }
    //循环迭代所有PeerConnection并关闭
    _peerConnections.forEach((key, pc) {
        pc.close();
    });
    //关闭Socket
    if (_socket != null) {
        _socket.close();
    }
}

//麦克风静音
void muteMicrophone(muted) {
    //判断本地流及音频轨道长度
    if (_localStream != null && _localStream.getAudioTracks().length > 0) {
        //第一个音频轨道是否禁用
        _localStream.getAudioTracks()[0].enabled = muted;
        if (muted) {
            print("已静音");
        } else {
            print("取消静音");
        }
    } else {}
}

//切换摄像头
void switchCamera() {
    if (_localStream != null) {
        //获取视频轨道并切换摄像头
        _localStream.getVideoTracks()[0].switchCamera();
    }
}

//呼叫
void startCall(String remoteUserId, String media, isScreen) {
    //会话Id = 自己的Id + 下划线 + 对方的Id
    this._sessionId = this._userId + '-' + remoteUserId;

    //设置信令状态
    if (this.onStateChange != null) {
        this.onStateChange(P2PState.CallStateJoinRoom);
    }

    //创建PeerConnection
    _createPeerConnection(remoteUserId, media, isScreen).then((pc) {
        //把PC对象放入集合，注意Key使用的是对方Id
        _peerConnections[remoteUserId] = pc;
        //创建提议Offer
        _createOffer(remoteUserId, pc, media);
    });
```

```
    }

    //发送挂断消息
    void hangUp() {
        _send('hangUp', {
            'sessionId': this._sessionId,
            'from': this._userId,
            'roomId':_roomId,//房间Id
        });
    }

    //服务器端发到前端的消息处理
    void onMessage(message) async {
        //获取消息数据
        Map<String, dynamic> mapData = message;
        var data = mapData['data'];


        //使用消息类型作为判断条件
        switch (mapData['type']) {
            //成员列表
            case 'updateUserList':
                {
                    //成员列表数据
                    List<dynamic> users = data;
                    if (this.onUsersUpdate != null) {
                        //回调参数，包括自己的Id及成员列表
                        Map<String, dynamic> event = Map<String, dynamic>();
                        event['users'] = users;
                        //执行回调函数
                        this.onUsersUpdate(event);
                    }
                }
                break;
            //提议Offer消息
            case 'offer':
                {
                    //提议方Id
                    var id = data['from'];
                    //SDP描述
                    var description = data['description'];
                    //请求媒体类型
                    var media = data['media'];
                    //会话Id
                    var sessionId = data['sessionId'];
                    this._sessionId = sessionId;
                    //调用信令状态回调函数，状态为呼叫
                    if (this.onStateChange != null) {
                        this.onStateChange(P2PState.CallStateJoinRoom);
                    }
                    //应答方创建PeerConnection
                    var pc = await _createPeerConnection(id, media, false);
                    //将PC放入PeerConnection集合
```

```
                        _peerConnections[id] = pc;
                        //应答方PC设置远端SDP描述
                        await pc.setRemoteDescription(RTCSessionDescription(descript
ion['sdp'], description['type']));
                        //应答方创建应答信息
                        await _createAnswer(id, pc, media);
                        if (this._remoteCandidates.length > 0) {
                            //如果有Candidate缓存数据，则将其添加至应答方的PC对象里
                            _remoteCandidates.forEach((candidate) async {
                                await pc.addCandidate(candidate);
                            });
                            //添加完成后清空数组
                            _remoteCandidates.clear();
                        }
                    }
                    break;
                //应答Answer信息
                case 'answer':
                    {
                        //应答方Id
                        var id = data['from'];
                        //SDP描述
                        var description = data['description'];
                        //取出提议方PeerConnection
                        var pc = _peerConnections[id];
                        if (pc != null) {
                            //提议方PC设置远端SDP描述
                            await pc.setRemoteDescription(RTCSessionDescription(desc
ription['sdp'], description['type']));
                        }
                    }
                    break;
                //网络Candidate信息
                case 'candidate':
                    {
                        //发送消息方的Id
                        var id = data['from'];
                        //读取数据
                        var candidateMap = data['candidate'];
                        //根据Id获取PeerConnection
                        var pc = _peerConnections[id];
                        //生成Candidate对象
                        RTCIceCandidate candidate = RTCIceCandidate(
                            candidateMap['candidate'],
                            candidateMap['sdpMid'],
                            candidateMap['sdpMLineIndex']);
                        if (pc != null) {
                            //将对方发过来的Candidate添加至PC对象里
                            await pc.addCandidate(candidate);
                        } else {
                            //当应答方PC还未建立时，将Candidate数据暂时缓存起来
                            _remoteCandidates.add(candidate);
                        }
```

```
                }
                break;
        //离开房间消息
        case 'leaveRoom':
            {
                    print('离开:');
                    var id = data;
                    print('离开:' + id);
                    this.leave(id);
            }
            break;
        //挂断消息
        case 'hangUp':
            {
                    var id = data['to'];
                    var sessionId = data['sessionId'];
                    print('挂断:' + sessionId);
                    this.leave(id);
            }
            break;
        case 'heartPackage':
            {
                    print('服务器端发送心跳包!');
            }
            break;
        default:
            break;
    }
}


//挂断/离开
void leave(String id) {
    //关闭并清空所有PC
    _peerConnections.forEach((key, peerConn) {
        peerConn.close();
    });
    _peerConnections.clear();

    //销毁本地媒体流
    if (_localStream != null) {
        _localStream.dispose();
        _localStream = null;
    }

    //将会话Id设置为空
    this._sessionId = null;
    //设置当前状态为挂断状态
    if (this.onStateChange != null) {
        this.onStateChange(P2PState.CallStateHangUp);
    }
}


//WebSocket连接
```

```
void connect() async {
    var url = 'https://$_host:$_p2pPort/ws';
    //使用Socket连接信令服务器
    _socket = P2PSocket(url);

    print('连接:$url');

    //获取ICE信息
    _p2pIceServers = P2PIceServers(this._host,this._turnPort);
    _p2pIceServers.init();

    //socket打开
    _socket.onOpen = () {
        print('onOpen');
        //连接打开状态
        this?.onStateChange(P2PState.ConnectionOpen);
        //发送新加入的成员的消息
        _send('joinRoom', {
            'name': _userName,//名称
            'id': _userId,//自己Id
            'roomId':_roomId,//房间Id
        });
    };

    //socket接收消息
    _socket.onMessage = (message) {
        print('接收数据: ' + message);
        //Json解码器
        JsonDecoder decoder = JsonDecoder();
        //处理消息
        this.onMessage(decoder.convert(message));
    };

    //socket连接关闭
    _socket.onClose = (int code, String reason) {
        print('服务器端关闭Socket [$code => $reason]!');
        if (this.onStateChange != null) {
            //连接关闭状态
            this.onStateChange(P2PState.ConnectionClosed);
        }
    };

    //执行连接
    await _socket.connect();
}

//创建媒体流
Future<MediaStream> createStream(media, user_screen) async {
    //获取本地音视频或屏幕流
    MediaStream stream = user_screen
            ? await navigator.getDisplayMedia(P2PConstraints.MEDIA_CONSTRAINTS)
            : await navigator.getUserMedia(P2PConstraints.MEDIA_CONSTRAINTS);
    //本地媒体流状态回调函数
```

```
            if (this.onLocalStream != null) {
                this.onLocalStream(stream);
            }
            //返回媒体流
            return stream;
        }

    //创建 PeerConnection
    _createPeerConnection(id, media, isScreen) async {
            //创建并获取本地媒体流
            _localStream = await createStream(media, isScreen);
            //创建 PC
            RTCPeerConnection pc = await createPeerConnection(_p2pIceServers.
IceServers, P2PConstraints.PC_CONSTRAINTS);
            //添加本地流至 PC
            pc.addStream(_localStream);
            //PC 收集到 Candidate 数据
            pc.onIceCandidate = (candidate) {
                //发送至对方
                _send('candidate', {
                    //对方 Id
                    'to': id,
                    //自己的 Id
                    'from': _userId,
                    //Candidate 数据
                    'candidate': {
                        'sdpMLineIndex': candidate.sdpMlineIndex,
                        'sdpMid': candidate.sdpMid,
                        'candidate': candidate.candidate,
                    },
                    //会话 Id
                    'sessionId': this._sessionId,
                    'roomId': _roomId, //房间 Id
                });
            };

            //Ice 连接状态
            pc.onIceConnectionState = (state) {};

            //远端流到达
            pc.onAddStream = (stream) {
                if (this.onAddRemoteStream != null){
                    this.onAddRemoteStream(stream);
                }
            };

            //远端流移除
            pc.onRemoveStream = (stream) {
                if (this.onRemoveRemoteStream != null){
                    this.onRemoveRemoteStream(stream);
                }
            };
```

```dart
        //返回PC
        return pc;
    }


    //创建提议Offer
    _createOffer(String id, RTCPeerConnection pc, String media) async {
        try {
            //返回SDP信息
            RTCSessionDescription s = await pc.createOffer(P2PConstraints.SDP_CONSTRAINTS);
            //设置本地描述信息
            pc.setLocalDescription(s);
            //发送Offer至对方
            _send('offer', {
                //对方Id
                'to': id,
                //自己的Id
                'from': _userId,
                //SDP数据
                'description': {'sdp': s.sdp, 'type': s.type},
                //会话Id
                'sessionId': this._sessionId,
                //媒体类型
                'media': media,
                'roomId':_roomId,//房间Id
            });
        } catch (e) {
            print(e.toString());
        }
    }


    //创建应答Answer
    _createAnswer(String id, RTCPeerConnection pc, media) async {
        try {
            //返回SDP信息
            RTCSessionDescription s = await pc.createAnswer(P2PConstraints.SDP_CONSTRAINTS);
            //设置本地描述信息
            pc.setLocalDescription(s);
            //发送Answer至对方
            _send('answer', {
                //对方Id
                'to': id,
                //自己的Id
                'from': _userId,
                //SDP数据
                'description': {'sdp': s.sdp, 'type': s.type},
                //会话Id
                'sessionId': this._sessionId,
                //房间Id
                'roomId':_roomId,
            });
        } catch (e) {
            print(e.toString());
        }
```

```
    }

    //发送消息，传入类型及数据
    _send(type, data) {
        var request = Map();
        request["type"] = type;
        request["data"] = data;
        //Json转码后发送
        _socket.send(_encoder.convert(request));
    }
}
```

15.9 P2P 客户端

App 的 P2P 客户端用于展示房间用户列表以及视频通话界面。整个项目的界面操作流程是：用户登录→进入房间→访问用户列表→开始呼叫→视频通话→结束通话→返回用户列表，这和 Web 端是一致的。

接下来将详细阐述 P2P 客户端实现的过程。具体步骤如下所示。

步骤 1 打开 p2p 目录添加 p2p_client.dart 文件，创建 P2PClient 组件。首先定义本地及远端视频渲染对象，如下所示。

```
//本地视频渲染对象
RTCVideoRenderer _localRenderer = RTCVideoRenderer();
//远端视频渲染对象
RTCVideoRenderer _remoteRenderer = RTCVideoRenderer();
```

然后在界面初始化完成后，调用其 initialize 方法完成初始准备。

步骤 2 连接信令服务器及中转服务器。初始化信令 P2PVideoCall 对象，然后设置信令状态回调处理方法。处理过程如下所示。

```
void _connect() async {
    //实例化信令并执行连接
        _p2pVideoCall = P2PVideoCall(...)..connect();
        //信令状态处理
        _p2pVideoCall.onStateChange = (P2PState state) {
            switch (state) {
                //呼叫状态
                case P2PState.CallStateJoinRoom:
                    ...
                //挂断状态
                case P2PState.CallStateHangUp:
                    ...
            }
        };
}
```

步骤 3 添加界面操作绑定的方法。如发起呼叫、挂断处理、麦克风静音、切换摄像头等。方法名称如下所示。

```
//发起呼叫_startCall
...
//挂断处理_hangUp
 ...
//切换摄像头_switchCamera
...
//麦克风静音_muteMic
```

步骤 4　接下来添加 UI 界面部分。用户列表使用 ListView 组件构建，这里需要添加一个列表项来渲染某个用户，如下面的代码所示。

```
_buildUserItem(context, user) {
    ...
}
```

本地及远端视频渲染使用 RTCVideoView 组件。另外，移动端要考虑旋转问题，是水平方向还是垂直方向，使用 OrientationBuilder 来判断，如下面的代码所示。

```
OrientationBuilder(builder: (context, orientation) {
    return Container(
        child: Stack(children: <Widget>[
            ...
            //远端视频定位
            RTCVideoView(_remoteRenderer),
            ...
            //本地视频定位
            RTCVideoView(_localRenderer),
            ...
            ),
        ]),
    );
})
```

最后再加上挂断、静音以及切换摄像头操作按钮即可。将以上几步串起来，在 main.dart 里添加示例列表项及路由跳转代码，同时导入示例 dart 文件。完整的代码如下所示。

```
import 'package:flutter/material.dart';
import 'dart:core';
import 'package:flutter_webrtc/webrtc.dart';
import 'package:app_samples/p2p/p2p_video_call.dart';
import 'package:app_samples/config/server_url.dart';
import 'package:app_samples/p2p/p2p_state.dart';
import 'package:app_samples/utils/utils.dart';
/**
 * 一对一视频通话示例
 */
class P2PClient extends StatefulWidget {
    static String tag = '一对一视频通话';

    String _userName = "";
```

```dart
    String _roomId = "111111";

    P2PClient(this._userName,this._roomId);

    @override
    _P2PClientState createState() => _P2PClientState();
}

class _P2PClientState extends State<P2PClient> {
    //信令
    P2PVideoCall _p2pVideoCall;
    //所有成员
    List<dynamic> _users = [];
    //自己的Id
    var _userId = randomNumeric(6);
    //本地视频渲染对象
    RTCVideoRenderer _localRenderer = RTCVideoRenderer();
    //远端视频渲染对象
    RTCVideoRenderer _remoteRenderer = RTCVideoRenderer();
    //是否呼叫
    bool _inCalling = false;
    //是否让麦克风静音
    bool _microphoneOff = false;

    @override
    initState() {
        super.initState();
        //初始化视频渲染对象
        initRenderers();
        //开始连接
        _connect();
    }

    //初始化视频渲染对象
    initRenderers() async {
        await _localRenderer.initialize();
        await _remoteRenderer.initialize();
    }

    @override
    deactivate() {
        super.deactivate();
        //关闭信令
        if (_p2pVideoCall != null){
            _p2pVideoCall.close();
        }
        //销毁本地视频
        _localRenderer.dispose();
        //销毁远端视频
        _remoteRenderer.dispose();
    }

    //连接
```

```
      void _connect() async {
        if (_p2pVideoCall == null) {
            //实例化信令并执行连接
            _p2pVideoCall = P2PVideoCall(ServerUrl.IP,ServerUrl.P2P_
PORT,ServerUrl.TURN_PORT,_userId,widget._userName,widget._roomId)..connect();
            //信令状态处理
            _p2pVideoCall.onStateChange = (P2PState state) {
              switch (state) {
                  //呼叫状态
                  case P2PState.CallStateJoinRoom:
                      this.setState(() {
                          _inCalling = true;
                      });
                      break;
                  //挂断状态
                  case P2PState.CallStateHangUp:
                      this.setState(() {
                          _localRenderer.srcObject = null;
                          _remoteRenderer.srcObject = null;
                          _inCalling = false;
                      });
                      break;
                  case P2PState.ConnectionClosed:
                  case P2PState.ConnectionError:
                  case P2PState.ConnectionOpen:
                      break;
              }
            };

            //成员更新处理
            _p2pVideoCall.onUsersUpdate = ((event) {
              this.setState(() {
                  //设置所有成员
                  _users = event['users'];
              });
            });

            //本地流到达回调
            _p2pVideoCall.onLocalStream = ((stream) {
                //将本地视频渲染对象源指定为stream
                _localRenderer.srcObject = stream;
            });

            //远端流到达回调
            _p2pVideoCall.onAddRemoteStream = ((stream) {
                //将远端视频渲染对象源指定为stream
                _remoteRenderer.srcObject = stream;
            });

            //远端流移除回调
            _p2pVideoCall.onRemoveRemoteStream = ((stream) {
                //将远端视频渲染对象源设置为空
                _remoteRenderer.srcObject = null;
```

```
            });
        }
    }

    //发起呼叫
    _startCall(context, userId, use_screen) async {
        //判断是对方的userId才发起呼叫
        if (_p2pVideoCall != null && userId != _userId) {
            //发起呼叫，传入对方Id，媒体类型，设置是否为屏幕共享
            _p2pVideoCall.startCall(userId, 'video', use_screen);
        }
    }

    //挂断处理
    _hangUp() {
        if (_p2pVideoCall != null) {
            _p2pVideoCall.hangUp();
        }
    }

    //切换摄像头
    _switchCamera() {
        _p2pVideoCall.switchCamera();
    }

    //麦克风静音
    _muteMic() {
        var muted = !_microphoneOff;
        setState(() {
            _microphoneOff = muted;
        });
        _p2pVideoCall.muteMicrophone(!muted);
    }

    _buildUserItem(context, user) {
        return ListBody(children: <Widget>[
            ListTile(
                title: Text(user['name']),
                subtitle: Text('id:' + user['id']),
                onTap: null,
                trailing: SizedBox(
                    width: 100.0,
                    child: Row(
                        mainAxisAlignment: MainAxisAlignment.spaceBetween,
                        children: <Widget>[
                            IconButton(
                                icon: Icon(Icons.videocam),
                                onPressed: () => _startCall(context, user['id'],
false),
                                tooltip: '视频通话',
                            ),
                            IconButton(
                                icon: Icon(Icons.screen_share),
```

```
                                onPressed: () => _startCall(context, user['id'], true),
                                tooltip: '屏幕共享',
                          )
                    ])),
              ),
          Divider()
    ]);
}


@override
Widget build(BuildContext context) {
    return Scaffold(
        appBar: AppBar(
            title: Text('一对一视频通话'),
        ),
        floatingActionButtonLocation: FloatingActionButtonLocation.centerFloat,
        floatingActionButton: _inCalling
            ? SizedBox(
                width: 200.0,
                child: Row(
                    mainAxisAlignment: MainAxisAlignment.spaceBetween,
                    children: <Widget>[
                        //切换摄像头按钮
                        FloatingActionButton(
                            child: Icon(Icons.switch_camera),
                            onPressed: _switchCamera,
                        ),
                        //挂断按钮
                        FloatingActionButton(
                            onPressed: _hangUp,
                            child: Icon(Icons.call_end),
                            backgroundColor: Colors.pink,
                        ),
                        //麦克风静音按钮
                        FloatingActionButton(
                            child: this._microphoneOff ? Icon(Icons.mic_off) :
Icon(Icons.mic),

                            onPressed: _muteMic,
                        )
                    ]))
            : null,
        body: _inCalling
            //旋转控制组件
            ? OrientationBuilder(builder: (context, orientation) {
                return Container(
                    child: Stack(children: <Widget>[
                        //远端视频定位
                        Positioned(
                            left: 0.0,
                            right: 0.0,
                            top: 0.0,
                            bottom: 0.0,
```

```
                                        //远端视频容器，大小为大视频
                                        child: Container(
                                            margin: EdgeInsets.fromLTRB(0.0, 0.0, 0.0, 0.0),
                                            //整个容器宽
                                            width: MediaQuery.of(context).size.width,
                                            //整个容器高
                                            height: MediaQuery.of(context).size.height,
                                            //远端视频渲染
                                            child: RTCVideoView(_remoteRenderer),
                                            decoration: BoxDecoration(color: Colors.black54),
                                    )),
                                    //本地视频定位
                                    Positioned(
                                        left: 20.0,
                                        top: 20.0,
                                        //本地视频容器，大小为小视频
                                        child: Container(
                                            //固定宽度，竖屏时为90，横屏时为120
                                            width: orientation == Orientation.portrait ? 90.0 : 120.0,
                                            //固定高度，竖屏时为120，横屏时为90
                                            height: orientation == Orientation.portrait ? 120.0 : 90.0,
                                            //本地视频渲染
                                            child: RTCVideoView(_localRenderer),
                                            decoration: BoxDecoration(color: Colors.black54),
                                        ),
                                    ),
                                ]),
                            );
                        })
                    : ListView.builder(
                            shrinkWrap: true,
                            padding: EdgeInsets.all(0.0),
                            itemCount: _users.length,
                            itemBuilder: (context, i) {
                                return _buildUserItem(context, _users[i]);
                        }),
                );
            }
        }
```

15.10 整体测试

到目前为止，三端已全部实现，可以进行整个项目的连通测试了。三端是指以下内容。

❑ PC 端：使用 React 开发的 PC-Web 端。

❑ App 端：使用 Flutter 开发的移动端。

❑ Server 端：使用 Golang 开发的信令服务器及中转服务器端。

其中，PC 端与 Server 端测试请参考 14.6 节。打开 app-samples 后，点击 "一对一通话案例"，首先看到的是登录界面，输入用户名及房间号。点击登录按钮后会进入指定的房间，可以看到此房间下的用户列表，如图 15-2 所示。

点击视频按钮可以呼叫对方发起视频通话，接通后的界面如图 15-3 所示。

图 15-2　App 端用户列表界面

图 15-3　App 端视频通话界面

在 Android 模拟器中，可以看到一个模拟的画面，对于 iOS，则需要使用真机测试。可以测试手机共享桌面功能，呼叫接通后在 PC-Web 端可以看到手机的桌面，如图 15-4 所示。

图 15-4　App 端共享桌面